东方建筑遗产

（2020—2022年卷）

主编　曾　楠

西北工業大學出版社
西　安

图书在版编目（CIP）数据

东方建筑遗产. 2020—2022年卷/曾楠主编. —西安：西北工业大学出版社，2023.9
ISBN 978-7-5612-9049-1

Ⅰ. ①东… Ⅱ. ①曾… Ⅲ. ①建筑-文化遗产-保护-东方国家-文集 Ⅳ. ①TU-87

中国国家版本馆CIP数据核字（2023）第188092号

DONGFANG JIANZHU YICHAN
东 方 建 筑 遗 产
曾楠　主编

责任编辑：杨　睿　　**策划编辑**：杨　睿
责任校对：李文乾　　**装帧设计**：李　飞
出版发行：西北工业大学出版社
通信地址：西安市友谊西路 127 号　　邮编：710072
电　　话：(029) 88491757，88493844
网　　址：www. nwpup. com
印 刷 者：西安浩轩印务有限公司
开　　本：787 mm×1 092 mm　　1/16
印　　张：13. 375
字　　数：300 千字
版　　次：2023 年 9 月第 1 版　　2023 年 9 月第 1 次印刷
书　　号：ISBN 978-7-5612-9049-1
定　　价：128. 00 元

《东方建筑遗产（2020—2022年卷）》

编委会

序 言

保国寺北宋大殿作为我国长江以南地区保存最完整的宋代早期木构建筑，是研究中国传统木结构建筑文化与营建理念技艺发展演变历史的重要遗产案例。近年来，保国寺文物与博物馆专业技术人员与国内外相关领域的学者密切合作，从以下四个方面开展科研实践了并取得了丰富的成果。

（1）传统建筑文化研究。宋朝是我国建筑发展史中一个承上启下的阶段，上承隋唐五代，下启金元明清，在继承汉唐建筑文化高峰的基础上加以改进创新，形成了独具气韵特色又趋于成熟范式的风格体系。保国寺北宋大殿正是这一时期的代表实例，其布局严谨、结构精巧、构件古朴、用材规范，既有唐的气势雄伟、遒劲质朴，又含宋的造型卓约、华美宏丽，加之其与宋代官方建筑典籍《营造法式》相互印证，因此在中国建筑史及建筑文化源流研究中占据着不可或缺的地位。当前，浙江推进宋韵文化传世工程已取得阶段性成果，保国寺文化基因解码彰显"宋韵"建筑风华，由此持续深入的研究必将产生更多新的发现。

（2）东亚建筑文化交流。2016年伊始，保国寺以宁波唐宋城市建设和江南木构建筑杰出典范的地标身份，被列入"海上丝绸之路·中国史迹"申报世界文化遗产点，实证我国传统建筑文化通过"海上丝绸之路"对外传播交流的历史。自此，有学者对保国寺开展了一系列东亚地区传统建筑文化交流的课题研究，从建筑形制、建筑材料、建造技艺、对外交流史等多个维度的研究齐头并进，力争为"海上丝绸之路"申请物质文化遗产提供有价值的支撑依据。至今，以保国寺为范本的宋代浙东地域建筑文化东传日本进而影响日本禅宗样式的可能性更加明显，保国寺大殿局部使用桧木的古木构件已提取出核酸序列，为后续通过分子生物学技术判定木料原产地奠定了基础。此外，宁波本地特有的梅园石在日本的遗存分布也基本明确，足以佐证古代"海上丝绸之路"上的建筑材料经贸交流运往日本。

（3）建筑遗产保护技术。保国寺是国内较早实践预防性保护理念的国保单位，早在2007年就提出文物建筑保护手段从"治"到"防"、从"抗灾损"到"控灾损"，并开始采用科技手段建设大殿保护监测系统，一直延续至我国明确提出文物建筑遗产实行抢救性与预防性并重的保护理念。"十四五"之后，保国寺被写进《国家"十四五"文物保护和科技创新规划》文物建筑保护研究示范项目，凭借浙江省数字化改革的东风，正推动大殿预防性科技保护体系进行系统性、重塑性的变革。例如，针对大殿结构监测体系的提升，首先开展结构抗震、抗风性能分析，从理论角度明确最不利于结构健康的外界因素，然后结合残损病害特征调查，确认大殿健康监测的关键构件和部位节点，最终建立有效监测体系，满足保护现状评估和修缮设计等需求。再如，以气象风险灾害作为突破口，探索数字应用场景，建立多源异构数据融合分析平台，将不同来源的监测数据纳入统一平台，再挖掘历年积累的海量监测数据，确认不同类型气象灾害的预警分级响应阈值，达到建立快速应急响应反馈机制的管理目标。

（4）建筑遗产活化利用。结合"海上丝绸之路"申请物质文化遗产现场展示需求，保国寺历时多年打造完善基本陈列，以大殿本体价值的再认知为重点，把遗产还原于历史时空，多维度地释读遗产的人文内涵，利用沉浸式影效、3D打印、交互式体验等新技术手段，为观众提供"看得懂、能触摸、记得住、有感悟"的参观体验，搭建起古代建筑遗产与当代社会大众产生情感共鸣的桥梁。同时，保国寺主动对接社会文化教育发展新格局，率先启动青少年研学教育实践课程研发，把"高冷"的古建知识转化为适合青少年认知理解能力的教学内容，并成功入选国家级中小学生研学实践教育基地，社会影响力和美誉度逐年提升。

（5）文献档案研究完善。古代书籍文稿、碑刻画作等各类史料文献中蕴含着丰富的历史文化信息，是了解建筑遗产的源流演变、丰富其人文内涵和价值属性的重要佐证依据。保国寺持续开展对现有已知史料文献的研究，通过对比考辨宋《营造法式》、宋元四明六志、清《保国寺志》、灵山保国寺志序碑、培本事实碑等，不断去伪存真，总结提炼保国寺大殿真正蕴含的科学人文价值，全面刻画大殿"宋韵"文化基因图谱。基于当代创造是未来文化遗产的认识，保国寺特别注重当代遗产保护管理档案的记录，以国保单位的"四有档案"为主要载体，细致考究档案中的每一段描述、每一个数字、每一份资料，准确完整地反映建筑遗产保存现状及构件劣化、修缮改易、管理研究等变动情况，力求做到遗产历史及当代信息的无缝传递。

本书精选了上述对保国寺科研实践的优秀成果汇编而成，以期总结经验、推广做法。选编过程中得到相关专家、学者以及保国寺各位同仁的支持帮助，在此深表感谢！

因笔者水平、眼界有限，本书在选编的过程中难免挂一漏万，欢迎读者批评指正。

编　者

2023年6月

目　录

壹　传统建筑营造

贰　东亚建筑交流

叁　建筑遗产保护

肆 建筑遗产利用

伍 文献档案研究

壹

传统建筑营造

从地到天：藻井在古代中国的起源和发展

谢　景（宁波诺丁汉大学理工学院）

藻井是中国古建筑中向内凹进呈穹窿状的天花，形状多种多样，可以是圆形、方形或八边形，常饰以雕刻或彩绘，图案丰富多样。作为重要的建筑构件，藻井常出现在皇家殿堂、大型庙宇，以及社会精英的地下墓葬中。人们认为，藻井和西方的穹顶一样拥有保护建筑、庇佑居者的神奇力量[①]。本文以古代中国的考古发现和文献文本为主要依据，探寻藻井的起源，并试图阐明藻井这一用以缓解恐惧、寄托愿望的建筑构件的发展演变。

一、藻井与水井

无论是从实物形态，还是从字面意思来分析，藻井和水井之间存在着内在联系。两者关系可以以新石器时代河姆渡文化遗址的一口水井为例进一步阐释（见图1-1和图1-2）[②]。这口井的边缘呈不规则的圆形，中央则是方形。方形边长为2 m，垂直下沉到锅底形结构底部，由此构成了整座水井。直径约为6 cm的桩木，有的呈圆形，有的呈半圆形，排列紧密，垂直入土，紧靠水井的四个内面，其上由直径约为17 cm的平卧圆木所构成的方形结构进行加固[③]，充分体现了"井"字早期作为象形字的特点（见图1-3）。

显然，井结构上的鲜明特色在"井"字的甲骨文和金文字形结构中得到了保留。结合相关考古发现，建筑史学家杨鸿勋曾指出古代文献所说的"井榦"指的就是这种特别的木结构，在商、周时代被普遍采用。到了汉代，"井"字同样形象地指向井的木工结构，但当时这种结构的表现形式为地面上的井栏，这可以在汉代石刻中得到印证。例如，山东省沂南北寨村出土的汉墓画像石展现了一处宅院的图景（见图1-4）[④]，

---

① SOPER A C.The "Dome of Heaven" in Asia［J］. The Art Bulletin, 1947，4（29）：225-248.

② 浙江省文物管理委员会，浙江省博物馆. 河姆渡遗址第一期发掘报告［J］. 考古学报，1978，32（1）：39-94.

③ 杨鸿勋. 河姆渡遗址木构水井鉴定［M］//杨鸿勋. 建筑考古学论文集. 北京：文物出版社，1987.

④ 南京博物院，山东省文物管理局. 沂南古画像石墓发掘报告［R］. 北京：文化部文物管理局，1956.

前院一侧有一口水井，可以通过“井”字形的井栏构造得以识别，上方还另配了个辘轳。与此相似，在成都曾家包汉墓出土的另一幅汉代石刻中也带有“井”字形井栏（见图1-5）。

图 1-1　1973 年河姆渡遗址考古出土的新石器时代水井（河姆渡遗址博物馆提供）

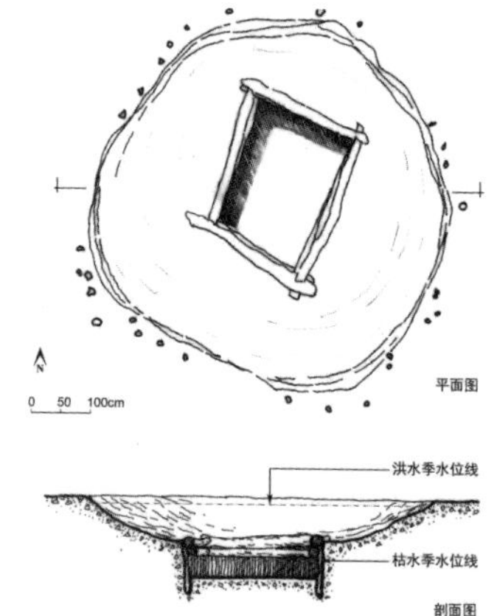

图 1-2　河姆渡遗址水井平面图和剖面图（作者根据现场调查和注释②绘制）

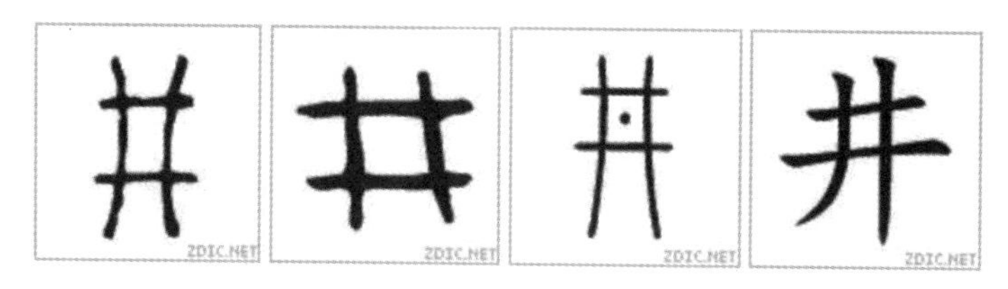

图 1-3　“井”字的演变，从左至右依次为：甲骨文、青铜铭文、小篆、楷书（汉典 [OL].[2020-10-21].https://www.zdic.net/hans/ 井）

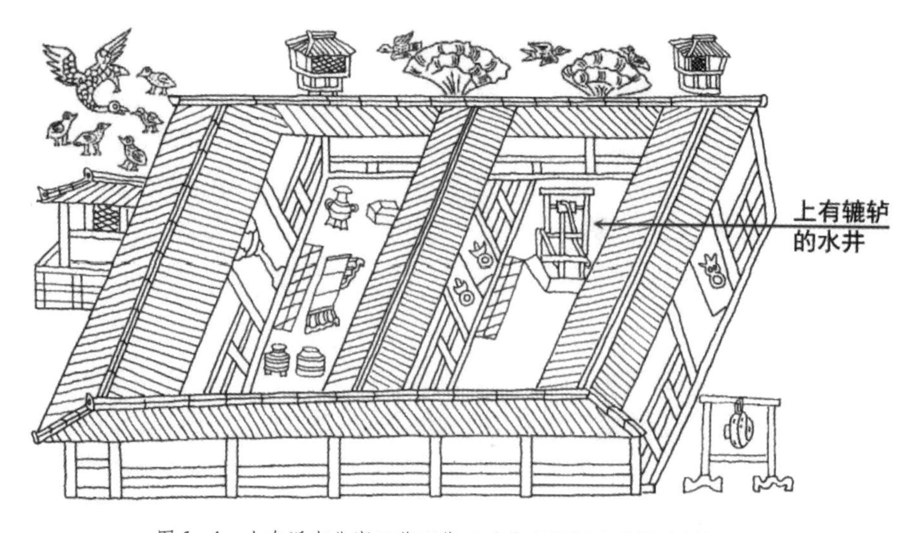

图 1-4　山东沂南北寨汉墓画像石（作者根据注释①绘制）

① 杨鸿勋. 河姆渡遗址木构水井鉴定［M］//杨鸿勋. 建筑考古学论文集. 北京：文物出版社，1987.

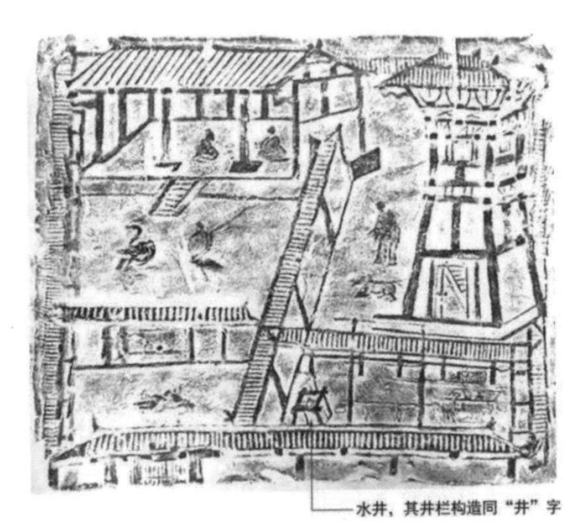

图 1-5　四川成都曾家包汉墓出土画像石（成都博物馆，作者摄于 2016 年）

井的重要性在明器陶塑中也得到体现，它们常作为神明之物出现在汉墓中，为逝者在阴世提供服务。这些陶井的井栏呈现“井”字形（见图1-6）。值得注意的是，“井口模仿了木结构的造型，板石在四角以槽口衔接，越过交叉朝外凸出”[①]。从汉字“井”与实物井物理构造之间的认知联系可以看出，井的早期形态即四根桩木交叉构成的方形框架结构，很明显作为一种重要特征得以保留，并为后来天花藻井的发展提供了原型。

图 1-6　河南新乡市出土的陶器水井（郑州博物馆，作者摄于 2021 年）

二、藻井与天窗

有一派理论认为，藻井始于原始茅舍或穴居顶部用以透光排气的开口。原始人通常住在茅舍或山洞里，因为需要照明和通风，便在所住之处的顶部引入了孔眼，例如西安市半坡遗址出土的新石器时代茅舍就有这样的孔眼，孔眼与屋内地上的灶台呈垂直联系（见图1-7）[②]。

① GUO Q H. The Mingqi Pottery Buildings of Han Dynasty China 206 BC-AD 220: Architectural Representation and Represented Architecture［M］. Brighton, UK Portland, OR: Sussex Academic Press, 2010.

② 中国科学院考古研究所，陕西省西安半坡博物馆. 西安半坡［M］. 北京：文物出版社，1963.

图 1-7　陕西省西安市半坡遗址出土的 22 号圆形茅舍复原图（西安半坡博物馆，作者摄于 2021 年）

这种孔眼所处的中心位置及其在功能上的重要性使其后来有了一个特别的名字——中霤，这一名词最早出现在汉初的《春秋公羊传》中。唐代学者徐彦在对该书的注解中提到，中霤指屋子的中央位置，用于祭拜。徐彦援引了一位叫庾蔚的学者的说法，进一步解释道，这类古代穴居的屋顶都有一个中央开口，便于雨水流入。雨水滴落便是“霤”的字面意思，又因其处于中央位置，于是得名“中霤（中流）”[①]。东汉末年的《释名》中也出现了“中霤”的说法，但却是指房屋栋梁下方的中心位置，也就是原始茅舍屋顶孔眼正下方的位置。《释名》对“霤”字的释义得到了《说文解字》的认同，后者采用与前者同样的文字对“中霤”进行解释。

汉代辞书中“中霤”释义的不同，究其原因，很有可能是从原始茅舍或洞穴进化到传统房舍的住宅变化所致。在这个过程中，后来的居所墙壁开始有了窗户，这使中霤似乎失去了通风和采光的功能。然而，中霤作为房屋中心空间的象征意义，或者更准确地说，作为家庭守护神的位置所在却得到了强化。据汉代学者班固记载，朝廷高官的宅邸有“五祭”，即门（大门）、户（门/窗）、井、灶以及中霤[②]。

中国历史学家顾颉刚也认为，原始茅舍所开的孔眼就是中霤的起源[③]。在考察了蒙古包、古宅院以及其他考古场地之后，顾颉刚曾指出，原始茅舍内地面中央有一处存留位，对应上方的中霤，用以防止雨水湿透地面[④]。这种纵向的联系后来发展成了庭院模式，即天井，形象地说明雨水自周围屋檐滴落，如同一个倒置的水井。当代学者、建筑师李允鉌则认为，霤是指一种原始的特殊屋顶结构，由四方形或多角形木结构进行层层堆叠，自下而上，由大变小。由此，整个屋顶呈锥形结构，无须支撑柱。屋顶

① 何休，徐彦.春秋公羊传注疏［M］. 上海：古籍出版社，2014.

② 班固. 汉书［M］. 西安：太白文艺出版，2006.

③ 顾颉刚. 顾颉刚全集［M］. 北京：中华书局，2011.

④ 顾颉刚.史林杂识［M］. 北京：中华书局，1963.

最高处由最小的方形或多角形结构构成天窗。李允鉌也指出，这种霤结构后来演变成了藻井[1]。

正是中霤的两大属性成就了藻井的原型：其一，位居中央，朝天开放；其二，形如倒置的水井，与水流有固有的联系。清代学者李斗在其建筑学专著《工段营造录》中首次指出了中霤与藻井的联系："古者在墙为牖，在屋为窗。"他认为藻井源自天窗，认同《六书正义》所云"通窍为冏，状如方井倒垂，绘以花卉，根上叶下，反植倒披，穴中缀灯，如珠宙咤而出，谓之天窗"[2]。李允鉌认为，中国古代的一些象形字真实反映了建筑结构形态。以"窗"字为例，其上半部指的是洞穴，下半部则是开孔的意思。这表明窗起源于原始洞穴的天窗。窗的建筑细节可在无数汉代陶器和画像石中窥见（见图1-8），开在屋顶上的天窗便可称作藻井。事实上，沂南北寨汉墓中的不少藻井就直接借用了窗的构造，而未做任何改动（见图1-9和图1-10）。

图 1-8　河南省襄城县出土的东汉陶亭，其上有斜交的窗棂（河南博物院，作者摄于 2021 年）

图 1-9　北寨汉墓中主室西侧室藻井（作者摄于 2022 年）

图 1-10　北寨汉墓后主室藻井（作者摄于 2022 年）

虽然以窗作为原型，但是藻井在汉代只是一种象征性的建筑构件。因此，藻井无须遵循窗的模式与功能——木条密布、互相交叉以阻隔视线、防止进入。众多考古发现显示，钻石形图案内嵌于四方形框架的样式，足以展示藻井，并且是当时的常见造型（见图1-11），这也揭示了藻井和窗的早期历史渊源。

① 李允鉌.华夏意匠:中国古典建筑设计原理分析［M］.天津:天津大学出版社, 2013.

② 李斗.工段营造录［M］.北京: 建筑工业出版社, 2009.

东侧室藻井

西侧室藻井

图 1-11　北寨汉墓前主室东、西侧室藻井（作者摄于 2022 年）

三、藻井与星宿

在汉代的很多例子中，藻井的构造形态更为复杂，有些在井中心位置置入了一个圆（见图1-9和图1-12）[①]。有的圆涂成红色，正中站立通体漆黑的鸟，象征着太阳（见图1-13）[②]。从藻井是一类天窗的角度来理解，通过它可以看到太阳高悬，这种造型使得天窗与天体的关联格外显著。

图 1-12　四川三台县汉墓洞子排 1 号前室右侧室的石藻井（见注释①，页 32，图 39）

图 1-13　河南洛阳金谷园新莽（9—23 年）墓葬后室脊部藻井（见注释②，页 111，图 4）

西汉之后，朝堂之上出现了一种与防火相关的政治文化仪式，即发生重大火灾事故时，君王会下一道罪己诏，自省或检讨自己的过失[③]。防火相关的建筑方法也得到大量应用，比如修造防火墙、防火空间以在楼宇之间形成隔断，在建筑物附近挖建蓄水池，或放置蓄水容器，等等。其中最为独特的消防措施，便是引入藻井这种特殊的天花：

① 钟治.四川三台郪江崖墓群2000年度清理简报［J］.考古, 2002,1: 16-41.

② 黄明兰, 郭引强.洛阳汉墓壁画［M］.北京：文物出版社, 1996.

③ 李采芹.中国消防文史丛谈［M］.上海: 科学技术出版社, 2013.

"藻"意为水藻，指水生植物；"井"指水井。遵循五行相克的说法，即水可灭火，故水克火，藻井旨在呈现水的主题。由于在现实中倒置的井无法盛水，故采用水生植物装饰藻井，以这种建筑上的隐喻手法暗示水的存在。

汉代众多文学作品中有不少关于藻井的记载，十分生动。《西京赋》中，皇宫大殿饰"蔕倒茄于藻井，披红葩之狎猎"①。与之相似，灵光殿中的藻井被描绘成："圆渊方井，反植荷蕖。发秀吐荣，菡萏披敷。绿房紫菂，窋咤垂珠"②。这种建筑修辞在汉墓中也有具象体现。比如在北寨汉墓后主室的顶部便有三座藻井，中央藻井饰以八瓣莲花（见图1-10）。

记录汉代风土人情的《风俗通义》则记述了藻井的镇火功能："殿堂象东井形，刻作荷菱。荷菱，水物也，所以厌火"③。东井为星宿名，也称井宿，其星图排列体现了汉字"井"的笔画结构（见图1-14）。把藻井的构造特点与东井之形相关联，《风俗通义》将藻井的寓意进一步拔高，从水井提升到了星宿。司马迁曾强调"汉之兴，五星聚于东井"④，说明东井为祥瑞之星宿，可庇佑汉王朝强盛辉煌。将藻井和东井联系起来的意义不难理解：如果藻井仅为普通水井，则缺少镇火的神力，而东井不同，它是群星拱卫的天体。此外，"引天水灭地火"的概念在一些汉代陶井上也有体现⑤。比如，河南偃师县出土一件汉代陶井明器（见图1-15），其井栏刻有"东井灭火"字样，意为星宿东井镇火。

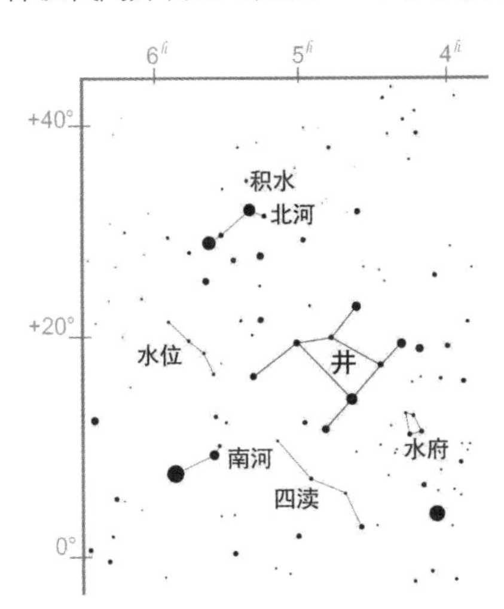

图 1-14　东井在汉代星图中以"井"字标识⑥
（作者重绘，根据注释⑥，页 139，图 6.9）

图 1-15　河南省偃师县出土的一件东汉早期灰色水井陶塑，左边"东井"，右边"灭火"
（河南博物院，作者摄于 2021 年）

① 张衡.西京赋［M］// 萧统（编）. 昭明文选. 北京：华夏出版社, 2000.

② 王延寿. 鲁灵光殿赋［M］// 萧统（编）. 昭明文选. 北京：华夏出版社, 2000.

③ 应劭.风俗通义校注［M］. 北京：中华书局, 2015.

④ 司马迁. 史记［M］. 武汉：崇文书局, 2017.

⑤ 熊龙."东井戒火"陶井正名及相关问题考证［J］. 文博, 2012,（1）: 38-44.

⑥ SUN X C, KISTEMAKER J. The Chinese Sky during the Han: Constellating Stars and Society［M］. Leiden: Brill, 1997.

四、藻井的神秘特质

井（或者藻井）的发展历程，除了可以从天文学角度来考察之外，还可以从另一种视角来考察，即中国古代早期便赋予了水井神秘的力量。水井不仅是日常生活中必不可缺少的用水来源，也常被看作是上天的造物。《山海经》成书于汉代早期，其中不少内容源于公元前4世纪，书中描写了很多自然环境中的天然水井[①]。《汉书·五行志》同样记载了与井有关的神秘现象，并用阴阳五行理论进行解释。比如，公元前193年，在普通市井人家的一口水井里出现了两条龙。汉代学者刘向以为，龙贵象而现在困于庶人井中，或可预示诸侯将有幽禁之灾。另一部神话作品，晋代干宝所著的《搜神记》也记录了此事[②]。这一历史记录同时可以反向推证，作为神兽的龙应住在天上，而藻井作为具有象征意味的建筑构件，可看作天界的水井。如果藻井上雕有或绘有龙，则意为祥瑞。的确，在中国封建社会后期的重要建筑中，蟠龙纹饰或图案在藻井中屡见不鲜。

虽然这些与井相关的文献记录神乎其神，但天地之间的内在联系确实可通过井来体现。孙宗文在对与井相关的历史文献研考后便有此发现。中国古代认为，造井是为了释放地下水源，而地下水源便是土地的脉络，即地脉。地脉走势是由星宿决定的，因此古时确定挖井位置需考虑天文学因素[③]。

井和天之间的垂直联系如此牢固，无疑对藻井的发展产生了深远的影响。中国的佛教石窟从4世纪开始兴起，而汉代对于水井和藻井的看法，在石窟的发展历程中更是留下了不可磨灭的印记。以最为出名的莫高窟为例，历经了9个世纪的兴建，四百多个不同洞窟内都有藻井，且图样各异。观察其中建于西魏时期的第249号窟的方形藻井，由三个同心正方形组成，每个分别与外层方形呈45°角。中央绘圆形荷花，四周缠叶。四披绘天象：西披绘阿修罗王，东披绘摩尼宝珠，北披绘汉代神祇东王公，南披绘汉代广受尊崇的女神西王母，身周簇拥天人瑞兽，展现了当时佛教和汉代本土信仰的融合（见图1-16）。

藻井最初的功能是自然照明、通风以及祭拜，将其用于佛教石窟中可谓天作之合。藻井以其象征性的方式将天光引入昏暗的洞窟，并且作为人类居所中与祭拜相关的重要区域（即上述提到的中霤），自然而然地应用到佛教石窟以表达敬畏和满足祭祀。

---

① 佚名. 山海经译注［M］. 上海: 古籍出版社, 2014.

② 干宝. 搜神记［M］. 北京: 中华书局, 1985.

③ 孙宗文. 中国建筑与哲学［M］. 南京: 江苏科学技术出版社, 2000.

图 1-16　莫高窟第 249 号窟的内顶和藻井[①]

五、藻井在后世朝代中的变迁

虽然唐代石制彩绘藻井在佛教石窟中盛行，但至今仍未在同时期木结构建筑中发现藻井的实物遗存。这一时期关于藻井的文献亦不多见，其原因很可能是因为当时藻井一般仅在高级建筑中使用。《新唐书》中规定，王公之居不施重栱、藻井[②]。与《唐会要》中的营造法规记载相比，这显然是对建筑上应用藻井的进一步限制[③]。

宋代对藻井的理解，主要体现在经典建筑学著作《营造法式》一书中。士大夫李诫在书中收录了与藻井有关的早期文献资料，并就三种不同形制的藻井提供了详细的营造方法和尺寸规格的阐述。虽然李诫也曾引用《风俗通义》中将藻井与星宿东井进行关联的内容，但他对此未予任何置评，而是侧重从技术层面阐述藻井的建造方法[④]。难得的是，如需更精准理解《营造法式》中所述的藻井，可以参考浙江宁波保国寺大殿内从北宋留存至今的藻井。作为斗八藻井的杰出代表，保国寺大殿的藻井构筑精巧，八根弧形阳马顶端交集于八角形顶心木，下端由八斗拱承托，阳马背后施环形肋条，合拢成穹窿状结构（见图1-17）。因支撑藻井的八斗拱，故名“斗八”。

清代文献中对于井宿的星图描绘与汉代的没有多大区别[⑤]。比较东井的星图、“井”字的笔划和保国寺大殿藻井，它们的物理构造可反映出一些内在联系（见图1-18）。

---

① 中国敦煌壁画全集编辑委员会. 中国敦煌壁画全集2: 西魏［M］. 天津: 人民美术出版社, 2002.

② 欧阳修,宋祁.新唐书［M］. 北京: 中华书局, 1975.

③ 王溥. 唐会要［M］. 北京: 中华书局, 1955.

④ 李诫.营造法式［M］. 北京: 人民出版社, 2011.

⑤ 胡莫域. 清乾隆宁远县志续略［M］. 兰州: 甘肃人民出版社, 2005.

《营造法式》提出的“斗八”一词可与“藻井”互换使用，因为“斗八”一词意为八颗星斗，即星宿东井。

图 1-17　浙江宁波保国寺大殿藻井（保国寺古建筑博物馆提供）

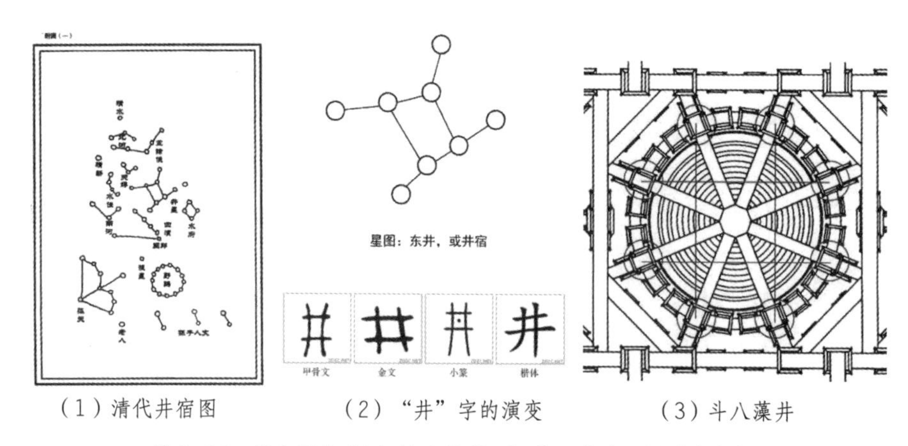

（1）清代井宿图　（2）“井”字的演变　（3）斗八藻井

图 1-18　井宿图［（1）见注释①页 6］；东井星图（中上）；汉字“井”（中下）；保国寺大殿斗八藻井投影平面图，八斗拱指代东井八星（右，作者绘制）

从现存的明清建筑中不难发现，明清时期藻井的工艺水平已有了长足的进步，其结构更为复杂，形制更为多样，饰绘图案色彩更为繁丽。据李允鉌所述，明清时期的藻井心常置明镜一方，象征天光。最初，镜中常绘有龙，到了清朝，龙纹图案则进一步发展成为雕塑，由此获得龙井的称谓。此外，藻井不再仅为皇家和宗教建筑所独有，也会出现在众多民间戏台建筑中，为更多观者所见。

梁思成和刘致平观察元、明、清时期藻井的发展历程，发现其品味较之前更为精致细腻，但这一时期关于藻井的文献很少，甚至在清代官方建筑学文献《工部工程做法则例》（1734年）中，也仅是简单地提及了“龙井”一词，并未详述[②]。这可能验证了一个

① 胡蓂域. 清乾隆宁远县志续略[M]. 兰州：甘肃人民出版社，2005.

② 梁思成, 刘致平. 藻井天花简说［M］//梁思成. 梁思成全集: 第6卷. 北京: 中国建筑工业出版社, 2004.

现代理论，即建筑本身便是一种有效的文本。的确，巧夺天工的藻井本身，便可将皇家的宇宙观体现得淋漓尽致。

六、现代的建筑保护

到20世纪初期，由于中国的建筑理论与实践日渐受现代思想及西方文化的影响，藻井的重要意义已荡然无存。随着科技不断发展，藻井可以镇火的想法也全然变成了迷信，并且也没有必要用其来彰显社会地位。藻井以一种更为朴素的面貌出现在许多现代政府建筑和文化建筑中，仅作为一种文化象征符号，起装饰作用。有趣的是，在中国，不论室内顶棚是格子天花板、装饰性天花板，还是平面天花板，一般都称为天花。“天花”这一术语源自清代，原指一种棋盘图案的藻井。天花，字面意为天空的花朵，形象地抓住了藻井的文化精髓。

在历史建筑保护上，现代防火措施被广泛应用。相比之下，古代中国无法用先进技术手段对木构建筑进行科学诊断。建筑物的坍塌朽坏被视为一种自然循环，常用的对策便是重建或翻修。在此过程中，建筑营造技艺和施工经验知识超越了建筑物本身。然而，中国传统建筑不仅是为了展示匠艺之精湛，而是用以展现精英阶层宇宙观和政治观的具有重要象征意义的空间。营造都城和建造大型建筑都有一个崇高的目的，那就是引天道以济苍生。

大型建筑中的星象类比也反映了一种理想的中式秩序，对段义孚来说，便是“一种深刻的道德美学”[①]。中式殿堂虽然规模不及哥特式教堂，但类似的是建造者同样付出了巨大努力，尝试与上天进行对话。建筑中的木制构件，包括藻井、斗拱、梁柱、门窗，以及匠心独运而又耐人寻味的榫卯咬合，达到了工艺和艺术上的独到造诣。精妙的细木工艺包括结构复杂的榫卯件：可将不同部分连接固定，并且连接过程不需使用任何黏合剂或钉子，因而备受赞誉，比如在保国寺大殿的建造中使用的就是榫卯结构。除此之外，还有层层叠叠的纹饰和彩绘。所有这些建筑元素通过其形状、颜色、数字、象征和隐喻，构成一个复杂的整体，映射了一个和谐的宇宙。与所有宗教建筑一样，人们相信努力打造至尊建筑便能相应地得到上天的恩赐。如果建筑已然巧夺天工，但仍遭遇火灾等自然灾害，那其缘由必是德行有失。的确，在汉代，宇宙格局和政治生活是浑然一体的。

通过研究藻井的发展，我们看到，过去防火是通过接引想象中的天水来实现的。福佑是否有效，首先取决于建筑技艺是否精湛，能否将木质天花进行艺术呈现，变成天上泽国。其次，福佑是否有效取决于宗教信仰，相信上天的神力可保民生安康、社会繁

---

① TUAN Y F. Passing Strange and Wonderful: Aesthetics, Nature and Culture［M］. Washington DC: Island Press, 1993.

盛、战火消弭。最后，还有很重要的一点，在于道德公理，即修德至上。有趣的是，无论现代还是古代，此番建筑保护努力的动因都是忧惧。现代中国人担心历史建筑倾颓，前人遗珍毁于一旦，这是在价值上的惨重损失。而古代中国人并不执着于价值，他们是出于对“神明的敬畏”，用鲁道夫·奥托的话来说，就是“心存圣念”。的确，正是出于对上天的敬畏，藻井才得以完成从地上天的转变。作为一种建筑装置，藻井在建立这种连天接地的垂直联系中，其实质意义便是追求德行昭彰。

汉代楼阁建筑结构与技术发展研究①

李亚利（吉林大学考古学院）

楼阁建筑的出现和发展在中国建筑史上具有里程碑式的意义，标志着中国古代建筑由累土架高到悬空架高的一次飞跃式的发展。从目前的考古材料来看，这种悬空架高的多层楼阁建筑技术是在两汉时期发展成型的。在西汉以前，包括秦都咸阳及先秦时期发现的大型建筑基址，基本上都是依靠夯土台基支撑的高台建筑。即使是秦咸阳城的几座大型宫殿，也是由数层夯土台基营造出多层台榭建筑结构，并非悬空架高的楼阁。汉代虽未像唐宋时期一样保存有地上楼阁建筑，但无论是在文献记载还是考古发现的图像资料中，均可见木结构支撑悬空架起的楼阁建筑形象，这为了解两汉时期楼阁建筑发展提供了重要线索。

从西汉早期开始，在画像石椁墓中出现简单的线刻楼阁，到东汉末年，在画像砖石及壁画上出现的带有透视效果的楼阁立面图，所展现出的建筑式样和结构也呈现多样化发展。但仅依靠图像进行建筑结构与技术讨论是不够的。本文在对楼阁图像进行全面梳理的基础上，结合汉墓出土的楼阁建筑模型明器对其中的楼阁结构进行对照研究，以获得更加可靠的分析结论。

一、汉代楼阁建筑类型与结构

从楼阁图像和模型明器的对比发现，图像中有三类楼阁可在楼阁模型明器中得到部分验证，分别为平地建造的上层小于下层的楼阁，平地建造的上下层屋身大小相同的楼阁和干栏式楼阁三种。

（一）逐层缩小的楼阁

这类楼阁的上下层外墙不处于同一位置，共有以下五种结构在楼阁模型明器中得到部分验证。

---

① 国家社科基金一般项目“以汉代图像材料为视角建筑考古学研究”（22BKG016）成果。

1.多层塔式楼阁

以微山大辛庄[①]（见图2-1中1图）和费县潘家疃[②]（见图2-1中2图）画像中的楼阁最为典型，与之结构和建造方式类似的有荥阳魏河村墓出土的楼阁模型[③]（见图2-1中3图）。这类结构均为分层修建，屋身呈上层比下层略小的塔形。图像中仅微山大辛庄楼阁图像可见各层檐下斗栱。从荥阳魏河村墓楼阁模型中可以看出这类楼阁的构架为叠柱，每层的承重立柱均不在同一位置。立柱顶端为实拍栱，与上层铺作间不施散斗。该模型与费县潘家疃图像中楼阁一样均在三层以上才在每层设屋檐，微山大辛庄图像中楼阁则每层均设屋檐。

2.二层带悬空平坐且有台基的楼阁

以神木大保当96SDM11[④]（见图2-1中4图）画像中的楼阁最为典型，与之结构类似的有勉县老道寺M3[⑤]（见图2-1中5图）和涿鹿矾山M3[⑥]（见图2-1中6图）出土的楼阁模型。这类楼阁中平坐的结构一般为从二层楼面平行伸出悬空或用斗栱支撑的铺作，外侧设栏杆围护形成回廊结构，且上层屋身比下层屋身略小，均带有台基。涿鹿矾山M3楼阁模型的平坐伸出较小，且平坐下有斜插栱支撑。勉县老道寺M3楼阁模型的平坐则与神木大保当墓图像中的结构一致，均为悬空结构，且平坐伸出较大，形成一个宽阔的廊道。

3.上层开放式结构的楼阁

以济南全福庄[⑦]（见图2-1中7图）画像中的楼阁较为典型，与之结构类似的有济南长清大觉寺M2（见图2-1中8图）出土的楼阁模型[⑧]。这类结构的主要特点为上层楼阁屋身是开放结构，类似亭榭的榭亭，但下层四壁封闭，正面设有门。

4.带阁楼的仓楼

以密县打虎亭M1[⑨]（见图2-1中9图）画像中的楼阁最为典型，与之结构类似的有河

---

① 杨建东.山东微山县西汉画像石墓［J］.文物，2000，51（10）：61-67.

② 焦德森.中国画像石全集·山东汉代画像石［M］.济南：山东美术出版社，2000.

③ 张松林.荥阳魏河村汉代七层陶楼的发现和研究［J］.中原文物，1987（4）：45-47.

④ 王炜林，邢福来，康兰英，等.陕西神木大保当第11号、第23号汉画像石墓发掘简报［J］.文物，1997，48（9）：26-35.

⑤ 张家口地区博物馆.河北涿鹿矾山五堡东汉墓清理简报［J］.文物春秋，1989（4）：24-35.

⑥ 郭清华.陕西勉县老道寺汉墓［J］.考古，1985（5）：429-449.

⑦ 焦德森.中国画像石全集·山东汉代画像石［M］.济南：山东美术出版社，2000.

⑧ 济南市考古研究所.济南闵子骞祠堂东汉墓［J］.考古，2004（8）：42-49.

⑨ 赵世纲.河南密县打虎亭发现大型汉代壁画墓和画象石墓［J］.文物，1960，11（4）：27-30.

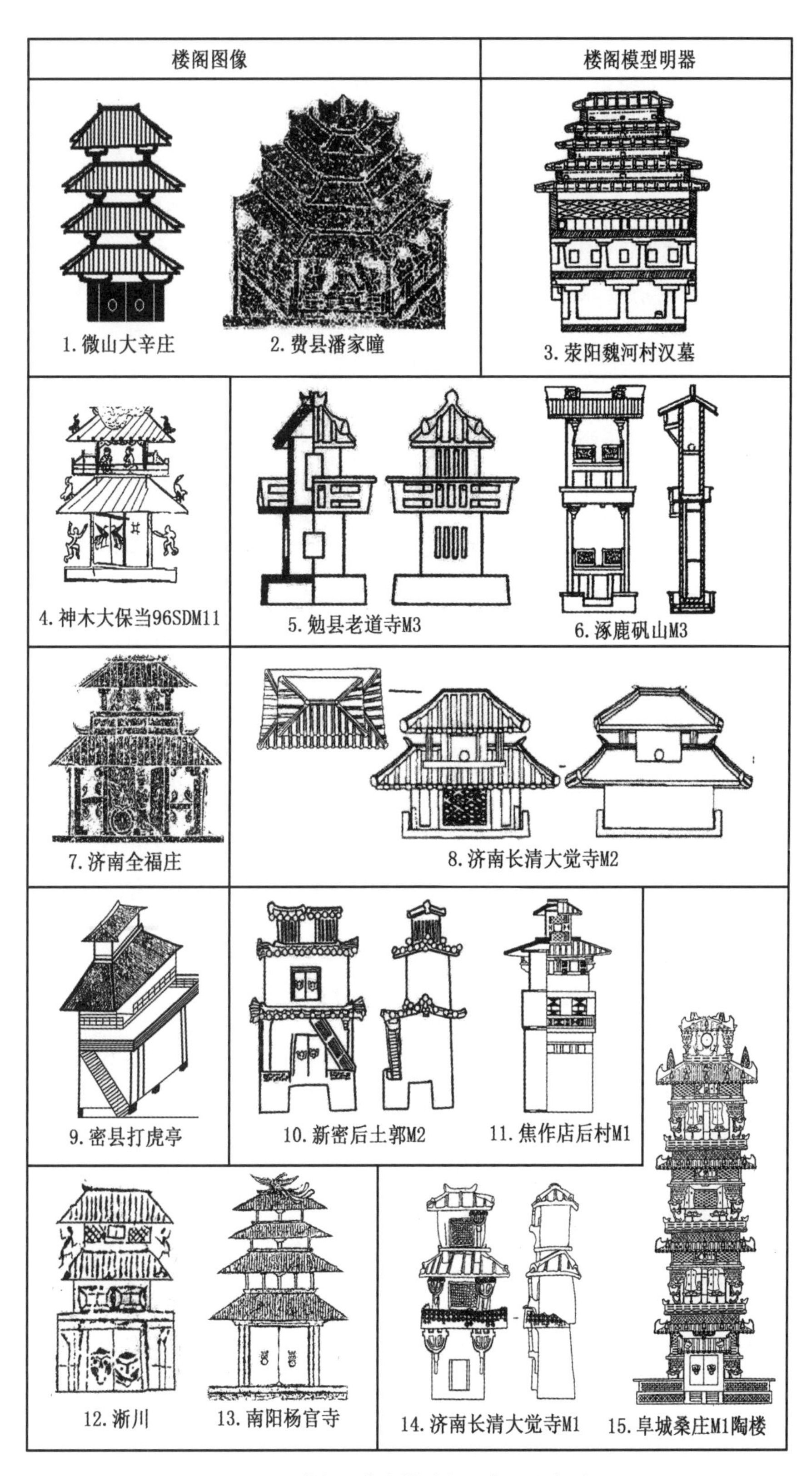

图 2-1　楼阁图像与模型明器对照图（一）

南新密后土郭M2[①]（见图2-1中10图）和焦作店后村M1[②]（见图2-1中11图）出土的楼阁模型。这类仓楼的主要特点为顶层设阁楼，在二楼设平坐或有出檐。密县打虎亭M1图像中的楼阁与焦作店后村M1出土楼阁模型均为三层，顶层为阁楼，二层设悬空平坐，带腰檐，但焦作店后村M1楼阁模型不见楼梯。后土郭楼阁模型顶层为两个小阁楼，三重檐，且二层有出檐，下檐与下层伸上来的楼梯相接，该楼阁与打虎亭M1图像中楼阁一样将基础四角垫高使得楼阁内部稍微离地，只是支起的幅度太小，尚不能算是干栏式。该楼阁未设平坐。在焦作店后村M1陶楼模型中还可见二层屋檐下有出挑斜栱支撑屋檐的结构。

5.屋身封闭式各层均用斗栱挑高梁架的楼阁

以南阳杨官寺[③]（见图2-1中13图）画像中的楼阁较为典型，与之结构类似的有济南长清大觉寺M1[④]（见图2-1中14图）和阜城桑庄墓[⑤]出土的陶楼模型（见图2-1中15图）。这类结构也为分层建造且上层比下层小的重檐楼阁，主要特点为每层在中柱或两侧立柱上设斗栱或多重斗栱以抬高梁架增加高度。杨官寺画像中楼阁仅可见中柱顶端部分斗栱结构，在大觉寺M1楼阁模型中可见两侧立柱顶端各有一个带横枋的大型一斗三升栱抬高二层平座和三、四层屋檐的结构。阜城桑庄墓的楼阁模型不仅在中柱上设斗栱，还在中柱两侧设多层斗栱叠涩支撑梁枋和屋檐，形成高大的六层楼阁。淅川画像砖（见图2-1中12图）画像中楼阁描绘有斗栱和立柱结构，但其屋檐高度及外观与杨官寺楼阁接近，推测其内部支撑或为这类结构。

（二）各层屋身相同的楼阁

这类楼阁的上下层外墙基本处于同一位置，有以下五种结构在楼阁模型明器中得到部分验证。

1.屋身内部加设二层且带两道相向相连楼梯的楼阁

以广汉罗家包[⑥]（见图2-2中1图）和新都利济乡画像砖[⑦]（见图2-2中2图）画像中的楼阁较为典型。若仅看其平面结构，新都利济乡画像中的楼阁很像现在的牌楼，但济南闵子骞祠堂M1出土的楼阁模型[⑧]（见图2-2中3图）则为了解其结构提供了新的线索，图

① 河南省文物研究所. 密县后土郭汉画像石墓发掘报告［J］. 华夏考古，1987（2）：96-159.

② 河南省文物考古研究院，焦作市文物考古研究所. 河南焦作店后村汉墓发掘简报［J］. 华夏考古，2014（2）：24-31.

③ 安金槐. 河南南阳杨官寺汉画象石墓发掘报告［J］. 考古学报，1963（1）：171-174.

④ 济南市考古研究所. 济南市长清区一、二号汉墓清理简报［J］. 考古，2004（8）：24-39.

⑤ 河北省文物研究所. 河北阜城桑庄东汉墓发掘报告［J］. 文物，1990（1）：19-30.

⑥ 中国画像砖全集编辑委员会. 中国画像砖全集·四川画像砖［M］. 成都：四川美术出版社，2006.

⑦ 高文，王锦生. 巴蜀汉代画像砖大全［M］. 澳门：国际港澳出版社，2002.

⑧ 济南市考古研究所. 济南闵子骞祠堂东汉墓［J］. 考古，2004（8）：42-49.

像中的这种楼阁图可能为闵子骞祠堂墓中楼阁的结构的简略画法。这类结构的主要特点为屋内有两道相向的楼梯从两侧通至搭建在中柱上的二层楼面。广汉罗家包图像中楼阁下层不见外墙，仅靠一根中柱及两侧楼梯支撑，顶部带阁楼。新都利济乡图像中楼阁下层有外墙围护，一层中柱顶端设斗栱支撑二层，两侧立柱顶端设斗栱承托屋檐，顶部带两个阁楼。图像中的两种结构均过于简略，广汉罗家包图像中仅靠一根中柱支撑显然不够稳固，新都利济乡图像中也没有描绘出完整的二层屋身。而济南闵子骞祠堂M1的楼阁模型中，两侧楼梯下有墙体支撑，且楼梯在门前，二层挑出转角斗栱承托屋檐。由此看来，新都利济乡画像中的楼阁结构较为可信，而广汉罗家包画像中的楼阁或是在描绘时省略掉了外墙。

2.带较高气窗的小楼

以唐河针织厂画像石墓[①]（见图2-2中10图）画像中的楼阁较为典型，该建筑仅依靠图像中的平面结构难以判断是否为楼阁，将其归入楼阁是因为图像中该建筑一层屋顶上两个气窗之间还有人物画像，至少画工在刻画这幅图时认为它是楼阁，但其结构过于简略，难以令人信服。通过与淄博金岭镇M1[②]出土的楼阁模型（见图2-2中11图）进行对比发现，汉代楼阁确有这种结构，只不过画像中描绘的过于简略而难以识别。这类结构的主要特点为顶部两侧各设一个较高的气窗，支撑结构为通柱，檐下立柱顶端设斗栱承托。金岭镇M1楼阁模型在楼身内设二层，正面有平坐，檐下两侧设转角斗栱，中间设两个斗栱支撑屋檐及梁枋。

3.亭榭式楼阁

以新野画像砖[③]（见图2-2中12图）画像中的楼阁为代表，与之类似的模型明器有国立中央博物馆藏楼阁模型[④]（见图2-2中13图）。这种楼阁结构的主要特点为，在一层中柱顶端设斗栱支撑二层铺作。新野图像中楼阁为通柱造，两侧立柱顶端设斗栱承托屋檐，一层与二层空间大小相同，楼梯设在楼外左侧，而国立中央博物馆藏楼阁模型中，除了在中柱上设一斗三升栱承托二层之外，两侧各有一个较小的立柱承托二层，二层空间比一层小很多，下层为开放式结构，无门、窗，且墙壁不闭合。

4.上下层承重立柱在同一位置且楼内设单侧楼梯的楼阁

以萧县圣村M1[⑤]（见图2-2中14图）画像中的楼阁最为典型，与之类似的有陕县刘家

---

① 周到，李京华.唐河针织厂汉画像石墓的发掘［J］.文物，1973，24（6）：36–40.

② 山东省文物考古研究所.山东淄博金岭一号墓［J］.考古学报，1999（1）：97–121.

③ 赵成甫.新野樊集汉画像砖墓［J］.考古学报.1990（4）：475–509；536–543.

④ 梁思成.中国建筑史［M］.香港：三联书社，2000.

⑤ 王小凤.萧县圣村汉墓［J］.中原文物，2004（5）：71–74.

渠M20①出土的楼阁模型（见图2-2中15图）。这类楼阁的主要特点为：各层屋身大小相同，楼内承重立柱为在同一位置相接的立柱或为通柱，在一层楼内设一道楼梯通至二层平座内侧。将刘家渠M20陶楼与圣村M1图像中的楼阁对比可知，圣村M1图像中楼阁一层立柱上设实拍栱承托二层铺作，二层立柱顶端设一斗二升栱承托屋檐，二层平座略向两侧伸出，而刘家渠M20 楼阁模型为通柱支撑，二层檐下可见三个一斗三升带栌斗的出挑斗栱承托屋檐，二层平坐较小，仅向前略微伸出。

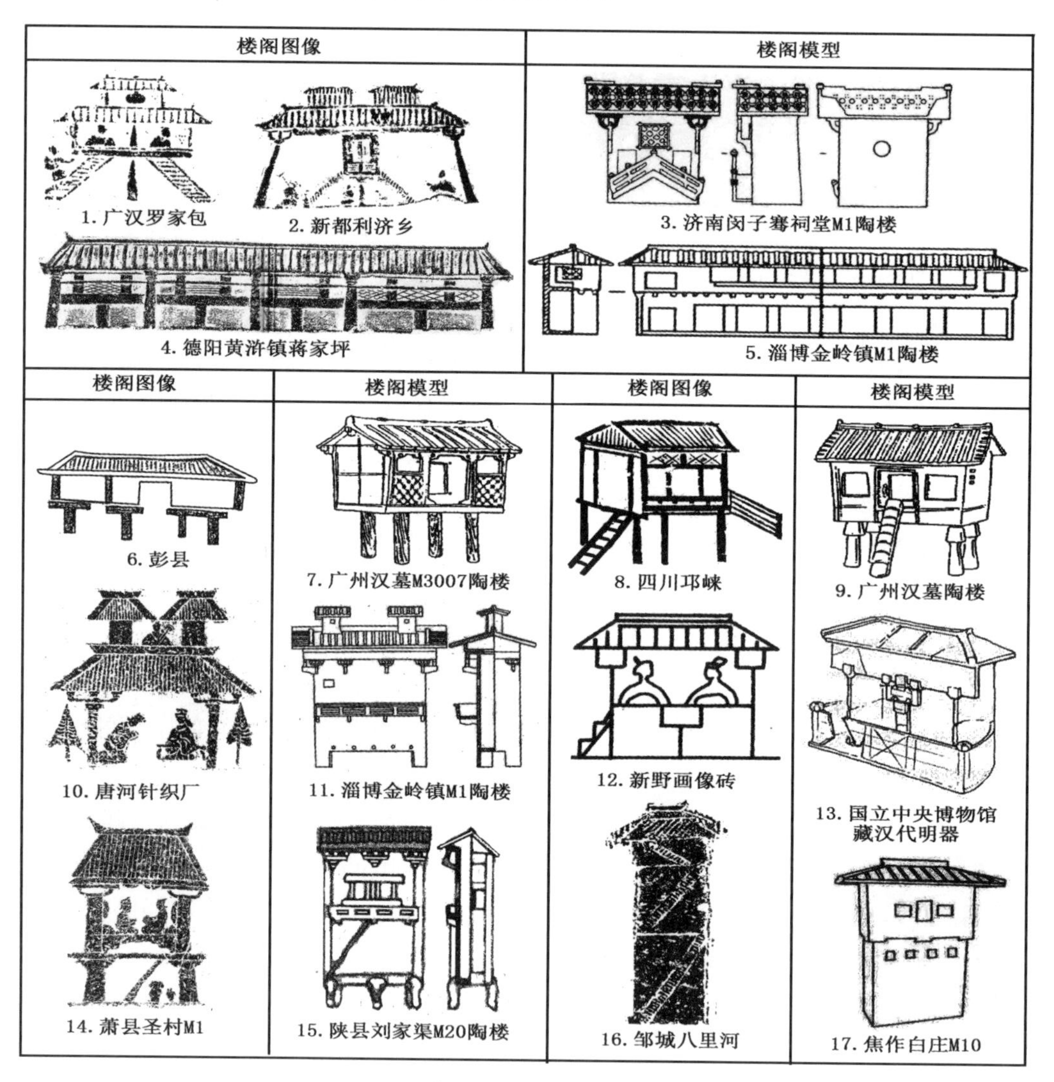

图 2-2　楼阁图像与模型明器对照图（二）

5.碉堡式楼阁

以邹城八里河②（见图2-2中16图）画像中的楼阁较为典型，与之类似的有焦作白庄

① 叶小燕. 河南陕县刘家渠汉墓［J］. 考古学报，1965（1）：107-168.

② 胡广跃，朱卫华. 济宁肖王庄石椁画像及相关问题［G］// 中国汉画学会第十二届年会论文集. 香港：中国国际文化出版社，2010.

M10中出土的楼阁模型[①]（见图2-2中17图）。这类结构的主要特点为门窗较小，通体封闭，不设腰檐。邹城八里河楼阁图像中仅可见屋内的楼梯，在焦作白庄M10楼阁模型的下层没有大的窗户，仅在很高的位置有几个小窗口，这种楼阁类似警戒和守卫的碉堡建筑。

（三）干栏式楼阁

这类楼阁下层均为木柱搭建的底架，有以下两种结构在楼阁模型明器中得到了部分验证。

1.下层有外墙的干栏式楼阁

以德阳黄浒镇蒋家坪墓[②]（见图2-2中4图）画像中的楼阁较为典型，与之结构类似的有淄博金岭镇M1出土的楼阁模型（见图2-2中5图）。这类结构的主要特点是在木柱底架上修建而成，且上下层均有外墙围护，楼内不用斗栱，构架为穿斗式结构。这类楼阁在图像和模型中差异较小，楼阁均为开间较大的穿斗式二层结构。

2.下层无外墙的干栏式仓楼

以彭县[③]（见图2-2中6图）和邛崃[④]（见图2-2中8图）画像砖上的楼阁较为典型，类似结构有广州汉墓出土的两座仓楼模型（见图2-2中7图[⑤]、图2-2中9图[⑥]）。这类结构的主要特点为下层木柱底架没有外墙围护，且规模较小。图像中的两座仓楼均为四阿顶，但模型中均为悬山顶。彭山图像中的仓楼与广州汉墓M3007仓楼模型（见图2-2中7图）上均未见楼梯，推测使用可移动的梯子出入仓楼，而邛崃画像砖图像中仓楼两侧均有楼梯，广州汉墓出土的另一座仓楼模型（见图2-2中9图）也有一道楼梯通至二层门口。此外，在邛崃图像中可见仓楼的柱与柱之间使用了加强整体性的枋材，二层正面的柱子架在梁枋上，二层楼面也落于梁枋之上。

通过将楼阁图像与模型进行对比可以看出，部分图像因为当初在描绘时省略了部分结构使得我们难以了解其实际构造，但总体来说，图像中楼阁的大部分结构都能在汉墓建筑模型明器中找到类似者，因此利用图像中的建筑研究汉代建筑结构和技术也是较为真实可信的。

---

① 河南博物院. 河南出土汉代建筑陶器［M］. 郑州：大象出版社，2002.

② 中国画像砖全集编辑委员会. 中国画像砖全集·四川画像砖［M］. 成都：四川美术出版社，2006.

③ 袁曙光. 四川彭县等地新收集到的一批画像砖［J］. 考古，1987，33（6）：582-583.

④ 高文，王锦生. 巴蜀汉代画像砖大全［M］. 澳门：国际港澳出版社，2002.

⑤ 广州市博物馆编. 广州汉墓［M］. 北京：文物出版社，1981.

⑥ 萧默. 中国古代建筑史［M］. 北京：文物出版社，1999.

二、汉代楼阁建筑技术发展

高台建筑和高层楼阁建筑是先秦时期“土木之崇高”思想催生的建筑类型，汉代以前的高台建筑的做法主要是先在地下打夯，修建高大的夯土台基，再在其上建筑单檐或重檐的房屋。台基一方面增加了建筑的高度，另一方面则更好地固定了建筑的立柱基础。这类建筑是汉代楼阁的前身。随着木结构技术的发展和创新，汉代建筑除了皇家建筑和礼仪建筑仍使用高大夯土台基[1]之外，还出现了不用夯土台基抬高而仅用木构架和外墙承重的高层楼阁建筑，而从带有高大夯土台基的高台建筑到以木结构为主的高层楼阁建筑的变化背后，体现出汉代木作结构楼阁建筑技术的发展水平。

关于汉代楼阁建筑技术的发展，此前在建筑史研究中已有部分探讨，归纳起来主要有如下三方面的研究：

第一，对汉代楼阁建筑在中国古代建筑发展中所处阶段的讨论。王贵祥通过对实物建筑以及部分建筑遗迹的考察研究，将中国传统高层建筑的发展分为三个阶段：最初阶段为由土累筑，土上架木；第二阶段为在土石基上，主要用木构架；第三阶段为以砖石砌筑，部分用砖木结合但以砖石为结构主体[2]。汉代建筑的发展处于第二阶段。马晓进一步在此基础上提出中国木结构楼阁经历了从高台到楼阁空间由实到虚的转变，构架形制由依附夯土台基到相对独立的转变等，但主要是通过对汉代以后的建筑材料讨论认为可能这种转变在汉代已经开始，并认为这种结构变化最终实现于南北朝至隋代[3]。

第二，对目前发现的汉代高层宫殿及礼制建筑遗址和遗迹中相关建筑结构及特点的探讨及其复原设想。这方面以杨鸿勋对西汉长安城未央宫前殿、椒房殿，汉杜陵寝殿，明堂辟雍，广州南越王宫苑，东汉洛阳灵台等建筑的复原研究最有代表性，并通过这些研究得出汉代礼仪建筑虽然带有夯土台基，但从东汉时期开始这种高规格的楼阁已逐渐开始代替传统的台榭，从承重结构上开始摆脱对高大夯土台的依赖[4]。

第三，以建筑遗迹、墓室结构及模型明器为主要研究对象对汉代木结构建筑的讨论，如从梁思成开始，中国建筑史学者们就已经开始利用现存的汉阙、崖墓墓室结构以及出土模型明器等材料对汉代建筑中使用的木结构进行探讨，并开始利用部分建筑图像为其研究提供佐证[5]。近年来亦有多名学者结合建筑模型明器及部分建筑图像对汉代的斗栱、梁枋和立柱进行探讨，有学者通过对汉代建筑遗迹、崖墓建筑和模型明器的研究认为汉代木构建筑中的柱梁式（抬梁式）、穿逗式（穿斗式）和密梁平顶式（井幹式）三

---

① 杨鸿勋. 宫殿考古通论［M］. 北京：紫荆城出版社，2001.

② 王贵祥. 略论中国古代高层木建筑的发展［J］. 古建园林技术，1985（1）：2–9.

③ 马晓. 中国古代木楼阁［M］. 北京：中华书局，2007.

④ 杨鸿勋. 宫殿考古通论［M］. 北京：紫荆城出版社，2001.

⑤ 梁思成. 中国建筑的结构体系［C］// 梁思成文集：第八卷. 北京：中国建筑工业出版社，2001.

种结构均已出现[①]。但以上研究均认为，中国传统木构架的成型和大量运用则要晚到南北朝至唐代之间。期间也出现了对汉代大木作中斗栱、立柱及梁枋等结构的较为系统的讨论[②]。此外，还出现了通论性的建筑技术史研究，认为汉代木结构建筑中柱头已形成纵架、横架以及柱头设斗栱承托额枋加强纵架与檐柱联系的三种屋身结构[③]。

然而，这些研究对汉代楼阁结构及技术发展的讨论多以模型明器为主并参考后世的建筑，由于所用材料的限制，无法对汉代楼阁的发展趋势进行系统探讨。汉代画像中的楼阁图像从西汉早期开始出现，一直到东汉晚期，从数量到结构均大量增加，通过前文对这些图像进行系统研究和形象对比，发现其中包含了许多汉代楼阁的建筑技术及其发展状况的例证，一方面可以证明汉代楼阁建筑中的确出现了上述研究中的结构，另一方面则可以进一步丰富汉代楼阁的结构面貌及其部分技术发展趋势。

（一）汉代楼阁的承重结构及相关建筑技术发展

从前文分析可知，图像中楼阁建筑的屋身有上下层大小相同和上层小于下层两种结构，而这其中所表现出来的是汉代木构建筑中的两种支撑结构技术的发展。此前有学者通过对汉代楼阁模型明器结构的研究提出了汉代楼阁建筑中存在两种立柱支撑结构，一种楼阁内部承重立柱为通柱或在同一位置接柱；另一种则为叠柱做法，即各层的承重立柱不在同一位置，由下层构架承托上层立柱[④]。这两种承重立柱的做法在图像中不仅有非常明确的体现，而且通过对建筑图像中建筑结构的变化研究观察出这两种承重立柱做法的发展规律。

对于上下层屋身大小相同的楼阁，许多楼阁内部主要的承重立柱一般为通柱，或上层楼阁的承重立柱与下层立柱位于相同位置的接柱（见图2-2中5图）。而屋身上层小于下层的楼阁，其承重方式一般为叠柱做法，即楼阁内部各层的承重立柱不在同一位置，一般先建好最下层的构架之后，将上层的主要承重立柱建在下层承重立柱之间，正是这种叠柱方式导致楼阁上层小于下层，呈现出塔式外观（见图2-1中1图）。叠柱支撑结构在汉代以前就已经出现，但其具体建筑方式与汉代楼阁做法不同。汉代以前的建筑虽然也请是各层的立柱不在一个高度形成上下错落的支架，但各层立柱之间的横向联系较少，较为常见的做法是将不同高度的立柱及柱础深嵌入夯土台基之中进行固定，上下层之间的立柱不互相支撑[⑤]。而汉代楼阁的叠柱方式则已经发展出在下层立柱之间设梁枋和铺作，将上层的立柱置于下层的梁枋及铺作之上的做法（见图2-1中3图）。

在目前已知的汉代楼阁图像和模型中，以叠柱支撑的楼阁数量占大多数，可以说叠

① 刘敦桢. 中国古代建筑史［M］. 北京：中国建筑工业出版社，2003.

② 周学鹰. 解读汉代画像砖石中的汉代文化［M］. 北京：中华书局，2005.

③ 中国科学院自然科学史研究所. 中国古代建筑技术史［M］. 北京：科学出版社，2000.

④ 周学鹰. 从出土文物探讨汉代楼建筑技术［J］. 考古与文物，2008（3）：65-71.

⑤ 中国科学院自然科技史研究所. 中国古代建筑技术［M］. 北京：科学出版社，2000.

柱支撑从西汉时期到东汉晚期一直是汉代楼阁建筑支撑技术的主流。虽然通柱支撑的楼阁在西汉早期建筑图像中就已经出现，但数量相对少很多，一直到东汉晚期其数量才有所增加，且通柱支撑的楼阁多数为二层，极少量有三层结构。这种现象表明，虽然通柱支撑技术早已出现，但可能直到东汉晚期才相对成熟并开始流行。

（二）汉代楼阁的建筑木构架及相关技术发展

汉代能够建造多层楼阁，除了立柱支撑技术的发展之外，还有一个更为关键的技术发展——木结架的相对成熟。汉代楼阁建筑架构主要有穿斗式和抬梁式两种。而从郑州画像砖上的井榦式单层房屋（见图2-2中3图）和云南石寨山汉墓井榦式铜屋模型（见图2-2中12图）来看，汉代建筑中亦有井榦式结构，加之文献中关于汉代简章宫北井干楼（《史记·孝武本纪》："乃立神明台、井干楼，度五十馀丈，辇道相属焉。"）的记载，均可以说明中国古代木结构楼阁的三种主要构架的基本形式在汉代就已经出现，但图像中的三种构架均未形成较为统一的模式，推测此时并未完全成熟和定型。

图像中典型的抬梁式结构如徐州张山墓（见图2-3中1图）图像中组合式楼阁的构架。典型的穿斗式结构如德阳黄浒镇蒋家坪墓、邛崃画像砖图像中干栏式楼阁的构架（见图2-3中2图、图2-3中5图）。在许多建筑中除了利用横枋上设斗栱抬高梁架的做法之外，也有将纵架与斗栱组合而成穿斗抬梁式结合构架的做法，如成都羊子山M2庭院图像中的楼阁（见图2-3中7图）。

楼阁图像中木构架上也出现了增强整体性和稳固性的梁枋。在四川邛崃画像砖（见图2-3中5图）图像中的干栏式仓楼上，在柱间使用枋材将下层的柱子连接起来，形成一个整体的梁枋，然后将二层的立柱架在铺设好的梁枋。这种做法表明，汉代楼阁中已开始使用梁枋结构来加强整体稳固性。

楼阁图像中还有大量结构丰富的斗栱。最为常见的柱头斗栱有一斗二升栱（见图2-3中8图）、一斗三升曲栱（见图2-3中9图）和不设散斗的实拍栱（见图2-3中16图）。此外还有设多层横枋和散斗的柱头斗栱（见图2-3中14图）、柱头多重叠涩栱（见图2-3中11图）、多重一斗二升栱顶端叠鸳鸯交手栱（见图2-3中15图）以及柱身上的插栱（见图2-3中10图），楼阁模型中也见有出挑的斜插栱（见图2-1中5图）。柱间斗栱均为设在柱头横枋之上承托上层梁架的斗栱形式（见图2-3中16图）。转角斗栱在图像中较少，在沂南北寨村画像石墓仓楼二层檐下清晰可见柱头转角斗栱（见图2-3中3图）。

此外，汉代画像中还出现了一些更为复杂和高难度的斗栱，如在亭榭图像中可见多种较大的柱头单侧出挑斗栱，具体结构有带栌斗不设散斗的两重曲栱（见图2-3中12图）、栱端架横枋再设两个散斗承托上层曲栱及横枋的双重曲栱（见图2-3中13图）和栱端架横枋再设两个散斗承托上呈横枋的单栱叠涩横枋曲栱（见图2-3中14图）。

由此可见汉代斗栱已经发展出柱头斗栱（宋代《营造法式》称之为柱头铺作，图2-3中8图、11-15图）、柱间斗栱（补间铺作，图2-3中6图、7图）和转角斗栱（转角铺作，

图2-3中3图）三大基本形式，其结构均已经具有相对的稳定性且在楼阁建筑中被大量使用。这些斗栱在建筑中的使用，一来加强了梁檩与立柱之间的支承截面，减少支端的剪切应力[①]，二来能够加大出檐的外挑，调整出檐的坡度，减少屋面排水对墙面和柱础的侵蚀。复杂斗栱成为木结构在汉代建筑中大量应用的技术基础。

在建筑模型明器中还有更多的斗栱形象，综合来看，虽然三大基本型式的斗栱在汉代均已出现，但其样式差异较大，尚未形成一定的规制，其结构的统一可能要晚至唐宋时期。

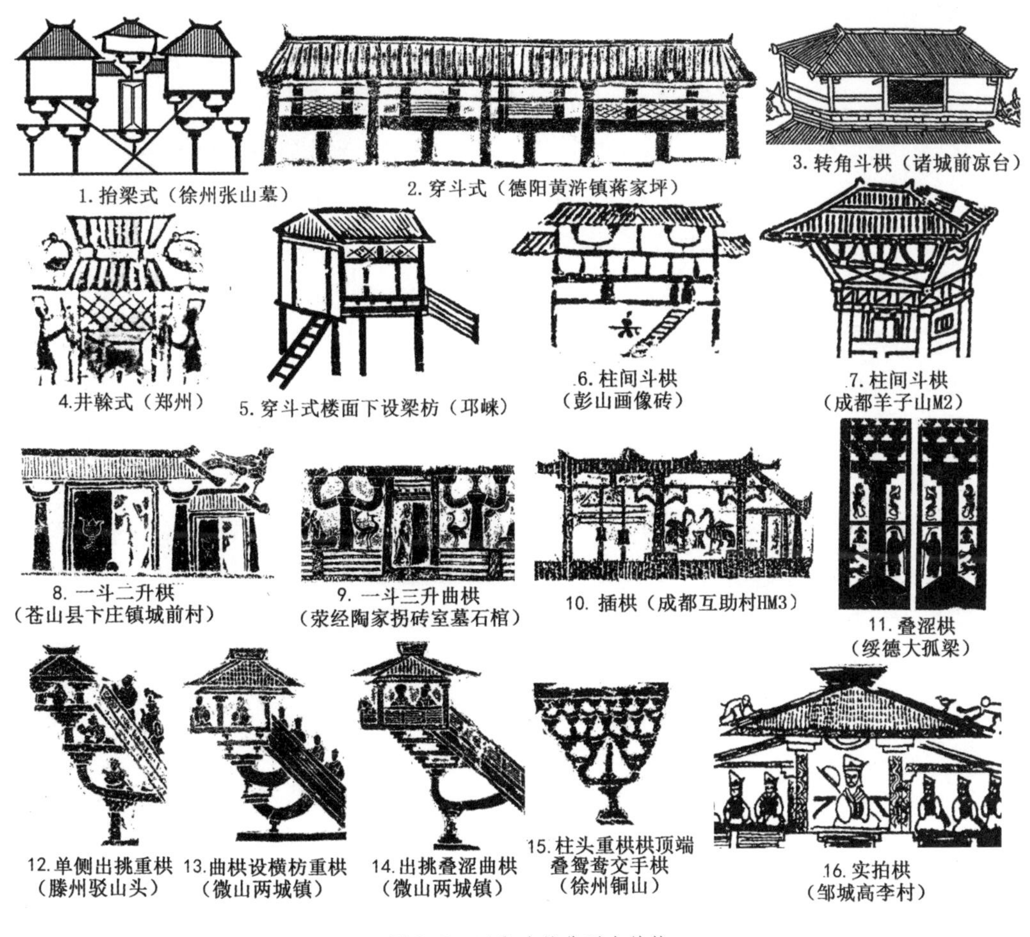

图 2-3　汉代建筑典型木结构

（三）楼阁的采光、透气及用料特点

陈明达通过对汉代明堂辟雍及灵台等建筑遗迹的研究认为，为了解决采光和通风问题，汉代礼制建筑采用梯形夯土台的做法，从中心向两侧逐层减少夯土台的使用[②]。而

① 梁思成，刘致平. 斗栱（汉—宋）简说［C］//建筑设计参考图集第四辑. 北京：故宫印刷所，1936.

② 陈明达. 中国古代木结构建筑技术：战国-北宋［M］. 北京：文物出版社，1990.

从建筑图像中还可以看到更多增加采光和透气的做法。早期建筑图像中的楼阁屋檐多较低，而从西汉晚期开始有屋檐下用斗栱抬高屋檐坡面的做法，有用穿斗式构架抬高屋檐的结构（见图2-3中5图），还有用井幹式屋顶增加高度，用网格窗增加室内透光的做法（见图2-3中4图）。这些抬高屋檐的做法一来可以更好地保护墙体和柱础，二来也增加了室内的采光和透气。此外，汉代建筑中常见在屋顶上设气窗增加采光和透气的做法。

要建造规模较大的木结构楼阁，对木材的需求和要求也会增加。汉代楼阁中出现了在同样用料的情况下尽可能增加建筑内的活动空间的多种方式，如在楼阁上层再加筑一个或两个小阁楼、共用梁架和楼梯的三座屋身相连组合式楼阁，以及在柱头设铺作和栏杆建成平坐结构等做法。而东汉晚期出现的多角楼阁则不仅在同样用料下尽可能增加了楼内的活动空间，还可以增加楼阁的稳固性和通透性。

此外，无论是楼阁图像还是楼阁模型明器上，均可见到屋顶的坡面及重檐、腰檐上已经全面覆瓦，而且除了常见的板瓦、筒瓦之外，在屋顶正脊、垂脊上也多见陶制护脊瓦的使用。到西汉时期从大型城址到中小型聚落均发现大量陶瓦遗存，可见这一时期是建筑用瓦快速普及的时期。

通过上述分析可知，汉代楼阁建筑的进步实际上是木结构建筑技术的进步，木构架、立柱、斗栱等的发展催生了许多新的建筑结构，从各种建筑图像及模型明器中可以看到这一时期建筑屋顶、屋身、平坐、栏杆等都有了较大发展。此外，木构架悬空楼阁建筑的出现与成熟，与铁制工具发展带来的夯土技术进步、木材加工技术发展等有密切关系。砖瓦烧制技术的进步和陶瓦的普及等使得汉代建筑从地基、墙体、构架到屋顶都有了较大革新。这些都是两汉时期楼阁建筑迅速发展成熟的技术基础。这些楼阁建筑技术进步也为东汉后期佛教建筑传入中土之后楼阁式佛塔的出现和发展奠定了基础。通过对汉代楼阁材料的研究可知，在魏晋及以后的石窟寺壁画、雕刻及建筑遗迹大量出现的楼阁式佛塔其建筑技术应是成熟于两汉时期。

中国传统佛道建筑平面格局与像设关系考

张　延（宁波市文化遗产管理研究院）

佛教建筑平面格局与像设及礼拜仪式息息相关。从石窟寺早期塔庙窟到佛殿窟的变化及早期佛教建筑回字形平面格局到扩大前部礼拜空间，都体现了佛教礼仪由最初的复合式礼佛逐渐向中国化的叩拜礼佛仪式的转变。此外，塑像的内容、数量、性质及布置方式也会影响佛教建筑平面开间和进深并形成一定的布置规律。总结研究佛寺平面布局与像设的规律，会让我们认识到古人传统设计的智慧，体会“以负阴抱阳、藏风纳气为主要特征的中国古代建筑”的精髓，增进传统工匠智慧在现代设计中的传承。

一、像设的概念

“像设”一词是中国的固有术语。《楚辞·招魂》：“像设君室，静闲安些。”《赵绝书》卷九：“今置臣而不尊，使贤而不用，譬如门户像设，倚而相欺，盖志士所耻，贤者所羞。”

“像设”一词，在中国古代指寺观、道观和民祠等意思，民间祭祀亦用之。《全唐诗》中，卷五马戴《题僧禅院》：是指寺院；卷五四八薛逢《社日游开元观》：是指道观；卷六一零《太湖诗·包山祠》：“白云最深处，像设盈岩堂”，是指民祠。

佛经中的像设，或来源于西域。《大唐西域记》卷四《十五国》：“每岁三长及月六斋，僧徒相竞，赍持供具，多营奇玩，随其所宗，而致像设。”这里的像设就是指佛陀的象征物，也即佛像。

“像设”在佛教中的意思是佛教设立各种形象（一般是塑、雕而成的各种佛像），用以导引、教化众生。佛法精微，普通民众不易理解，通过“像设”，可起方便导引的作用[①]。

“像设”在各种专业书籍中也有应用，如傅熹年《中国建筑史·两晋、南北朝、隋

① 佛学研究网（http://www.wuys.com）.

唐、五代建筑》[①]及其他相关文献中都直接引用“像设”，指塑像的内容、数量、性质及布置方式等情况。本文所指“像设”即沿用这一意义。

二、早期复合礼拜仪式影响下的平面布置形式

（一）早期复合礼拜仪式

佛教在印度有两种主要的礼拜仪式，即右旋绕佛和叩拜礼佛。

右旋绕佛是指以顺时针方向对佛陀及其象征物进行旋绕的礼拜方式，具体的方法有“持灯绕佛”“持香炉绕佛”等[②]。这种仪轨在佛经中有明确的规定，如《佛说右绕佛塔功德经》说：“大威德世尊，愿为我等说，右绕于佛塔，所得之果报”[③]。《提谓经》也说：“经律之中，制为右绕，若左绕行，为神所诃”[④]。

此外，佛经对于右旋的次数还做出了规定，即一周或三周。如《贤者五戒经》中说：“绕塔三匝者，表敬三佛，一佛，二法，三僧”[⑤]。

叩拜礼仪是以“五体投地”为最高礼仪的一系列礼拜方式的总称。据玄奘《大唐西域记》记载：“致礼之式，其仪九等：一发言慰问；二俯首示敬；三举手高揖；四合掌平拱；五屈膝；六长跪；七手膝踞地；八五轮俱屈；九五体投地。凡斯九等，极惟一拜……跪有赞德，谓之尽敬。远则稽颡拜手，近则舐足摩踵”[⑥]。

早期礼拜中常常将右旋绕佛与叩拜礼佛这两种方式结合在一起，形成复合式的礼拜方式。

（二）礼佛仪式与石窟寺平面格局

石窟寺的建造始于东晋十六国时期，从早期塔庙窟的兴起、发展直到向佛殿窟的演变，其平面布局与礼拜仪式的变化相一致。最早塔庙窟为方形平面，平面中央立一宽接近洞窟面阔1/2的方形塔柱，塔柱两侧有通往后面的甬道，四甬道基本同宽，塔柱四面所开龛雕像体量基本一致，无方向性。这种布局方式是典型绕行礼拜仪式的反映，塔柱如窣堵坡，僧徒和信众对其进行绕行礼拜。实例如凉州张掖金塔寺东窟及凉州酒泉文殊万佛洞（见图3-1和图3-2）。时间稍晚建造的塔庙窟的格局已经开始体现复合礼拜仪式，不仅将方形塔柱前端的佛龛雕像体量增大，同时扩大了窟室前部空间，强调了前侧佛像的叩拜，同时也可绕行礼拜。实例如甘肃敦煌莫高窟北魏第254窟（见图3-3）。再后期

---

① 傅熹年. 中国建筑史·两晋、南北朝、隋唐、五代建筑[M]. 北京:中国建筑工业出版社,2001.

② 张勃. 汉传佛教建筑礼拜空间源流概述[J].北方工业大学学报，2003,15(4):60-64.

③ 小野玄妙. 大正藏[M]. 东京：大正一切经刊行会，1925.

④ 王维. 王右丞集笺注（下）[M].赵殿成（清），笺注，北京：中华书局，1961.

⑤ 中华大藏经编辑局. 中华大藏经（汉文部分等54册）[M]. 北京：中华书局，1992.

⑥ 玄奘，辩机. 大唐西域记校注[M]. 季羡林，注. 北京：中华书局,1985.

的塔庙窟已经具有了部分佛殿窟的特征，雕像布置方式发生变化，进一步强化了叩拜礼仪，实例如甘肃敦煌莫高窟隋代第427窟（见图3-4）。

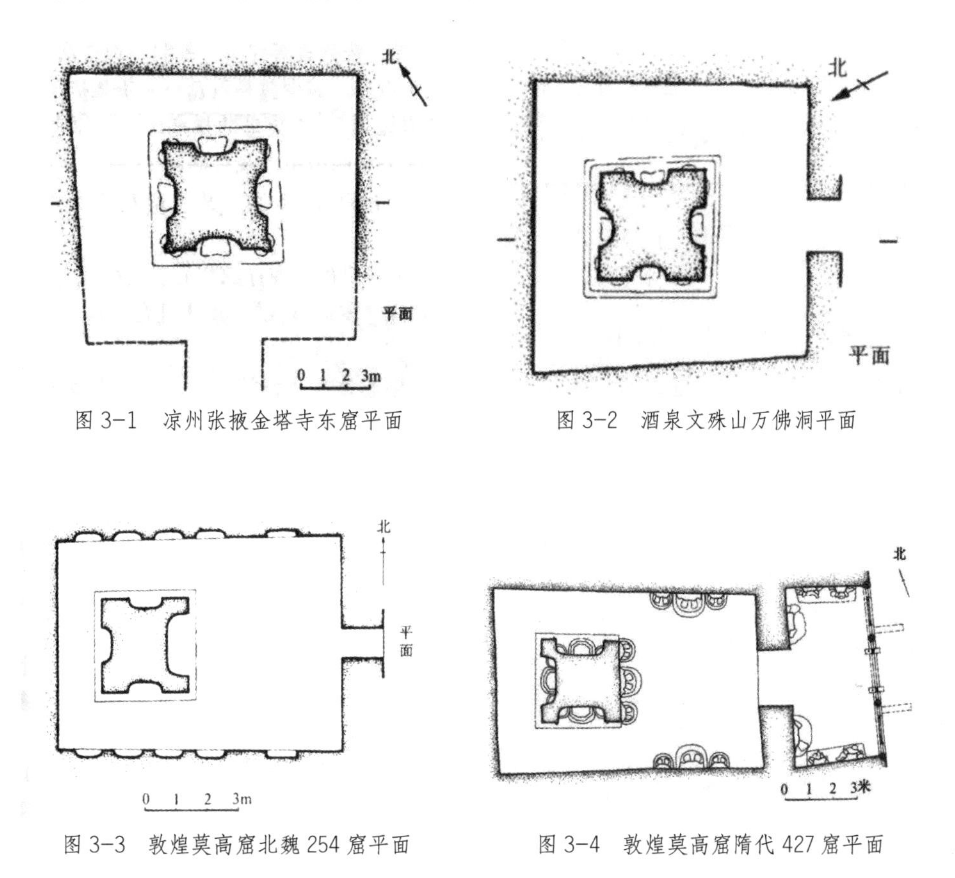

图 3-1　凉州张掖金塔寺东窟平面　　图 3-2　酒泉文殊山万佛洞平面

图 3-3　敦煌莫高窟北魏 254 窟平面　　图 3-4　敦煌莫高窟隋代 427 窟平面

佛殿窟早期主要在纵长的窟室后壁甚至侧壁前置数尊佛雕像，信徒在前部开敞的空间中进行礼拜（见图3-5）。后来有的佛殿窟雕凿成带前廊的形式，外观或三间四柱或七间八柱，如甘肃麦积山石窟北魏第30窟与北周第4窟（见图3-6、图3-7和图3-8）。再后期佛殿窟的空间开始模仿佛殿空间，出现了与早期佛殿空间基本相似的空间形制，比如甘肃敦煌第196窟的窟室形制基本与南禅寺的空间布置相一致（见图3-9）。

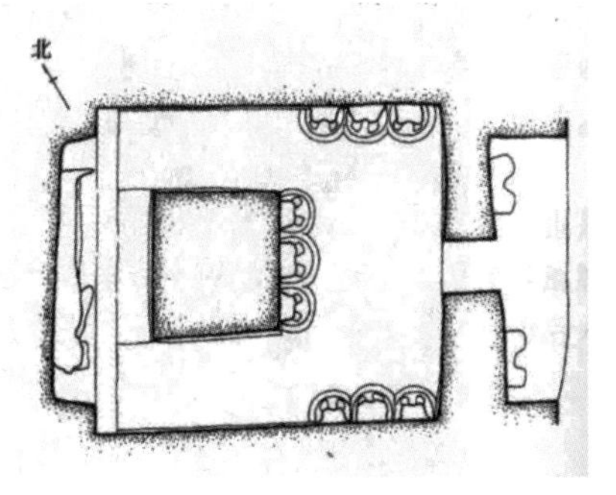

图 3-5　敦煌莫高窟初唐 332 窟平面

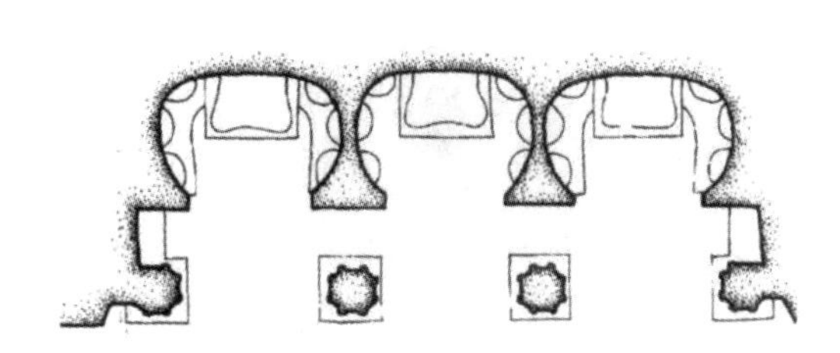

图 3-6　麦积山北周第三十窟平面

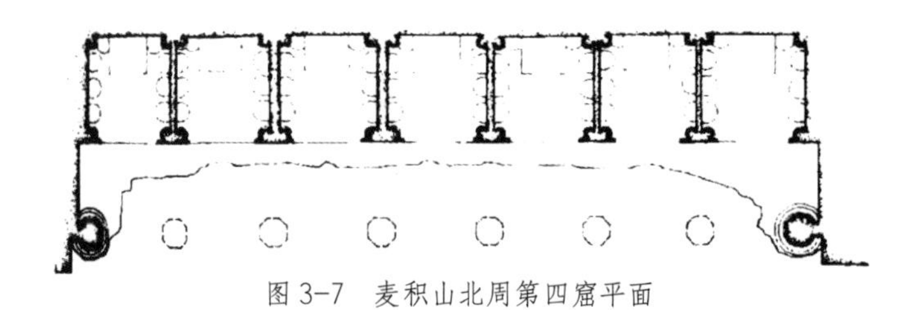

图 3-7　麦积山北周第四窟平面

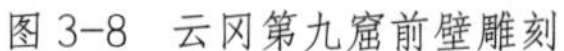

图 3-8　云冈第九窟前壁雕刻

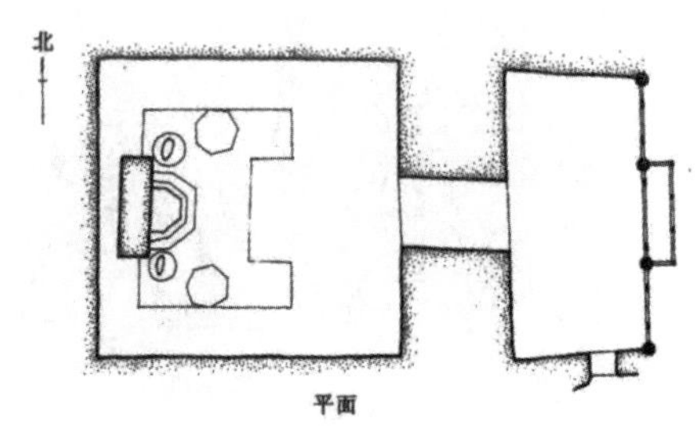

图 3-9　敦煌莫高窟晚唐 196 窟平面

（三）早期复合礼拜仪式影响下佛殿回字形平面布置形式

从我国现今遗留最早的唐代南禅寺和晚唐佛光寺两座大殿中，我们可以看出初期复合礼拜仪式对平面格局的影响。两座大殿的平面布局都采用回字形布置方式。南禅寺大殿型制较小，内部中央佛坛占据了室内的大部分空间，佛坛及整个平面形成回字型，大殿室内佛坛前部为叩拜礼佛空间，佛坛外围的整个空间形成了绕行礼佛空间。佛光寺大殿采用金厢斗底槽的柱网布置形式，分内外槽，也是典型的回字形平面。佛光寺大殿外槽即绕行礼拜空间，前部外槽与佛坛前的空间形成了叩拜礼仪空间。南禅寺大殿和佛光寺大殿后壁无门，推测佛殿当时的后部空间主要是满足绕行礼佛的需求，无开门穿行的功能需求。

辽建薄伽教藏殿在像设构成和平面格局都仿唐式，表现出与佛光寺和南禅寺一致的礼拜空间形式（见图3-10、图3-11）。利用金厢斗底槽的形式形成了回字形平面：内槽深两间，广三间，几乎被整个佛坛占据，为圣域空间；外槽深一间，形成一圈，形成了叩拜礼佛仪式与绕行礼佛仪式的场地。

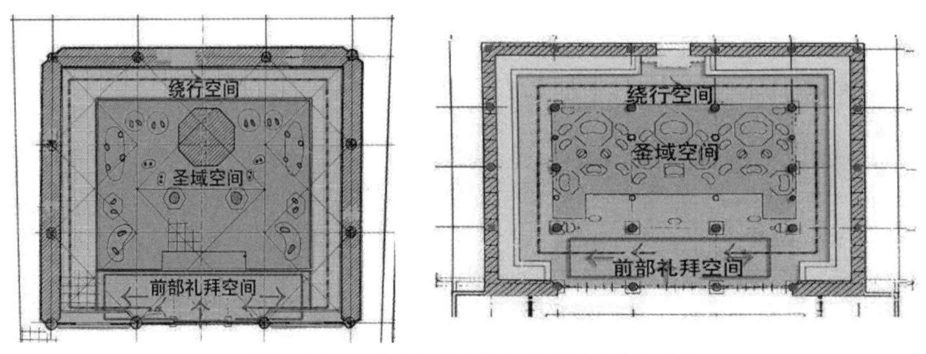

图 3-10　南禅寺大殿和薄伽教藏殿功能分区图

图 3-11　唐南禅寺和辽建薄伽教藏殿殿内像设

三、叩拜礼佛仪式下扩大礼拜空间探索下的平面格局形式

（一）复合礼拜仪式向叩拜礼拜仪式的转变

在印度，右绕礼佛方式在佛教产生之前就有了，是古代印度致敬的一种仪式[①]。印度佛教沿用了这一礼拜仪式并把它写入佛经。而佛教传入中国的时候，叩拜礼仪是当时的惯用礼仪，我国古代人民对皇帝、官员、长辈等所要尊敬之人都是行叩拜礼仪。因此右绕礼佛仪式推广难度较大。《法苑珠林》卷二十八对此有过论述："彼则拜少而绕多，此则拜多而绕少，彼则肉袒露足而为恭，此则巾履备整而称敬"[②]。

叩拜礼佛仪式是佛教传入中国后被改造、吸收与同化的结果。在辽金宋元时期，我国的佛教与道教礼拜仪式逐渐形成了自己的特点并成为定势，已经不再强调绕行空间，而是在神像前部完成相关活动，居士与俗客对神像的礼拜也主要是在佛前行香、叩拜。

（二）扩大前部礼拜空间的几种平面布局形式

在叩拜仪式影响下，人们对大殿空间尽量开敞化尤其前部礼拜空间尽量开敞化的需求越来越强烈。随着建造技术的不断进步，建筑内部空间格局也发生了变化，主要表现为柱网布置向灵活性方向的转变，如对前金柱的改变、对后金柱的改变和室内尽量不留一根柱子的尝试。

（1）对前金柱的改变。随着前部礼拜空间的重要性增大，人们希望在参拜的时候可以直接观瞻神像圣容而不受遮挡。随着建造技术的不断成熟和水平提高，在建造大殿的时候，工匠尝试对前金柱进行调整，尽量可以形成相对完整、开敞的前部礼拜空间。金代山西朔州崇福寺弥陀殿将前金柱减掉两根，并将遗留下的两根明间和次间缝金柱移至次间中央。金代山西善化寺三圣殿及金代崇福寺观音殿两座殿堂规模都不大，均为五开

① 玄奘，辩机. 大唐西域记校注[M]. 季羡林，注. 北京：中华书局，1985.
② 释道世. 法苑珠林[M]. 上海：上海古籍出版社，1991。

间小殿，在佛坛前没有一根柱子，使得室内空间异常开敞，人站在殿堂的入口处就能对佛像一览无余，同时信徒也可以在殿内不受任何阻隔地进行礼佛活动。元代永乐宫重阳殿不仅在中央三间没有采用前金柱，而且也没有采用中柱，这样在佛坛前就没有任何柱子的遮挡与阻隔（见图3-12和图3-13）。

（2）对后金柱的改变。后金柱后移也在一定程度上扩大了前部礼拜空间。宋元时期，绕行的礼拜仪式被摒弃后，大殿后部的空间除了承担交通功能外就显得不是很重要了。这样，在空间有限的情况下，部分大殿将后金柱后移来实现扩大前部礼拜空间。如建于北宋的少林寺初祖庵大殿将后金柱后移了一个椽架，佛坛也同时后移，从而扩展了前部礼佛空间（见图3-13）。

（3）室内尽量不留柱。有的大殿内甚至实现了不留一根柱子，如金建佛光寺文殊殿整个室内只留有四根柱子，且两前金柱之间广三间，形成了开阔的前部礼拜空间；太原晋祠圣母殿大胆运用了减柱造，殿身空间内没有一根柱子，使得室内空间轩昂舒敞，为数十尊精美的彩塑圣母像侍女像创造出了适宜陈列和观赏的空间环境（见图3-13）。元代采用了“大横额”，使得柱网布置更加灵活，如元永乐宫三清殿室内只采用了围合圣域空间的八根内柱，外侧活动空间没有一根内柱，既为观赏两侧墙壁上的壁画提供了宽广的视野环境，也形成了开阔的礼拜活动空间。

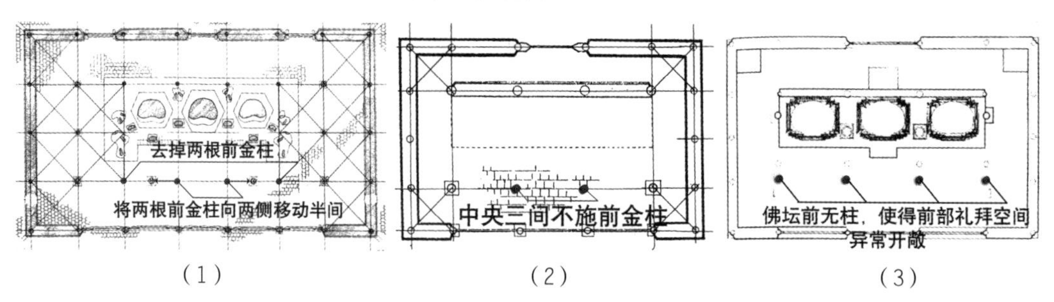

图3-12　朔州崇福寺弥陀殿、永乐宫三清殿、善化寺三圣殿柱网布置分析图

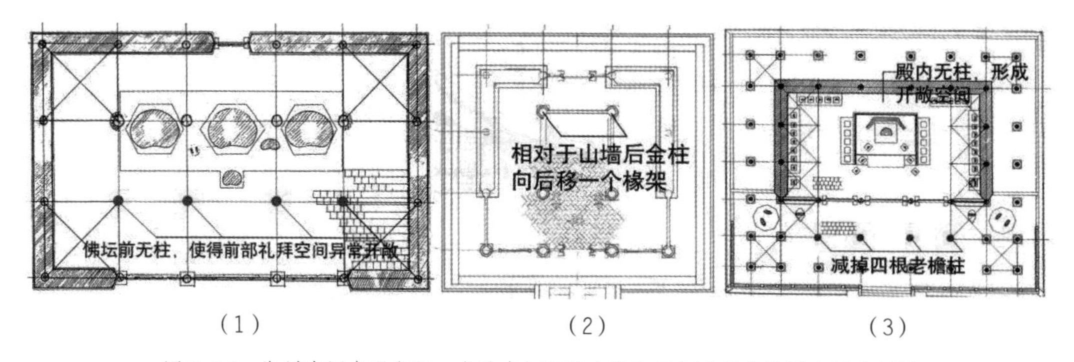

图3-13　朔州崇福寺观音殿、少林寺初祖庵大殿和晋祠圣母殿柱网布置分析图

四、大殿开间、进深与像设关系研究

（一）大殿开间、进深数量的一般规律

从现今遗留下来的大量古代佛道殿堂平面格局研究中，可以发现大殿开间、进深数量与像设有紧密的关系，并存在一定的布置规律。在开间上，开间数量一般为n+2（n为神像的数量）（见图3-14），个别建筑由于两侧山墙设置壁画或者安置其他神像等原因而扩大一间，即开间数量变为n+4（见图3-15）。如唐代的佛光寺东大殿内置五尊佛像，大殿的间数为5（n）+2即7间（见图3-16）；辽代的义县奉国寺大殿内供七方佛，大殿的开间数为7（n）+2，即9间（见图3-17）；元代永乐宫三清殿因两侧山墙及后壁绘有道教故事绘画及清建承德普乐寺宗印殿因两侧山墙前壁供奉了十八菩萨，其开间数遵循n+4的原则，开间均为七间，即3（n：内部都供奉神像三尊）+4（见图3-18和图3-19）。

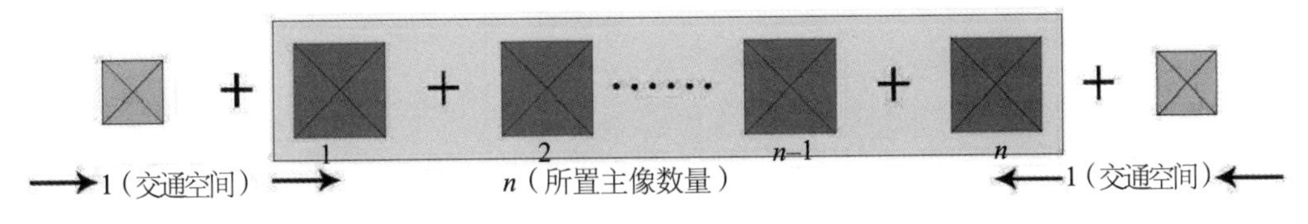

图 3-14　大殿开间数量与像设关系分析图

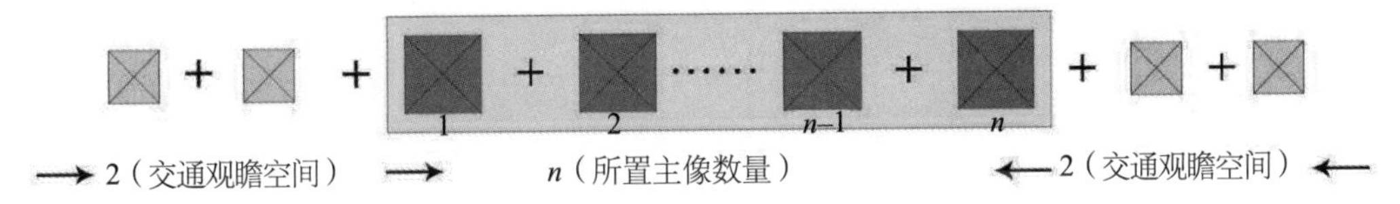

图 3-15　大殿开间数量与像设关系分析图

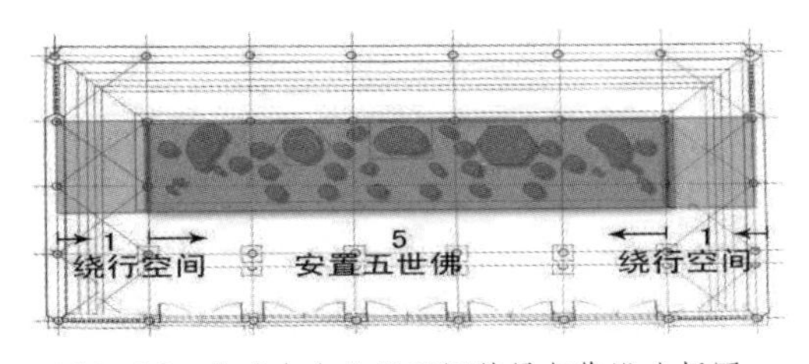

图 3-16　佛光寺东大殿开间数量与像设分析图

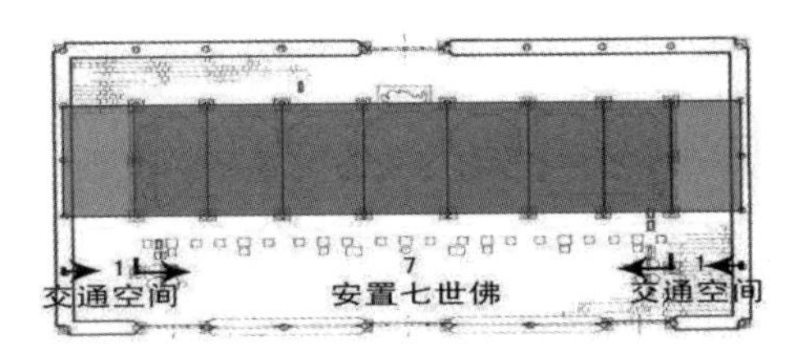

图 3-17　奉国寺大殿开间数量与像设分析图

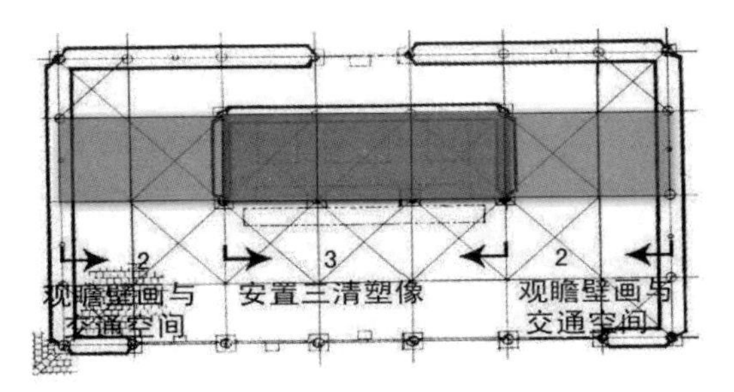

图 3-18　永乐宫三清殿开间数量与像设分析图

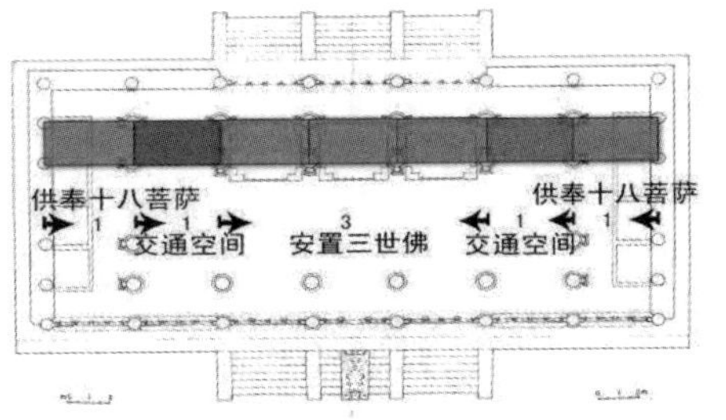

图 3-19　承德普乐寺宗印殿开间数量与像设分析图

大殿的进深间数组成形式为：交通空间一般占一间，圣域空间[①]一般占一间至两间，前部礼拜空间灵活性较强，尤其在后期由于需求开阔的前部礼拜空间，导致此部分进深间数增加。然而受木构建筑材料及技术的限制，两间者居多，一般不超过三间。如唐佛光寺大殿及辽朔州崇福寺弥陀殿前部礼拜空间均为一间，元代永乐宫三清殿前部礼拜空间占两间（见图3-20），上华严寺大雄宝殿及善化寺大雄宝殿前部礼拜空间占三间（见图3-21）。

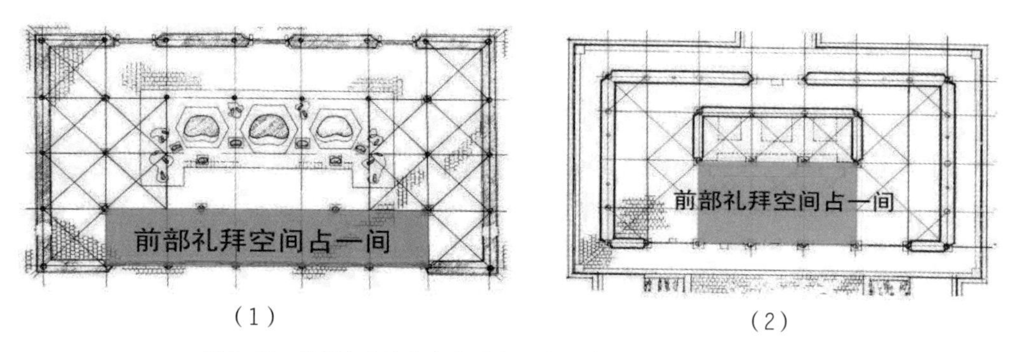

（1）　　（2）

图 3-20　崇福寺弥陀殿和永乐宫三清殿前部礼拜空间进深分析图

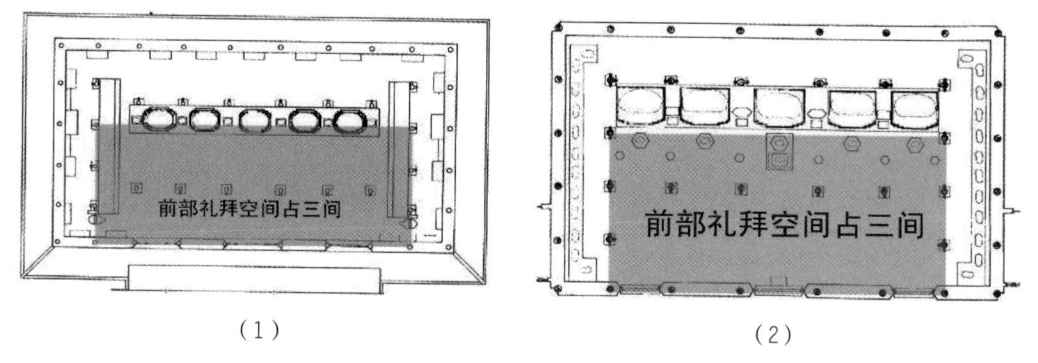

（1）　　（2）

图 3-21　上华严寺大雄宝殿和善化寺大雄宝殿礼拜空间进深分析图

（二）开间尺寸与像设关系研究

大约从北朝晚期开始已有当心间最宽的做法，隋唐都是当心间最宽，左右减窄，宋以后逐渐形成通例。开间尺寸一般采用逐间递减的方法，并遵循“若当心间用一丈五尺，则次间用一丈”的规定。

在实际调研中，发现许多大殿因为像设关系采用微差的方法对大殿尺寸进行调整。大殿中央佛坛上通常供奉三世佛、三身佛、五方佛、七方佛等佛像。在佛教中，这些佛地位平等，没有等级关系，而开间逐渐递减的划分方法会突出中央空间，弱化两侧空间，在一定程度上会使佛像因所处空间的不同而表现出等级性或序列关系。那么，古代工匠是如何缓和这种倾向呢？通过分析古代宗教建筑案例，可知古代工匠采用了微差的

① 本文指佛坛或神像所布置的空间。

方法，即使大殿当心间与次间稍间的尺寸成递减趋势，但这种递减值很小，甚至相等不递减，至稍间再递减。如建于辽代的奉国寺大殿，面阔九间，内供七方佛。大殿中央三间开间尺寸相等，侧面第三间较第二间减少0.54 m，第四间较第三间减少0.28 m，由当心间至侧面第五间总共减少不足1 m。另外，辽代遗构上华严寺大雄宝殿内供五方佛，当心间至侧面第二间的偏差也只有0.5 m。金代遗构朔州崇福寺弥驼殿内供西方三圣，中央三间尺寸一样，都为6.20 m。明代遗构泉州开元寺内供五方佛，中央五间的开间尺寸相差也很小。微差方法的采用，让人们步入殿内，感觉每尊佛都具有同等地位，体量同等雄伟，七尊佛像作为一个整体形成了庄严的气势。

（三）进深尺寸与像设关系研究

不同时期进深尺寸的变化在一定程度上体现了礼拜仪式所需空间功能的变化。经比较研究，在早期复合礼拜仪式下，大殿的进深各间尺寸基本相等。如中唐的南禅寺大殿进深三间，尺寸均为3.3 m；唐代佛光寺大殿，进深四间的尺寸也基本相同，约为4.4 m。辽宋以后，在礼拜仪式特征逐渐向强化叩拜仪式空间，弱化绕行礼拜仪式转变后，佛道殿堂中前部空间增大，佛坛后空间缩小。辽代薄伽教藏殿、善化寺大雄宝殿及宋代的晋祠圣母殿、苏州玄妙观三清殿等大量建筑都是前后交通空间进深较小，其他每间进深相同且尺寸略大些。元代的永乐宫三清殿进深方向前后间较中央两间尺寸小了1.2 m，差值较早期加大。明清时期，大量建筑内部周围回廊空间一般较小，如承德普乐寺宗印殿的回廊空间进深净宽约1.5 m，不及中央的一半。承德殊像寺的会乘殿等大量建筑的进深尺寸也基本如此。一些建筑的回廊空间甚至减小到只能容一人通过的地步。在一些非穿堂建筑内已经将佛坛置于紧靠后部墙面的位置，有的建筑的这部分空间已消失，如元代洪洞广胜寺下寺。明清时期的大部分配殿不设穿行，佛坛也是安置在殿堂的最后部，紧挨墙面。

北宋以来，为扩大前部礼拜空间，一些江南地区的方三间的小殿上，出现了第一间进深尤其大的情况。如北宋宁波保国寺大殿及元代永乐宫三清殿。元代永乐宫纯阳殿更是呈现了进深三间由前至后尺寸递减的情况：第一进为6.08 m，第二进为5.03 m，第三进为3.24 m。这种进深尺寸逐渐递减的布置方式是与实际礼拜需求有关，最突出前部礼拜空间。此外，一些方三间的小殿更出现了进深略大于开间的现象，元代这种倾向更是明显。如北宋宁波保国寺大殿的进深为13.36 m，开间为11.90 m，较进深小了近1.5 m。元代的浙江武义延福寺大殿等一些南方的方三间小殿也呈现了进深大于开间的现象。

综上所述，“佛殿是佛的住宅”[①]，造像是佛陀的象征，是古建筑宗教建筑室内的功能核心、民众的主要崇拜物。通过阅读、整理、研究前人总结的大量相关文献并通过实地的调查研究、挖掘探索，我们发现，像设对宗教建筑室内空间具有较大的影响。古代宗教建

① 梁思成.我们所知道的唐代佛寺与宫殿[J].中国营造学社汇刊，1932,3（1）:75-114.

筑会因供奉造像性质等的不同，其建筑外观、内部空间、梁架结构等也不尽相同。如供奉三世佛（如山西大同下华严寺薄伽教藏殿）、五方佛（如山西大同上华严寺大雄宝殿）、七方佛（辽宁义县奉国寺大殿）、大型站佛（如蓟县独乐寺观音阁）、西方三圣（山西朔州崇福寺弥陀殿）、大型坐佛（山西五台山殊像寺）、一主多仆（山西太原晋祠圣母殿）等的佛教殿堂，其在平面开间与进深、柱网布置、梁架搭建等方面都有差异，大多殿堂都对像设与室内空间的布置有具体的考虑，坐像性质的不同、坐像至站像的改变、站像高度的变化等也会直接影响建筑室内主要功能空间、服务空间、建筑外观及建筑结构等的营造和设计。

傅熹年在《中国早期佛教建筑布局演变及店内像设的布置》（1998）一文中指出：佛殿、佛塔乃至整座寺院的建立都是为了奉佛，为僧徒、信徒提供禅修、拜佛的场所，所以除佛寺布局和塔、殿外观设计外，如何安置佛像才能使塔、殿对佛像起到很好的衬托作用，也是佛教艺术中的一个重要方面。由此可知，总结研究佛寺与像设的规律，会让我们认识到古人在设计中的智慧，体会“以负阴抱阳、藏风纳气为主要特征的中国古代建筑”① 的精髓，深思并传承传统工匠智慧。

参考文献

[1]中国大百科全书总编辑委员会《宗教》编辑委员会,中国大百科全书出版社编辑部.中国大百科全书·宗教［M］. 北京:中国大百科全书出版社,1988.

[2]郭朋. 中国佛教简史［M］. 福建:人民出版社,1990.

[3]王媛，路秉杰. 中国的佛殿建筑与佛像［J］. 同济大学学报:社会科学版,1998（1）：9–13.

[4]傅熹年. 傅熹年建筑史论文集［M］. 北京:文物出版社,1998.

[5]张勃. 汉传佛教建筑礼拜空间源流概述［J］. 北方工业大学学报，2003,15(4):60–64.

[6]莫振良. 佛家造像［M］. 天津:天津人民出版社,2004.

[7]张培锋. 佛家礼仪［M］. 天津:天津人民出版社,2004.

图片来源

图3–1~图3–7、图3–9、图3–12底图、图3–13底图、图3–17底图引自：刘叙杰，傅熹年，郭黛姮，等. 中国古代建筑史：五卷集［M］. 北京：中国建筑工业出版社，2001. 分析图部分作者自绘。

图3–10底图引自：傅熹年.中国古代城市规划建筑群布局及建筑设计方法研究［M］.

① 王贵祥. 东西方的建筑空间[M]. 天津:百花文艺出版社，2006：321.

北京：中国建筑工业出版社，2001.分析图部分作者自绘。

图3-8、图3-11：作者自摄。

图3-14、图3-15：作者自绘。

图3-16、3-18、3-20、3-21底图引自：傅熹年.中国古代城市规划建筑群布局及建筑设计方法研究［M］. 中国建筑工业出版社，2001.分析图部分作者自绘。

图3-19底图引自：佚名. 承德古建筑［M］. 中国建筑工业出版社，1982.分析图部分作者自绘。

水文化在古建筑中体现探究
——以保国寺等古建筑为例

黄定福（宁波市文化遗产管理研究院）

由古代项羽烧咸阳“三月大火不灭”，到文物建筑保护的“法律与宪章”；从过去改朝换代中的“革故鼎新”，到今天对古迹和名城的“双层次保护”，人类经历了对古建筑文化遗产由毁灭破坏到继承保护的认识转变，并越来越深刻地认识到文物古建筑这种不可再生的资源所具有的独特历史价值和文化意义。许多古建筑体现的水文化意识深深地影响着中国的传统文化，可以说水文化是古建筑体现的重要文化遗产之一。

一

据史料记载，我国水文化的历史几乎与种族文明同步。河姆渡遗址距今已经有7 000年历史。在河姆渡遗址中，考古工作者就发现了我国最早的木结构水井。这说明早在新石器时代，我们的祖先就开始使用水井取水了。水是地球上所有生命的源泉。在漫长的历史过程中，逐水而居已经成为人类的本能，人类的文明也始终与河流相伴相生，人类前进的每一步，都离不开河流的哺育。然而，相对于微小的人类，河流却并不总是那么的温顺。人类长期生活在水边，会因为潮湿带来各种问题，如疾病。更可怕的是，河流会因雨季而泛滥成灾，因缺水而断流变患，河流的泛滥和干枯，这些都对人类的生存产生很大的影响。通过水井来使用地下水，人类不仅摆脱了河流带来的诸多不便，还提高了饮水的质量，甚至扩展了自身的生存空间。可见，水井的发明，对人类的进步发挥着极其重要的作用。

在我国历史上，古人很早就把消防通道的设置作为防火救灾的一项重要技术措施。从经纬分明、井井有条的城市道路规划，到后来“开古沟，创火巷”[①]的防火举措，一系列设计和技术措施为火灾营救提供了便利。“开古沟”就是古代消防中水文化的重要运用。

---

① 火巷的历史可以追溯到宋代，宋淳熙十三年（1186年）武昌古城南门外著名的商业区南市发生了一场大火，被烧达一万多家。刚到任的鄂州知府赵善俊为杜绝后患当机立断，采取了“辟火巷”的措施。

宁波慈城古县城的平面布局就是这样，城市布局规划为方格网式（棋盘式）[①]，呈“井”字状分布，许多是一街一河，河网密布，四通八达，便于消防救火。

宁波保国寺古建筑群占地面积20 000m²，总体平面布局分三条轴线分布，布局严谨，错落有致；建筑面积7 000m²；平面南向微偏东。中轴线上依次是山门、天王殿、大雄宝殿、观音殿、藏经楼[②]。中轴线东侧有钟楼和僧房等附属建筑，西侧有鼓楼，明代所建的迎熏楼和其他附属建筑。三条轴线之间有房屋的前廊或有屋顶走廊组成的一条长长弄堂，类似于“备弄”，当遇到下雨天，走此弄可免走水路。最妙的是当宅院中发生火灾，生命受到威胁时，人们可以从“备弄”这条紧急通道中撤离，以保平安（见图4-1）。

宁波慈城孔庙建筑群的沿边的轴线上也设置了一条长长的称为“备弄”的弄堂[③]，其作用与保国寺类同。

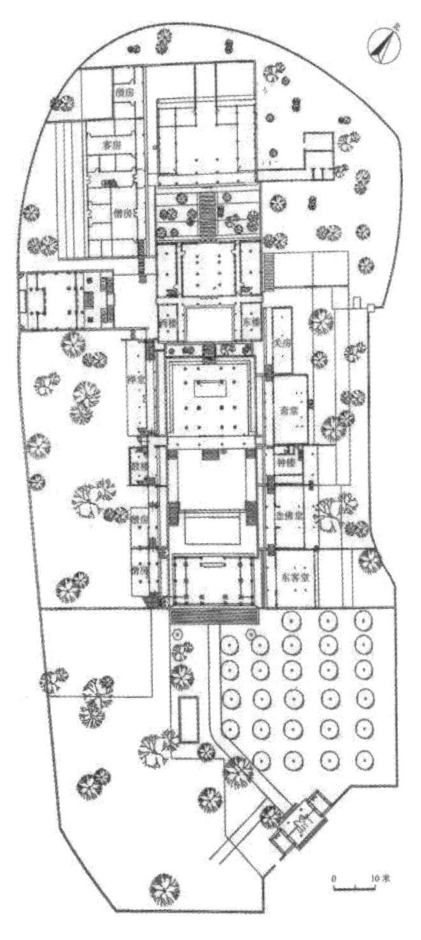

图 4-1　保国寺古建筑群总平面图

二

1961年，保国寺被国务院公布为第一批全国重点文物保护单位，成为宁波的第一个“国保”项目。作为我国江南保存最完好的北宋木结构建筑，保国寺大殿一直是宁波人心中的骄傲。保国寺经过千年的斗转星移，历经战乱和灾变，蹒跚至今，不能不说是个奇迹。

保国寺大殿屋脊的两端各有一个对称的、高高耸起的饰物，它带有短尾的兽头，张着大口，正吞着屋脊，尾部上翘而卷起，叫鸱尾[④]（见图4-2）。它的名字现通称为正吻。此外，它还有许多别名，如鸱吻、龙尾、龙吻、蚩尾、蚩吻等。它是古代中国水文化的神化物，具有吐水灭火的水神图腾意识。

① 蔡文质.千年古县城:慈城[J].四明揽胜,2003（9）:206.

② 保国寺“四有”档案。

③ 孔庙“备弄”资料来自全国重点级文物保护单位慈城古建筑群中有关的介绍内容。

④ 孙宗文.中国建筑与哲学[M].南京:江苏科学技术出版社,2000: 332.

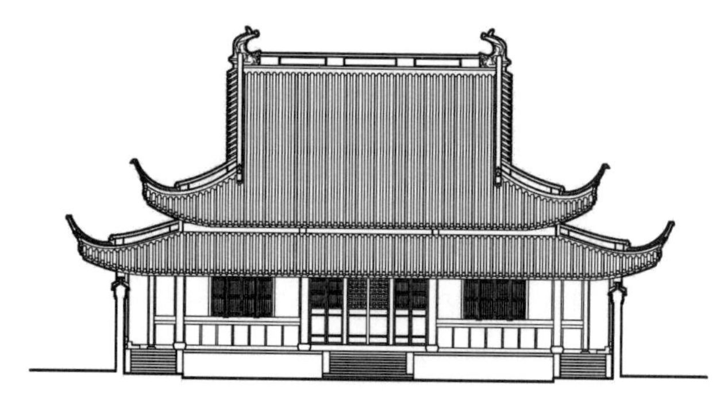

图 4-2 保国寺大殿鸱尾图

早期鸱吻的形式是类似鱼尾巴的形式，那时它的名称叫“鸱尾”。南北朝时期，随着佛教的盛行，佛经所称的两神的座物摩羯鱼（也就是鲸鱼）传到了中国，便叫作鸱鱼。鸱鱼在佛经里是雨神的座物，能灭火。南北朝时的鸱尾形象在云冈龙门石刻中多见，许多文献资料上也有关于鸱尾的记载。晚唐以后，鸱尾由原来的鱼尾演变成了兽头形，其尾巴比较短，口张大，正吞着屋脊，尾部卷起上翘，因此，这时的名称也由鸱尾改为鸱吻或吻兽[①]。

明清时期，皇帝至高无上，龙的造型成了皇权的象征物，鸱吻的造型也就变成了我们如今所看到的龙头型[②]。具体形象是龙头双眼瞪目，张着大口，吞着正脊，上部向内弯曲后又向下卷曲，很难看出鱼尾形状，而且鸱吻上还雕刻出龙鳞，栩栩如生。明清时期的鸱吻位于建筑屋顶正脊两端，一般尺度都比较大，所以又可称为正吻、大吻。一般等级比较高的官式建筑屋顶的正脊上都设有正吻。

例如，保国寺内清嘉庆十二年（1807年）建的钟楼和清嘉庆十五年（1810年）建的鼓楼屋脊的两端都有貌似龙形、卷头缩尾、张口衔着正脊、身披麟甲、上塑小龙、背插宝剑的饰物龙吻（见图4-3）[③]。

图 4-3 保国寺钟楼和鼓楼屋脊的龙吻

① 孙宗文.中国建筑与哲学[M].南京:江苏科学技术出版社, 2000: 332.

② 目前我国最大的“大吻”在太和殿的殿顶上。它由13块琉璃件构成，总高3.4米，重4.3吨，是我国明清时代的宫殿龙饰物——“正吻”的典型作品。

③ 余如龙.保国寺[M].北京:中国摄影出版社, 1999: 30.

唐代苏鹗在《苏氏演义》中记载："蚩者，海兽也，能辟火灾可置之堂"①。北宋李诫著《营造法式》关于"鸱尾"有记载："汉记柏梁台灾后，越巫言海中有鱼，虬尾似鸱，激浪即降雨，遂作其象于屋，以厌火祥"②。这里说似"鸱"的神鱼，就是凶猛的大鸟，因能"降雨"，用来"厌火祥"；"厌"，通压，即压制的意思，火祥就是火灾，古人忌讳说"灾"，所以说"厌火祥"。

北宋吴处厚《青箱杂记》记载："海为鱼，虬尾似鸱，用以喷浪则降雨"③。在房脊上安置两个相对的鸱吻，能避火灾。此说与《营造法式》记载基本相同。

明代李东阳《怀鹿堂集》记载："龙生九子，蚩吻平生好吞。今殿脊兽头，是其遗象"④。明人认为蚩吻是龙的儿子，而龙生于水、飞于天，人们将它放在屋脊上既是装饰又有兴雨防火的喻意。

可见，鸱尾或龙吻都可用来防火灾。起初人们以把鸱尾（龙吻）看作一种图腾，后来发展为吐舌（金属丝做成）的龙头。除起到装饰作用之外，科学家研究发现，它不仅是克火神灵的象征，还是防止雷电火的实用工具，其作用相当于现代的避雷针。这在一定程度上也起到了避雷防火的作用。

三

众所周知，中国古建筑的藻井非常美丽，它是古人对水井的一种美好想象，也是水文化在古建筑中最美的装饰物。关于藻井的做法，《营造法式》将其分为"斗八藻井""小斗八藻井"两种类型，详细地说明它的尺寸。而这种尺寸是最为科学的。目前，最早的藻井是辽代的独乐寺观音阁大殿藻井。唐代的建筑，如佛光寺大殿，也没有藻井，只有相关盛尘这样的天花板⑤。

保国寺大殿的前槽天花板上绝妙地安置了三个缕空藻井，用于礼佛空间，这是保国寺大殿的独创（见图4-4）。

《营造法式》有关藻井的做法有记载：其中大的八条阳马汇在一起，跟保国寺相似，可以说基本就是保国寺的藻井式样。藻井的用材取《营造法式》的七等材，这是现

---

① 《苏氏演义》，唐苏鹗撰，原书十卷，已佚，今存两卷本。

② 《营造法式》编于熙宁年间（1068—1077年），成书于元符三年（1100年），刊行于宋崇宁二年（1103年），是李诫在两浙工匠喻皓的《木经》的基础上编成的，是北宋官方颁布的一部建筑设计、施工的规范书。它是我国古代最完整的建筑技术书籍，标志着中国古代建筑已经发展到了较高阶段。

③ 《青箱杂记》由朝散郎知汉阳军吴处厚撰，共十卷，多记宋及五代朝野杂事、诗话及掌故，书中引到的魏野、李淑、王禹偁、王安国等人诗词，大多数在其他书中没有被提到过，卷九详记燕肃作莲花漏之法，是研究科技史的宝贵资料。

④ 李东阳（1447—1516年），字宾之，号西涯，谥文正，文学家，书法家，系进士出身，曾官至吏部尚书、华盖殿大学士。

⑤ 郭黛姮.保国寺的价值与地位[M].东方建筑遗产，2007: 47.

图 4-4　保国寺大殿内的藻井

图 4-5　庆安会馆的戏台藻井

存宋、辽、金时代木装修按《营造法式》规定在大木作中选择藻井用材等级的唯一例子[①]。

遗存的明清时期宁波古戏台基本都有藻井，例如庆安会馆就是双戏台型制的古建筑群，其戏台内有藻井和避火珠（见图4-5）[②]。藻井是天花板的一种，不过它是一种高级的天花板。据东汉时应邵撰《风俗通义》记载："今殿作天井。井者，东井之象也。藻，水中之物，皆取以压火灾也"[③]。这里天井，即藻井。关于用藻井以压火的设想，是从我国古代阴阳五行说中"水克火"的认识中衍生出来的。现如今，在建筑物的室内顶上安装自动喷水设备，一旦发生火警，就自动喷出源源不断的水流，把火扑灭。这才是真正的悬"井"之水，悬"海"之水。在当时的设计师看来，光有"藻井"，还不足压伏火灾，于是再加上了一个避火珠，一颗源源不断的出水神器，似乎更加保险了（见图4-6）。

图 4-6　庆安会馆建筑上的避火珠

① 郭黛姮.保国寺的价值与地位[M].东方建筑遗产, 2007: 47.

② 黄浙苏,钱路,林士民.庆安会馆[J]. 北京: 中国文联出版社, 2002.

③ 《风俗通义》，东汉泰山太守应劭著。原书三十卷、附录一卷，今仅存十卷。该书考论典礼类《白虎通》，纠正流俗类《论衡》，记录了大量的神话异闻，但作者加上了自己的评议，从而成为研究古代风俗和鬼神崇拜的重要文献。

四

在古建筑选址营造过程中，对水源的考虑和重视一直是古人关注的问题。造成这一现象，不仅是古人为了生活，也是出于对消防用水的需要。开渠挖沟设水源，为消防用水提供保障，这也是水文化在古建筑群中的重要体现。

保国寺选址很好地利用了自然条件[①]。山上有很多泉水，据文献记载，保国寺前后共有八支水脉，从各个角度流向这里。当时一些游人到这里也写道："到门正喜溪泉绿，设榻偏邻竹坞清，已觉烦嚣消欲尽，石栏又见月斜明。"可见，当时保国寺到处能看到溪流、瀑布和莲池的景色。

特别是南宋绍兴年间开凿了净土池，池上方镌刻明万历年间御史颜鲸[②]所题的"一碧涵空"字样。保国寺对于水环境的选择，可为消防用水提供保障，使寺院长久不衰，保存到现在（见图4-7）。

图 4-7　保国寺的"一碧涵空"净土池

宁波地区利用水井、宅前宅旁池塘溪流，或有意识地在天井里设陶质大水缸，宁波地区俗称"荷花缸"或"太平缸"（见图4-8），储消防水，以防万一。

图 4-8　庆安会馆保存的清代精美荷花缸

① 郭黛姮.保国寺的价值与地位[M].东方建筑遗产,2007:47。

② 颜鲸（1515—1589年），字应雷，别号冲宇，浙江慈溪城南（今宁波慈城镇）人；嘉靖三十五年（1556年）中进士，授行人，擢御史。

此外，大型建筑群要有足够的安全门，俗称水门，是失火时消防出入口和疏散人和物的口子。例如虞洽卿故居天叙堂，设有多个水门，宽1.3米左右（这个宽度正好允许消防设备——“水龙”进出），按防火设计要求计算起来，是绰绰有余的[①]。此外，还要有可以回环的消防通道，例如，室内走廊是全部贯通的，宅外街巷一般也都贯通的。其宽度不仅满足人们通行，而且满足消防设备通行。许多古建筑群像庆安会馆就有保安会消防室[②]，自备有消防用的设备，俗称“水龙”（见图4-9），有铜喷枪，数人往椭圆形木桶倒水，数人在一根木杆的两端上下全力掀动，形成压力，水喷火灭。此办法虽老，却颇为灵验。

图 4-9　庆安会馆展览中的民国时期的消防水龙

五

宁波古建筑中有许多水波纹的彩绘，寓意以水压火，祈求平安。保国寺大殿的柱头铺作上的彩绘，其风格与隐蔽部分斗栱上的色彩一致，是宋代遗物。在乾隆年间的维修中，保国寺大殿新增了藻井四周及天花上的彩绘，其中就有水波纹。宁波天一阁藏书楼在楼下中厅上方的阁栅里也描绘了许多水波纹作为装饰[③]，檐椽上的水波纹装饰也清晰可见，这些都反映了藏书楼主人期望书楼免于火患的愿望。另外，还有将水生动植物作为装饰的，如悬鱼、荷花、水草等，都有以水克火的愿望。

天一阁门匾上“门”字的最后一笔，都是直笔下来，没有带钩。古人在题写门匾时，不写带钩门字，也是出于防火，即所谓“门不带钩而阁必有水”的考虑。明朝马愈在他的《马氏日记》[④]中说：“宋朝临安玉牒殿灾，延及殿门，宰臣以门字有脚钩，带火笔，故招灾。遂撤匾额投火中乃熄，后书门额者，多不钩脚。”按马氏的说法，南宋临安皇宫里的火灾，是因为殿门匾额的“门”字带了钩，才把火钩了出来。此说虽然荒

---

① “天叙堂”取“叙天伦之乐”之意，是“海上闻人”虞洽卿的私宅，位于浙江省慈溪市东部龙山镇的伏龙山下，是一座蔚为壮观的楼群，花园天井，亭台阁榭，粉墙碧树，雕梁画栋；于2001年6月被国务院公布为第五批全国重点文物保护单位。

② 黄浙苏,钱路,林士民. 庆安会馆[M]. 北京: 中国文联出版社, 2002.

③ 林士民.天一阁建筑之探索[C]//虞浩旭.天一阁论丛.宁波:宁波出版社,1996.

④ 马愈，明英宗天顺八年（1464年）中甲申科进士，善书，工山水；以诗文书画与江南士有广泛交游。

诞，但从此门匾里的“门”字多不带钩了。天一阁作为我国最早的藏书楼[①]，在书楼落成后并没有马上命名，而藏书楼最怕火，天一阁创始人范钦曾目睹一朋友的“万卷楼”[②]惨遭火灾，收藏书籍灰飞烟灭。他引前车之鉴，对自己的书楼倍加小心，给书楼取名动了不少脑筋，经过长时间的酝酿，才命名为天一阁，意取“天一生水”，以水克火之意（见图4-10）。

图 4-10　天一阁藏书楼

天一阁的独特建造方式和防火理念在古代产生了很大影响。清乾隆修《四库全书》，抄了七部，需有藏书之处，便派人到天一阁查看书楼建筑及书架款式，仿照天一阁建造了著名的收藏《四库全书》的“南北七阁”。其中，文渊阁就在故宫内。与整个紫禁城金黄色琉璃瓦、朱红色门墙的暖色格调不同，文渊阁使用了黑色琉璃瓦覆顶，绿琉璃瓦镶椽头，整体色调以冷色为主。因黑色属水，文渊阁也暗寓“以水克火”的意思[③]。

六

在科学发展缓慢的年代，人们没有能力正确认识自然，也缺乏战胜自然的能力。因此，古人在火灾面前表现得无能为力，只好祈求神灵保佑。民国时期《鄞县通志》[④]记载，宁波古城区内曾有过许多水神庙，祀奉水神，以禳火灾。例如有夏禹王庙、白龙王庙、水龙王庙、妈祖庙等。龙吻镇火及水神保佑，这种水神庙在城市建筑布局上似乎成了“保境安民”不可缺少的配套设施。

---

① 骆兆平.天一阁藏书文化的历史轨迹和发展前景[J].中国典籍与文化，1997，5（2）：80-85.
② 万卷楼主人丰坊，明鄞县（今宁波）进士。丰氏家有万卷楼，藏书数万卷。
③ 林士民.天一阁建筑之探索[C]//虞浩旭.天一阁论丛.宁波:宁波出版社,1996:173.
④ 张传保，陈训正，马瀛等修纂《鄞县通志》，民国二十二年修，二十六年完成。

古人的消防观大多是愿望型的，这种愿望与今天的消防措施无法相比，但深入人心的消防意识却是古今共通的，通过消防意识所反映出来的水文化也在古建筑中处处可见。

参考文献

[1] 余如龙.保国寺［M］. 北京:中国摄影出版社,1999.
[2] 余如龙.东方建筑遗产［M］. 北京:文物出版社,2012.
[3] 孙宗文.中国建筑与哲学［M］. 南京:江苏科学技术出版社,2000.
[4] 罗哲文.中国古代建筑［M］. 上海:上海古籍出版社,2001.
[5] 刘大可.中国古建筑瓦石营造法［M］. 北京:中国建筑工业出版社,2008.
[6] 马炳坚.中国古建筑木作营造技术［M］. 北京:科学出版社，2008.

贰

东亚建筑交流

日本木作技术书《镰仓造营名目》中的禅宗样斗栱构成与设计方法（其一）：与《营造法式》的比较研究

坂本忠规（日本竹中大工道具馆）
包慕萍（日本大和大学理工学部）

13世纪日本引进了中国的禅宗建筑。禅宗建筑文化给中世纪（13—16世纪）的日本带来了什么影响呢？从史前引进铁器、7世纪引进佛教建筑到幕末明治接受西洋建筑，以及近现代时期跟随世界潮流掀起现代主义建筑运动的一系列历史现象来看，日本建筑的历史就是不断地接受外来文化并将它们消化、质变为日本文化的发展过程。

就“禅宗样”建筑而言，太田博太郎、饭田须贺斯等先学们的开拓性研究遭遇了缺乏建筑实物进行佐证的巨大困难。日本虽然有奈良法隆寺（7世纪）、京都平等院凤凰堂（11世纪）等更为古老的遗物，但引进禅宗建筑的盛期（13—14世纪）建筑物遗存甚少。关东（以东京为中心的地区）禅宗样建筑遗构以东京正福寺地藏堂（1407 年，国宝）和镰仓市圆觉寺舍利殿（15世纪前半叶，国宝）为代表，两者均为带副阶、殿身三间，这已经是现存遗物中的最大规模者。从遗构规模来看，很难想象“建长寺元弘指图”（1331年）中描绘的总面阔9丈4尺之宏伟的五开间佛殿。以往的学者不得不从并不丰富的文献、图纸信息以及各地遗存的小规模建筑物来推测镰仓禅宗样建筑的历史发展进程。

20世纪80年代新发现的《镰仓造营名目》史料群，充实了禅宗样建筑的史料。特别是《镰仓造营名目》的记录人为建长寺的世袭木匠家族，而建长寺在日本建筑史中的历史地位决定了这份技术书的重要性。

建长寺居镰仓时代五山寺院之第一位，创建于建长五年（1253年），因此得名。虽然在建长寺之前荣西创建了福冈的圣福寺、京都的建仁寺，但是它们都是禅宗和其他佛教流派混修的寺院，并非纯正的禅宗寺院。镰仓建长寺是日本第一座专修禅宗的佛教寺院，是正宗禅宗寺院的开山鼻祖。从建筑角度来看，这座寺院是全面引进宋代禅宗建筑设计方法与规则的开山之作。耗时五年建成的佛殿虽然没能保存下来，但与自7世纪接受中国的佛教建筑技术之后，历经长期的日本化而形成的“和样”风格截然不同，建长寺被认为是正宗的宋代风格建筑。弘安五年（1282年）又建造了镰仓圆觉寺，这些寺院形成了禅宗样建筑的原型。与此同时，随着禅宗五山制度的推行，这些寺院对禅宗体系内下级禅院的建设产生了巨大影响。

遗憾的是，建长寺、圆觉寺的殿堂因数度火灾而毁，屡次重建。禅宗寺院在日本南北朝时期（1333—1392年）盛况空前，但到了15世纪，镰仓贵族衰落，领地被转卖，寺院大量荒废。17世纪的江户时代，在德川家族的援助下禅宗殿堂得以恢复，但为幕府和地方诸藩效力的新兴工匠集团开始肩负起时代重任，镰仓地区的木匠被边缘化，失去了往昔的活力。正因如此，镰仓木匠没有与新时代的木匠集团合流，直到19世纪《镰仓造营名目》中的匠人记录依然保留着本地的技术特征。可见，《镰仓造营名目》是着手研究日本禅宗样建筑的重要史料。本文第一作者坂本忠规的博士论文即以《镰仓造营名目》史料为研究对象。本文以坂本忠规 2015 年发表的《从木作技术书〈镰仓造营名目〉中看中国建筑的影响》之日文论文为基本内容，由包慕萍针对中文读者调整了论文框架与内容，增加了相关术语如“木割书”“阿依他”“枝割制”等说明。为便于中文读者理解，本文绘制了大量解释专业术语的示意图，并首次公开圆觉寺舍利殿的斗栱分解模型。

本文试图通过分析《镰仓造营名目》追溯日本建筑技术的发展进程，比较研究中日建筑。在考察了《镰仓造营名目》的禅宗样斗栱组合方式和设计方法之后，将其与中国建筑技术书《营造法式》进行比较，剖析日本禅宗样建筑中的哪些手法受到了中国建筑的影响。

一、《镰仓造营名目》与“木割书”

江户时代镰仓的河内家族代代负责日本正宗禅宗寺院之鼻祖建长寺的营造工程。《镰仓造营名目》（见图5-1）是河内家族传承的笔录文书群[①]。20世纪80年代后期，在河内家收藏的旧文书里发现了这批有关建造的文书。1987年禅宗建筑史家关口欣也介绍了《镰仓造营名目》的存在。这批文书共有660件记录，内容包括建筑营造技术、承包工程账本、土地契约等，最早的文书写于1633年，并延续至19世纪后半叶。其中，建筑方面的文书包含神社、佛堂、佛塔、门、住宅以及室内家具、装饰等众多内容，而佛堂类文书包括反映了镰仓五山建筑传统的“禅宗样三间佛殿”“禅宗样五间佛殿”“五间山门”等珍贵文书。这些是记录了镰仓木匠建筑技术的第一手史料，历史价值极高，暂定名为“镰仓造营名目”，并被评为镰仓市“有形文化财”（物质文物）。它与位居镰仓五山寺院第二位的圆觉寺木匠世家高阶家族所传承的“圆觉寺佛殿造营图（剖立面图，1573年）”（见图5-2）一同被誉为建筑史料“双璧”。

① 坂本忠规.大工技術書『镰倉造営名目』の研究:禅宗様建築の木割分析を中心に[D].东京:早稲田大学,2011.

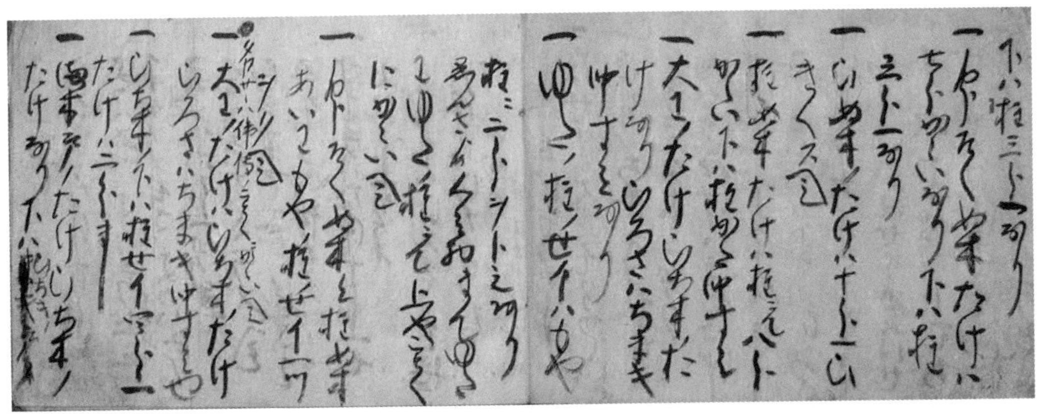

图 5-1 《镰仓造营名目》中关于“三门阁”部分的记录（镰仓国宝馆所藏，此图不得转载）

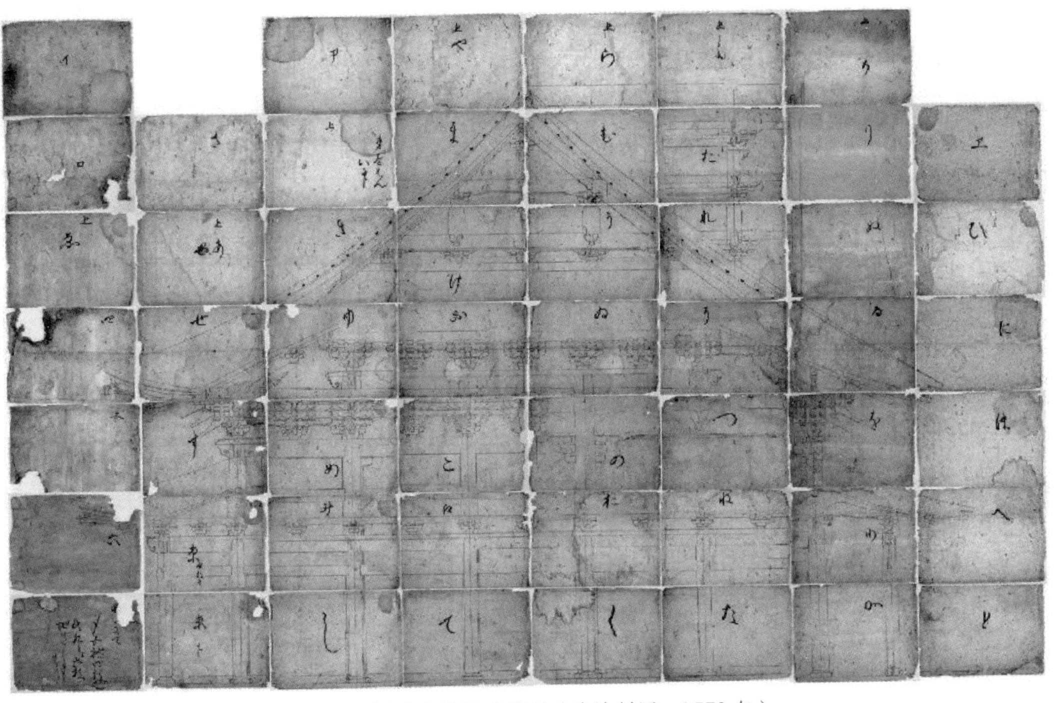

图 5-2 圆觉寺佛殿造营图（建地割图，1573 年）

河内工匠世家的始祖名为“善心”，于1280年去世。其后代有本家和分家之别。本家称“河内久右卫门”，分家称“河内长左卫门”。本家代代任“内匠助”职位，并世袭建长寺营造木匠之职。流传至今的《镰仓造营名目》史料是“长左卫门”分家传下来的遗物，此家族世袭镰仓的寿福寺、英胜寺营造木匠职位，兼有协助本家营造建长寺的“副栋梁”资格。

《镰仓造营名目》的主要笔录者是分家传人河内传吉和河内吉左卫门。河内传吉（？—1662年）于1633年至1638年间笔录了5册，河内吉左卫门（？—1670年）于1649年至1652年间笔录了10册。从匠人去世的年龄来看，笔录是匠人跟随老工匠学习时的笔记，还不很熟练，推测为边听边记或者抄写而成。

担任传授的老工匠主要是坂中内匠、觉园寺筑后、觉园寺惣右卫门这三人。坂中内匠是河内本家人，也是建长寺木匠，另两位是觉园寺世袭木匠世家涩谷家的工匠。此外还有镰仓其他地方木匠的零星传授。可见当时镰仓地区的木匠在教育徒弟时有一定的交流。

《镰仓造营名目》的性质属于近世（16—19世纪）“木割书”。“木割”是日本建筑术语，其意为“决定建筑各个构件的大小、各构件之间的距离及它们之间的比例关系的设计技术”。古人在破（日语称“割”）木材时决定各部位尺寸，因此决定木材尺寸、比例的技术被称为“木割术”。日语中“1割”是十分之一。因此“木割”中的“割”有“割断”和“比例”的双重涵义。

决定“木割”的基本方式是设定标准间的两柱间距，即标准柱距L之后，根据建筑的规模决定比例系数α，两者相乘得出柱径C，即$C=\alpha L$。柱径再乘以另一个系数β，得出椽子的直径（方椽则为边长）T，即$T=\beta C$。即得出柱径后，以柱径为基准尺寸，用柱径乘以各个构件的比例系数决定梁、檩（桁条）以及各种斗栱的尺寸。在屋檐部位的椽径可以作为辅助性基准尺寸使用。

比例系数的大小因建筑规模和类别不同，也因为工匠的流派或者所在地域、时代的不同发生变化。因此，看到建筑物开间或者柱径大小时，工匠们马上就能判断这栋建筑的“木割”粗壮或者纤细。

12 世纪以前的日本建筑的开间尺寸与柱径，或者柱径与主要构件尺寸可能已经存在比例关系。然而目前没有史料，不能得出明确的结论。比例关系本身也许只是大概的规定，设计的好坏更大程度取决于大木匠的个人设计感觉。

在日本明确地规定了木构建筑构件之间的尺寸、比例关系的书籍始于15世纪。当时工匠都是家族经营，为了保证家族的技术领先地位，获得独占建筑工程的权利，达到工匠职能的世袭，家族内的技术核心即“木割”体系必须传承下去，因此诞生了家族内秘传的“木割书”。早期的“木割书”有《三代卷》（1489年）、《木砕之注文》（1563年或1574年）。这种体系化了的设计技术即“木割术”。

近年判明在16世纪后半叶工匠祖传秘籍开始在市面流传。17世纪中叶，木割术的传承不再限定于家族之间，允许传给来自各方的徒弟，因此逐渐形成了木匠流派。1655年终于出现了公开印刷出版的“木割书”，即《新编雏形》。

江户幕府是否有推行建筑设计标准化的意图，从而促使木割书公开出版，尚不得而知。但江户中期（18世纪）木割书广泛普及是明确的史实，甚至使日本寺院和神社设计逐渐走向统一化。明治时期就有人批判寺院和神社设计只遵循木割书，千篇一律。

江户时代最著名的木割书有德川幕府工匠世家平内家族的《匠明》（成书于1605—1608年）以及同样是德川幕府工匠世家甲良家族的《建仁寺派家传书》（成书于18世纪初）。

《镰仓造营名目》比《匠明》晚约30年，和《匠明》及《建仁寺派家传书》相比，

《镰仓造营名目》没有附图，只有尺寸规定，备忘录的性质更强。然而，《镰仓造营名目》使用了初期木割书的通用语，与“镰仓圆觉寺佛殿造营图”类似，因此可以认为是保留着日本中世（13—15 世纪）色彩的日本近世（16—19 世纪）初期木割书。其内容与主流的以京都为中心的西日本技术有很大差异，属于以镰仓为中心的关东地区独自的技术体系。换句话说，《镰仓造营名目》保留着风靡日本中世（13—15 世纪）建筑界的镰仓五山建筑的嫡系传统，这意味着它同时保留着镰仓时代传入日本的中国宋代设计技术的浓厚影响。镰仓五山建筑实物没有一栋遗留至今，无法从遗构中看到当时的建筑形象与技术，因此这批史料尤为重要。

二、《镰仓造营名目》中禅宗样斗栱及其设计方法

《镰仓造营名目》明确地记录了斗栱“木割”尺寸的有“三间佛殿”（1633 年），“五间佛殿”（1635 年），“三门阁”（1634 年）这三份资料。笔者整理了殿身（日语称“身舍”）三跳斗栱的尺寸记录，并参照同时代的斗栱形象资料及建筑遗构的形象进行了绘制（见图3）。

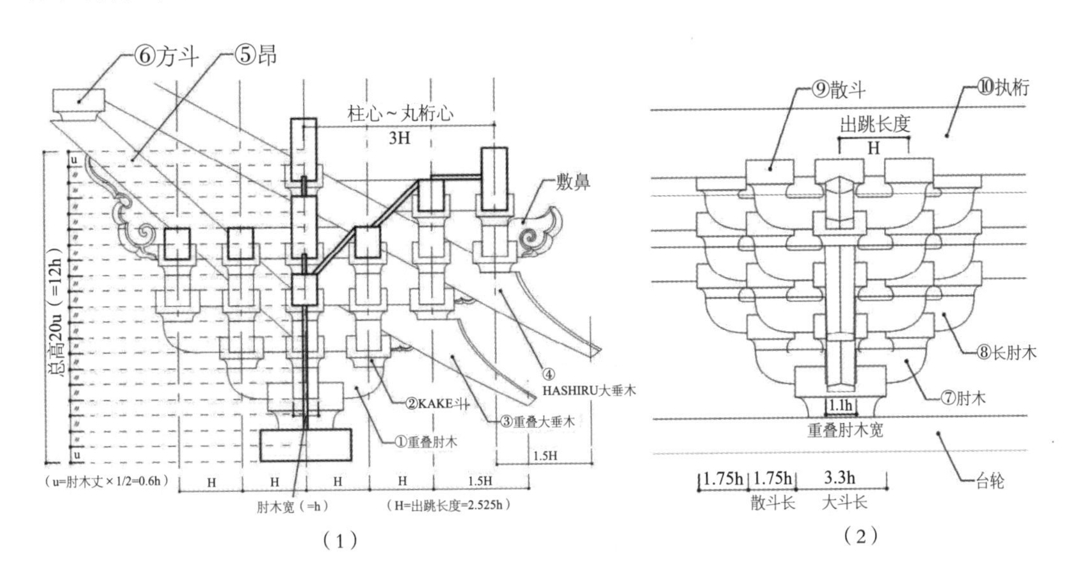

图 5-3 《镰仓造营名目》中禅宗样三跳斗栱的构成

关口欣也指出《镰仓造营名目》的内容与元亀四年（1573年）绘制的“圆觉寺佛殿古图”非常相似。因为《镰仓造营名目》没有形象资料，以下斗栱形态分析参考了“圆觉寺佛殿古图”里的“建地割图”。

《镰仓造营名目》中组成斗栱的各类构件总体可分为斗、肘木（Hijiki，栱）、大垂木（Ohtaruki，昂）和桁四大类。斗又有大斗、卷斗（散斗，见图5-4）、KAKE斗（交互斗，见图5-3中②）、方斗之分。其中，“KAKE斗”是《镰仓造营名目》中最有特点

的斗，它是承托垂直墙面出跳的华栱或昂的斗，其长和宽均比卷斗（散斗）大一成。方斗（见图5-3中⑥）不是承托十字相交栱木的斗，而是安置在下面的昂，日本叫作SASU（见图5-3中⑤）的尾部，以支撑外檐第三跳的下昂。

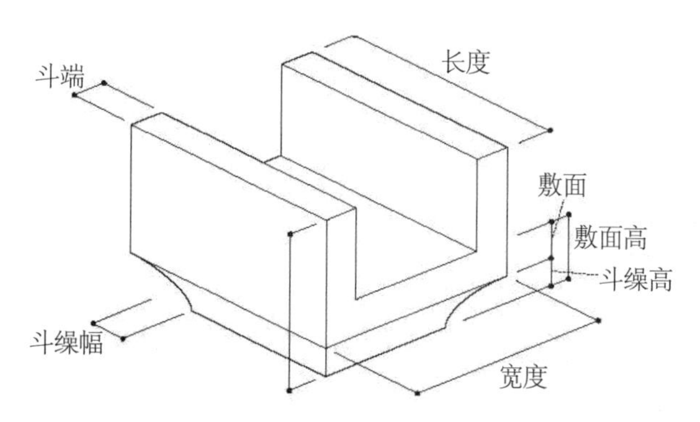

图5-4　日本卷斗（散斗）的各部位名称示意图

日本把栱木称作“肘木”，与外墙平行的栱和垂直墙面的栱各有单独的名称，但没有横栱、华栱类的统一称谓。“禅宗样”的斗栱特征是横栱和华栱的用材高度、宽度和长度各不同。具体来说，平行墙面的第一跳栱木日本称为“框肘木”，“框”为十字相交之意。“框肘木”的长度、高度均为标准尺寸。其上第二跳栱木长度比标准尺度长一个“卷斗”（散斗）的长度，日本称为“长肘木”（见图5-3中⑧）。而华栱方向的栱木增大截面高度，使栱木上皮与其上栱木下皮相抵，截面宽度也比横栱增加一成。由于两栱木表面上下相抵，日文将其称作“重叠肘木”（见图5-3中①），此名称强调上下两栱木重叠在一起、一体化之状态。实际上，上下构件相抵起到了强化斗栱整体强度的结构作用。

《镰仓造营名目》的“大垂木”（下昂）的出头是关东地区特有的有角式昂嘴，第三跳即最上面的昂称作“HASHIRU大垂木”（见图5-3中④），第二跳即下面的昂称为“重叠大垂木”（见图5-3中③）。此处的“重叠”也是上下构件相抵之意。虽然从外观上看“重叠大垂木”也是下昂，但实际上它是装饰性的假昂，用一根木材做成两种出头，内檐出头为华栱，外檐出头为昂嘴。图5-5为镰仓圆觉寺舍利殿檐下斗栱模型分解后的各构件，其中一端是栱、一端是昂嘴的构件就是“重叠大垂木”。“重叠大垂木”是假昂，起到结构作用的斜材是从柱心伸向屋顶内侧的叫作“SASU”（见图5-3中⑤）的斜撑。

斗栱之间用“通肘木”（枋）或桁水平相连。其中，最特殊的构件是屋檐最外侧的“丸桁”（橑檐枋，见图5-3中⑩所示），它的截面高度是栱截面标准高度的两倍，且截面为长方形。另外，“卷斗（散斗）”直接支撑“丸桁”，中间不夹“实肘木”（替木）。

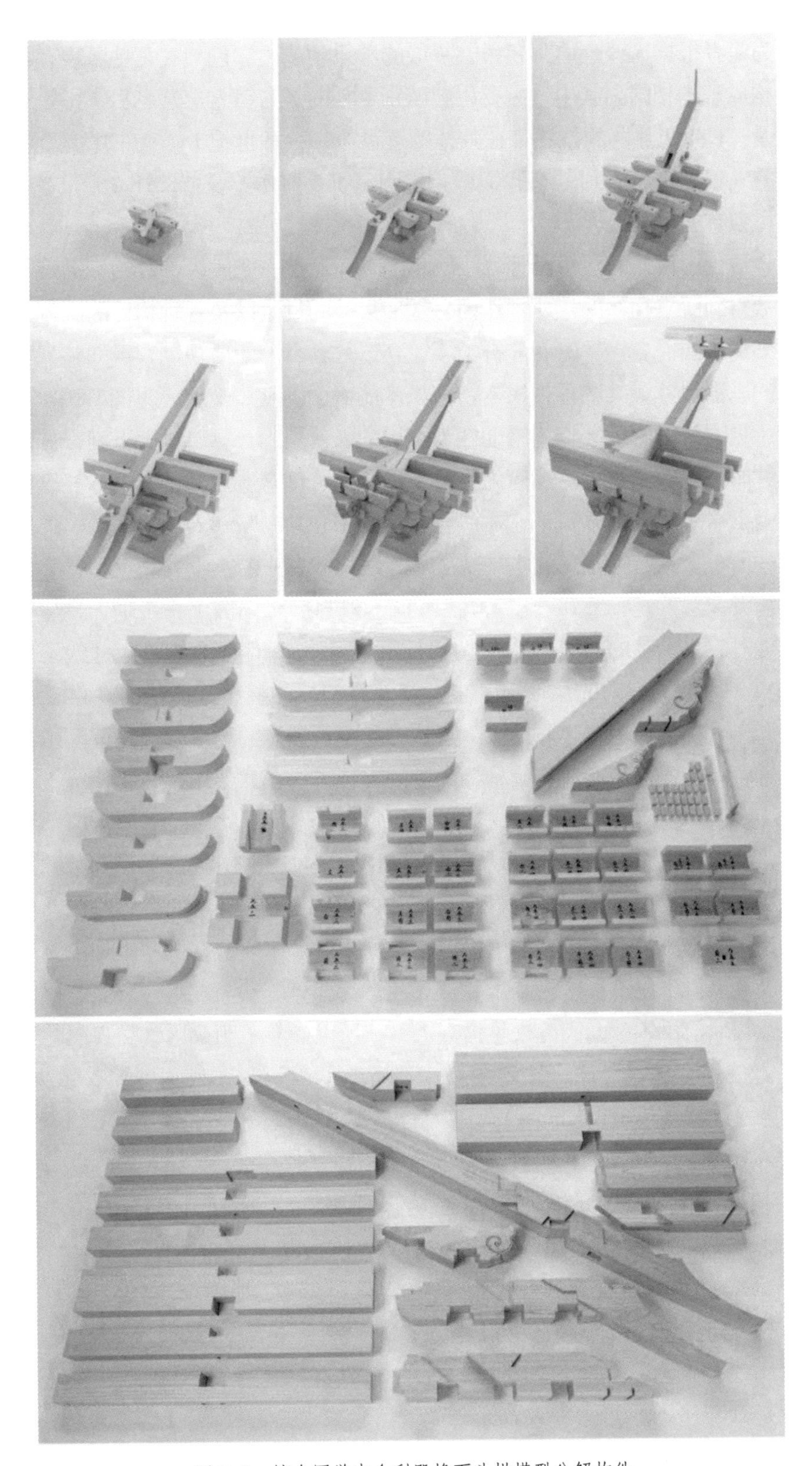

图 5-5　镰仓圆觉寺舍利殿檐下斗栱模型分解构件

以上为笔者根据《镰仓造营名目》复原的斗栱构成。它们与关东地区现存禅宗样佛殿的斗栱构成基本相同。其中，需要引起特别重视的是《镰仓造营名目》里记录的“重叠肘木”及“KAKE斗”的技法。在其他的近世（16—19世纪）木割书中完全没有类似记录，唯有《镰仓造营名目》有此记载，说明“重叠肘木”及“KAKE斗”是关东地区禅宗样斗栱独有的重要特点。

《镰仓造营名目》的斗栱设计方法，也是首先确定一个成为基数的标准尺寸，再乘以比例系数得到所求构件的尺寸。然而，基准尺寸的设定以及各种构件的比例系数的大小因木割书的不同而各异。笔者分析了《镰仓造营名目》各项规定，得知它把柱径设定为最基本的基准尺寸，其次重视栱木，把栱木的截面高度、宽度（见图5-3中的h）以及出跳长度（见图5-3中的H）作为辅助性基准尺寸来使用。计算斗栱上下垂直方向（立面方向）尺寸时的比例系数更需要简化且易于操作。《镰仓造营名目》中各斗栱构件在垂直方向的上下端线都与1/2栱高的水平线重合，即图3中的“u=0.6h=肘木丈（高）×1/2”的水平虚线所示，这些等距离的水平基准尺寸线与斗、栱的上下端线存在着整倍数的对位关系。需要注意的是，《镰仓造营名目》中1/2栱高=敷面高（平＋欹），与宋《营造法式》的斗耳、平、欹的2∶1∶2 的高度比不同。这个等距水平基准尺寸线不仅用在外檐斗栱垂直（立面）方向的尺度设计上，与斗栱相接的虹梁或屋架内斗栱、“大广”（“内阵”）斗栱都使用这个原则。笔者认为这不是偶然的巧合，而是证明了在设计之初就存在这个等距水平基准线控制构件高度的设计方法，才会出现各构件上下端线与水平控制线高度吻合的结果。

同样，斗栱水平方向的尺寸也以斗栱出跳长度（见图5-3中的H）作为基准尺寸。垂直墙面的栱（华栱）的做法是首先画出等距离的栱木出跳长度H的轴心线，之后“尾垂木”（下昂）的出挑长度、屋顶的出檐深度、木平台（木质台基）水平伸出距离（相当于出阶）等均以栱木出跳长度为基本单位尺寸进行计算。然而，平行墙面的栱（横栱）的水平出跳尺寸与栱木截面高度未见倍数关系，所以尚有不明确之处。目前，学界有学者推测日本使用“斗违”原则决定了横栱出跳尺寸。“斗违（To-chigai）”直译为“斗错开”，即互相不遮挡之意。而“斗违”原则即大斗的左轮廓线和上面各跳卷斗（散斗）的右轮廓线对齐，同侧出跳的卷斗（散斗）左右轮廓线对齐，右边亦然（见图5-6）。以上下斗的轮廓线对位为原则决定横栱出跳尺寸就是“斗违”原则。“和样”不使用“斗违”做法，其为“禅宗样”特有的横栱处理规则。

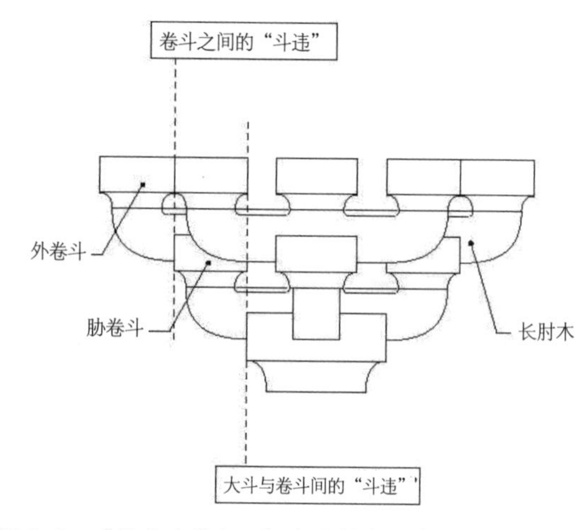

图5-6 《镰仓造营名目》中斗栱的“斗违”做法示意图

在《镰仓造营名目》里，相邻两朵斗栱的心间距有专用术语“アイタ”，其发音可音译为“挨搭”“安塔”或者“阿依塔”“阿依他”。《镰仓造营名目》中其他部位的术语多用汉字表示，但此处特意使用了片假名。这一发音本身可对应汉字“间”，刻意不用汉字，表明它强调此术语的读音。顺便说明，日语把相邻两柱之间的距离称作“柱间（hashira-ma）”，“间”在此处的发音是“MA”。笔者推测上述使用发音标注的原因有两种：第一种可能是将中国匠人传入时的发音流传下来，如同现代也用片假名标注外来语词汇那样；第二种也许是为了避免柱间距与斗栱朵间距混淆而特意加以区别。

《镰仓造营名目》将大间（中心间）开间尺寸规定为三个“阿依他”，肋间（次间）为两个“阿依他”。可见，禅宗样建筑将柱间尺寸用斗栱朵间距“阿依他”来规定。但“阿依他”是禅宗样独有的概念，不使用“阿依他”概念且更早的和样建筑用“枝割”决定柱子开间尺寸。

7世纪以来，从中国及朝鲜传入的木构建筑设计方法首先确定柱子开间尺寸，以柱间尺寸为祖。且因柱间尺寸为整尺，造成椽子分布不均。平安时代末期至镰仓时代，和样建筑提高了精度，其一即追求檐椽均等分布。此时和样建筑已用“桔木”（见图5-7）支撑屋檐荷载，因此包括转角部椽子皆可做成平行椽，椽截面也从古代（7—12世纪）的圆椽改为方椽。13世纪时，和样建筑决定平面尺寸的“枝割”制得以确立。所谓“枝割”（见图5-8），“1枝”的尺寸为一根方椽边长+相邻椽子间距。“枝割”制指首先决定椽子均等间隔“1枝”的尺寸，然后确定柱子开间尺寸为“几枝”，这意味着柱间尺寸是椽子均等间隔尺寸的整倍数。因此，“枝割”是和样建筑以椽子为基准尺度决定平面相关尺寸的比例尺度规则。在禅宗样形成之前，和样建筑中已经出现了“枝割”制，由日本建筑遗构可知13—14 世纪时已经广泛普及了“六枝挂”（见图5-9（3））做法，即一朵斗栱的水平长度正好对应“6根椽子+5个间距“。“挂”指椽子和斗栱的尺寸对应关系。如此，椽子的排列和斗栱之间产生整齐的对位关系，使得屋檐获得严整的韵律感。从柱子开间尺寸为基本尺寸的原则转换到“枝割”制，这一转变的本身意味着从中国传入的木构建筑技术的日本化，是日本中世（13—15世纪）建筑史的时代特征之一。

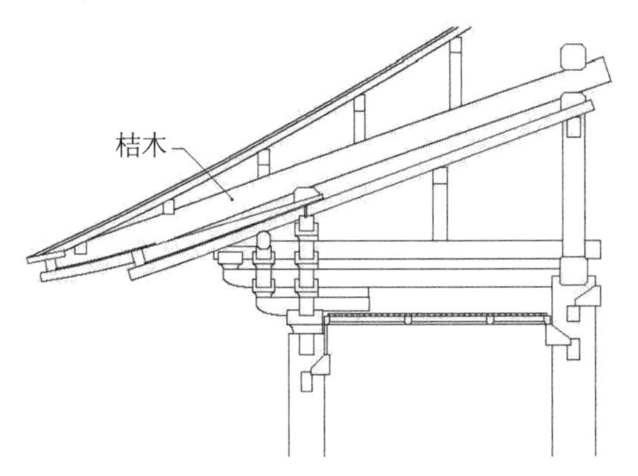

图 5-7　奈良药师寺东院堂模型屋架内“桔木”

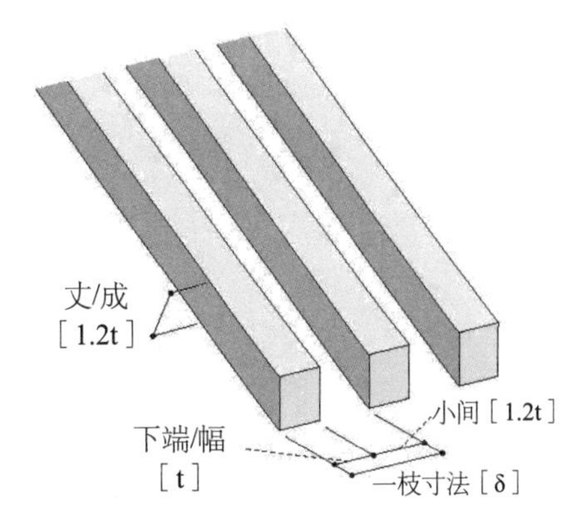

图 5-8　日本椽子尺寸名称示意图

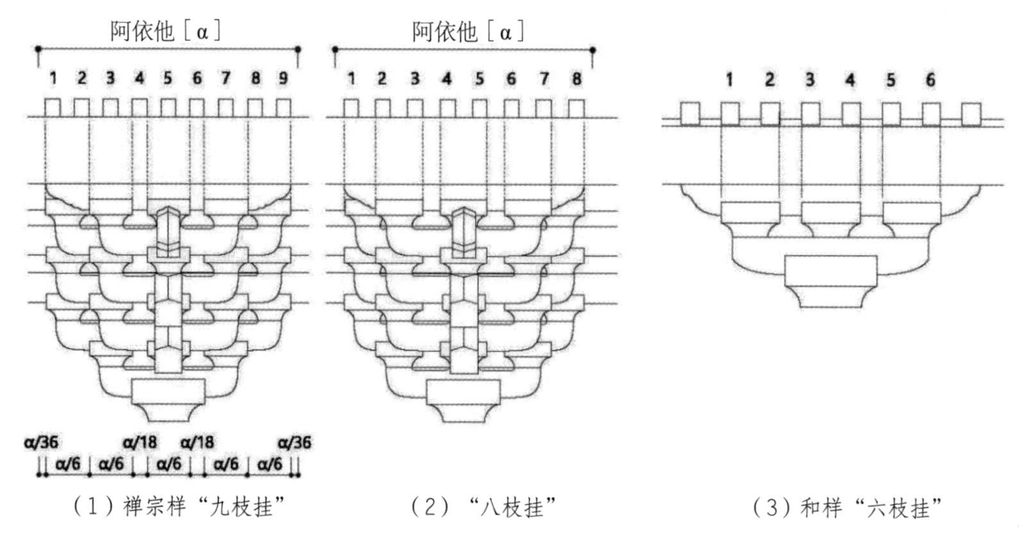

（1）禅宗样“九枝挂”　（2）“八枝挂”　（3）和样“六枝挂”

图 5-9　“枝割”与斗栱的尺寸对应关系

和样建筑有“枝割”制，但没有斗栱朵间距“阿依他”的概念。那么，禅宗样独有的“阿依他”尺度与和样的“枝割”又有什么关系呢？笔者分析了《镰仓造营名目》中的“三间佛殿”的尺寸，推算出“1阿依他＝8枝”的结果，再结合“圆觉寺佛殿造营图”的剖立面斗栱形式，复原了“三间佛殿”的“阿依他”与“枝割”的尺寸倍数关系（见图5-10）。虽然“阿依他”与栱木尺寸之间没有直接关系，但是将“阿依他”八等分后得到的等距基准线与“卷斗”（散斗）左右端头轮廓线基本对位重合，因此可以假定“阿依他”约等于“卷斗“（散斗）长度的八倍。

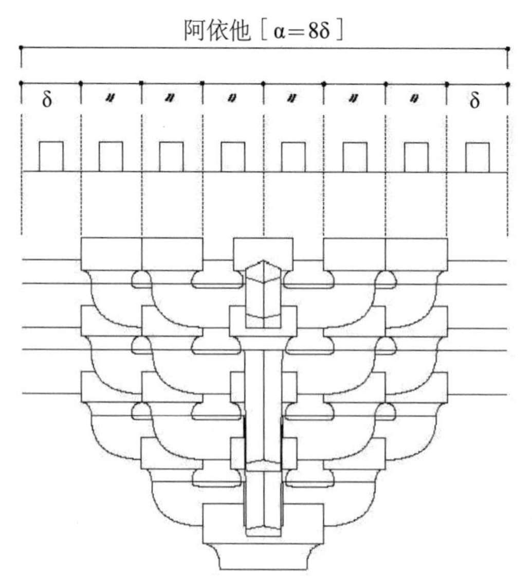

图 5-10　《镰仓造营名目》及“圆觉寺佛殿造营图”中“枝割”与“阿依他”、卷斗长度的尺寸对应关系

三、与宋《营造法式》铺作设计方法的比较

《营造法式》记载的建筑技术可以说是日本禅宗样建筑的源头之所在。斗栱是禅宗样最具特征的构件，因此下文将《镰仓造营名目》与《营造法式》的比较对象限定为斗栱。在日本，竹岛卓一是第一位研究宋《营造法式》的建筑史学者。

《营造法式》中铺作数量以朵计数，规定当心间用两朵、次间和梢间（日语称“端间”）各一朵，并以等距离分布为原则。这也意味着各开间的大小受到铺作数量的制约。《营造法式》的铺作构成如图5-11所示，栱的种类与尺度如图5-12所示。值得注意的是，《营造法式》的华栱足材上皮与上一跳斗栱相抵的技法与《镰仓造营名目》中“重叠肘木”的技法完全相同。泥道栱相当于“框肘木”，长62分°[①]。瓜子栱相当于“秤肘木”，与泥道栱同长。令栱相当于日本最外侧的“秤肘木”，比泥道栱稍长，为72分°，与第一跳华栱同长。慢栱相当于“长肘木”，长92分°。

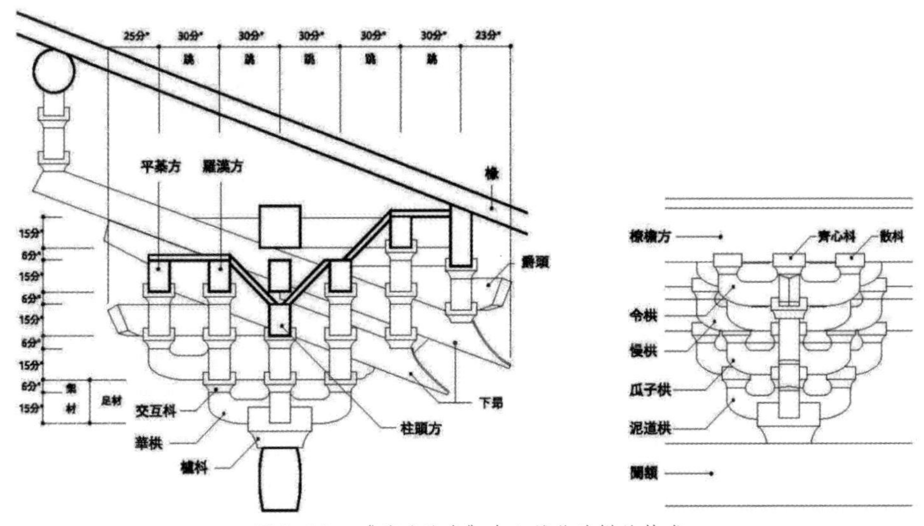

图 5-11　《营造法式》中六铺作斗栱的构成

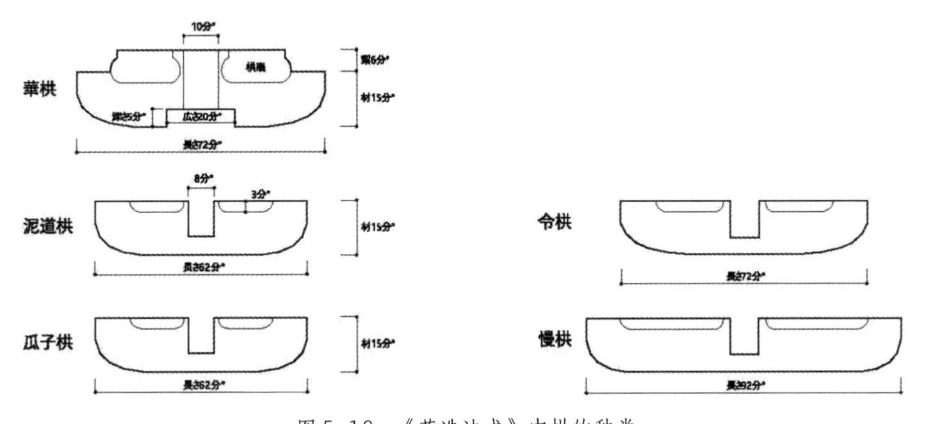

图 5-12　《营造法式》中栱的种类

① 分°是宋代建筑典籍《营造法式》中规定的模数单位。

《营造法式》把华栱出头做成昂嘴的技法和《镰仓造营名目》中“重叠大垂木”类似。然而，这种做法在《营造法式》中仅限于四铺作，这一点与《镰仓造营名目》不同。上昂相当于《镰仓造营名目》中称为“叉首（SASU）”的构件。

《营造法式》中的齐心斗在日本依然叫“卷斗”，交互斗相当于《镰仓造营名目》中的“KAKE斗”。交互斗宽18分°，比宽16分°的齐心斗稍大。这一点也与《镰仓造营名目》中“KAKE斗”和“卷斗”间的关系相同。栌斗的宽、长均为32 分°。《镰仓造营名目》“大斗”的宽度为“肘木”（栱木）宽度的三倍，假设“肘木”宽为10分°，则“大斗”宽为30分°，可见《营造法式》的栌斗尺寸比《镰仓造营名目》的“大斗”稍大。《营造法式》对散斗“以广为面”即把短边（宽）作为正面的规定与《镰仓造营名目》将“卷斗”长边作正面的做法不同。

《营造法式》栌斗的耳相当于日本大斗的“含”，平相当于日本的“敷面”、欹相当于日本的“斗刳”，耳平欹高度比为2：1：2，与《匠明》的“五间割”以及《镰仓造营名目》中的“木割”规定的比例尺寸相同。值得注意的是，斗底尺寸的计算方式，《镰仓造营名目》与《营造法式》相同，而《匠明》不同。《营造法式》中斗底宽从上端尺寸各刹2分得出，《镰仓造营名目》也是从卷斗“下端”尺寸算出“斗刳”要刹多少（见图5-4）。而《匠明》则直接指定“斗尻”（斗底）宽度。

继而探讨《营造法式》的栱（见图5-12）是否有立面的上下对位处理，即有无“斗违”原则。

泥道栱上的两个散斗心间距为52分°，栌斗宽32分°，散斗短边即正面长14分°，因此，栌斗宽+散斗宽=46分°，比散斗心间距少6分°。同样，慢栱上的散斗心间距为82分°，散斗心间距+散斗宽×2=80分°，有2分°差距。由此可见，栌斗的左右端外轮廓线与泥道栱的散斗内端轮廓线，以及泥道栱散斗外端轮廓线与慢栱散斗内端轮廓线之间，并不存在对位关系（见图5-11右侧横栱图），即《营造法式》中没有日本的“斗违”做法。

综上所述，将《营造法式》与《镰仓造营名目》比较结果梳理如下。

（1）《营造法式》不仅区分了华栱与横栱，且横栱因所在位置不同，其名称和尺寸都有变化。如瓜子栱和令栱在日本都叫“秤肘木”。而且，令栱比瓜子栱长，而日本的“秤肘木”没有长度变化。可见，《镰仓造营名目》中只区分了垂直或平行墙面的栱，在同一方向上的栱不做细分，长度也无变化，简化了《营造法式》中栱的分类。

（2）《营造法式》中华栱用足材抵住其上部栱的底面，这种技法与《镰仓造营名目》中的“重叠肘木”类似。但“重叠肘木”比一般栱木宽增加了1/10。在《营造法式》中未见类似规定。

（3）《营造法式》中华栱头上的交互斗比散斗稍大，这一技法与“KAKE 斗”类似。但齐心斗比散斗大的做法在《镰仓造营名目》中未见，可见被简化了。

（4）欹（日本称“斗刳”）的尺寸随斗的宽度杀减而出，这种加工方式与《镰仓造营名目》中的“斗繰”做法相同，“下端”为卷斗的宽度，向内做卷杀，消掉的宽度称

“斗栱幅”（见图5-4）。

（5）用一根材做斜向插入的下昂时，《营造法式》和《镰仓造营名目》的做法一样，昂起到支撑屋檐的结构作用。然而，出双下昂时，《营造法式》和《镰仓造营名目》的做法差异很大。《营造法式》中两个下昂都是整根斜材，都在檐下出昂嘴，在这一点上中日做法一致（见图5-3）。中日区别在第二跳的昂。日本第二跳的昂在外观上是昂嘴形状，叫作“重叠大垂木”，是假昂，它与向室内出跳的第二跳栱是用一根木材加工出来的（见图5-5的分解构件）。然而，《营造法式》中出现的四铺作插昂或从铺作中心向内插上去的上昂技法在《镰仓造营名目》中得到确认。

（6）橑檐枋（日本为“丸桁”）的断面高为栱木的两倍并用散斗直接支撑的做法在《镰仓造营名目》中亦得到确认。

（7）《营造法式》中没有关于柱子开间尺寸的详细记述，可认为是以铺作朵数决定柱子开间大小。《营造法式》里的朵可以理解为与《镰仓造营名目》中的“阿依他”类似，它们都被作为中间性基准单位来使用。

（8）《营造法式》以“材”为基本尺度与《镰仓造营名目》中把栱木的截面宽和高作为辅助性基本尺寸的做法类似，但两者计算方法完全不同。《营造法式》用“分°”进行计算，而《镰仓造营名目》中使用了“木割”的方式决定构件尺寸。这是《营造法式》和《镰仓造营名目》最根本的不同。

（9）《镰仓造营名目》中没有类似“栔”的辅助性尺度。但它将“敷面高”（见图5-4）定为栱木截面高的二分之一，并作为斗栱立面方向（垂直方向）尺寸设计基本单位来使用。《营造法式》中单材与栔的高度比为15：6，显然没有使用等距基准线的意图。然而，《镰仓造营名目》把与栔尺寸相等的“敷面高”作为控制构件尺寸的基准尺度，这一点二者具有相通性。另外，在《营造法式》中未见日本的“斗违”立面设计原则。

四、《镰仓造营名目》的历史意义

《镰仓造营名目》与中国《营造法式》的比较结果如上所述，在此总结如下。

日本禅宗样建筑是引进南宋末期建筑之后形成的建筑“样式”，《镰仓造营名目》的内容自然与宋《营造法式》有很强的关联性。特别引人注目的是《镰仓造营名目》的“重叠肘木”技法——把垂直于墙面出跳的“肘木”（华栱）增高，添满上下栱木之间的缝隙，使得上下栱木呈相叠状态，以此强化结构。在日本国内，这一技法仅在关东地区及其周边使用。其他技术书籍中也没有这一技法的记载，因此可以推测南宋末期从中国传入镰仓的斗栱技法只在局部地区传播、流传下来。其背景可能是因为日本在中世纪（13—15 世纪）时支撑屋檐的“桔木（Hanegi）”技术（见图5-7）已经广泛普及。屋檐主要荷载不需要靠斗栱承载，因此也就没有强化垂直墙面方向栱木结构的必要性了，故

“重叠肘木”的技法没有得到广泛的传播①。

此外，《镰仓造营名目》中有将“重叠肘木”及“KAKE斗”的尺寸增加一成的做法，但在《营造法式》中没有类似记载。因此，这种做法应该在《营造法式》刊行之后出现，而它到底是在中国先出现的，还是南宋末期建筑传入镰仓之后被发展创造出来的，仍有待后续研究。

① 包慕萍,奥富利幸,徐学敏,曾楠.寧波保国寺大殿の意匠における天台浄土教との関連に関する考察：海域交流の視点からみた東アジア建築史研究 その1［C］//日本建筑学会大会梗概集.2021:171-172.

朝鲜王朝时期乡校建筑布局与建筑结构的特征

韩东洙（韩国汉阳大学建筑系）

高丽时期以佛教为统治思想，相反朝鲜王朝时期以儒教为国家的统治思想。然而，王朝和统治意识形态等变化并不是一朝一夕从佛教社会变成儒家社会的，而是随着时间的流逝，由城乡的景观和社会结构逐渐体现出来的。进入朝鲜时期后，许多佛教寺庙被毁，取而代之的是，包括首都汉阳在内的全国主要城市建造许多与儒教有关的设施。

在朝鲜时期建立的具有代表性的儒家相关设施是包括首府汉阳的文庙和成均馆，以及各地方的乡校和书院。这与中国有所不同，需要作出一些解释。在汉阳建造的文庙与成均馆建在同一空间内，其中，文庙通过封存孔子和主要儒家学者的牌位作为祭祀的圣地，而成均馆则是供儒家学习的学校。乡校是在一个地方城市中构建的，包含了以上两项功能。这些都是由官方建立的。此外，书院是一所由私人儒家学者领导的具有引导创始人的仪式的功能的地方学校。在中国，地方城市也使用"文庙"一词，然而，在朝鲜王朝时期，首府汉阳以外的地方城市不被称为文庙，而是被称为乡校。

据文献记载，1530年刊行的《新增东国舆地胜览》一书中记录在全国范围内建立了329所乡校，1765年刊行的《舆地图书》中记录在全国范围内建立了327所乡校。此外，以书院为例，整个朝鲜时代经营约417所。

由此，本文将涉及三个主题：第一，分析地方政府设置的乡校空间布局类型和特征。第二，分析具有乡校主要功能的大成殿和明伦堂建筑的立面形式和木结构的特征。第三，分析这种传统建筑空间的使用状况与存在的问题。

一、乡校建筑的布局

朝鲜时代的韩国乡校与中国的有所差异，大体上位于距离衙门约1里至5里的城外。也有一些沿海地区为了安全，将乡校设置在城市内部。从地形上看，绝大多数乡校都选址在背山临水的丘陵地。丘陵地是个风水良好的地方，因此大部分乡校都取坐北朝南的朝向。相反，汉阳的文庙和成均馆却建在相对平缓的坡地上。

乡校类似于中央设立的文庙或成均庙，具有祭祀和讲学功能。其中，祭祀功能的中心建筑是大成殿，讲学功能的中心建筑是明伦堂。从建筑的布局而言，与朝鲜时代其他建筑类型采取非对称的均衡、协调不同，乡校采用了轴线明确、强调对称性的比较定型形式（见附图6-1）。这反映出韩国祭礼和礼仪的层次和空间秩序意识。但是，这种僵硬的中轴线和严格的左右对称形式有些刻板。此外，中心空间以外的附属设施仍然保持着非对称的均衡和协调，体现出朝鲜时代建筑布局的普遍特征。

根据大成殿与明伦堂之间的位置关系可知，乡校建筑的布局分为前庙后学、前学后庙以及庙学并列。庙学并列又分两种类型：右庙左学和左庙右学。汉阳的大成殿和成均馆的布局就是前庙后学，这种布局可以说是典型的形式，然而在地方上不多见。在前庙后学的布局中，有的乡校的大成殿和明伦堂在同一轴线上，有的乡校彼此之间有分歧，强调大成殿的地位。此外，大成殿的区域多被划分为单独的围墙来增强神圣的气氛。

地方乡校比较典型的布局形式为前学后庙。这是由于充分利用了倾斜的地形。根据地形的高度，自然而然等级较高的大成殿被放置在后面，而明伦堂被放置在前面（见图6-1）。

深入研究这些布局可知，明伦堂和东西斋的位置分为“前堂后斋”和“前斋后堂”两种布局形式（见图6-2）。大部分的地方乡校采用前斋后堂的布局。当东西斋建立于明伦堂之前时，多数情况下会在其前面再建造一座干栏式建筑，以便可以将其扩展为讲学空间的一部分。

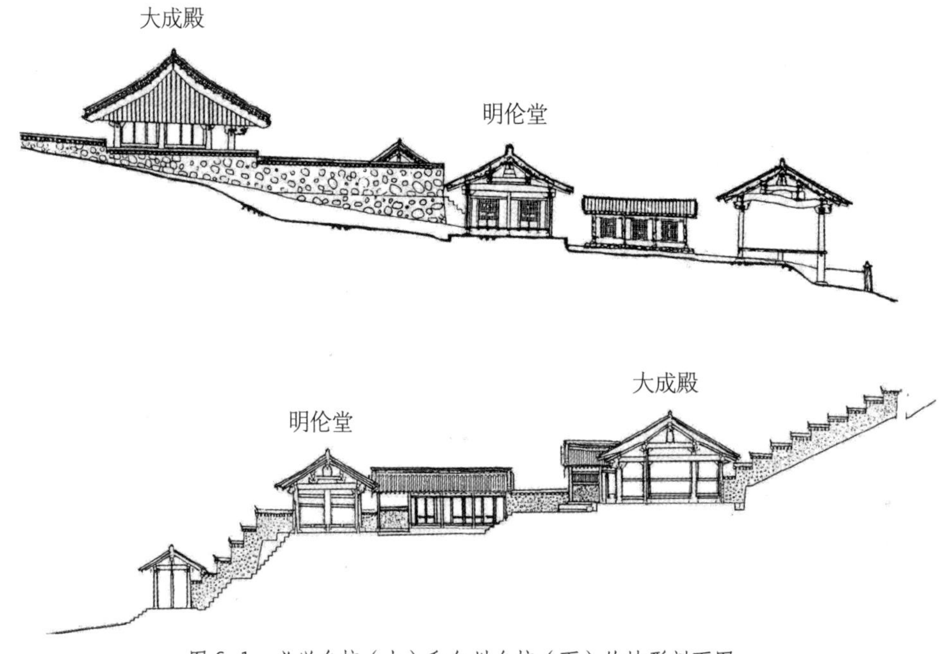

图 6-1　义兴乡校（上）和仁川乡校（下）的地形剖面图

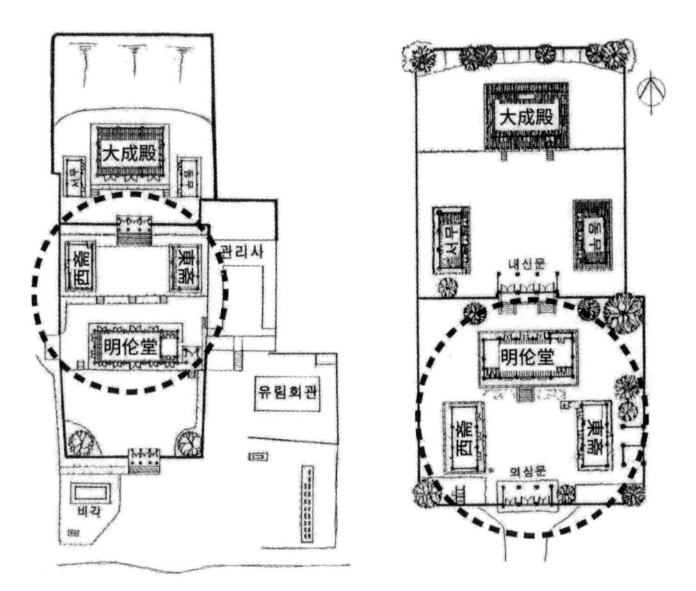

图 6-2 高兴乡校（前堂后斋，左）和玄风乡校（前斋后堂，右）的布局图

此外，庙学并列布局的主导因素是地形，由于空间狭窄或难以确保层次结构而无法来回放置两个功能的空间。在这种情况下，为了增加大成殿的等级，会抬高大成殿的台基或选择更高的地形。16世纪以后，随着乡校的教育功能转移到文学学校书院，乡校的定型布局逐渐变得混乱和复杂。

二、乡校主要建筑立面的特征

乡校的主要建筑是大成殿和明伦堂。大成殿（见附图6-2）的建筑规模大部分为三间或五间。汉阳的文庙大成殿也是以五间为最大规模，而超过五间的大成殿是不存在的。大成殿的立面特征部分可以说是屋顶的形式和窗子的结构。屋顶有部分为歇山顶，而大部分为悬山顶。在屋顶的装饰方面，也使用了在宫殿或官衙建筑中可见的正脊上涂白灰的模式。在窗户方面，为了尽量限制出入，只在正面设置了窗户，这与一般的韩国传统建筑中看到的开放性质有很大的差异。这是因为乡校建筑不是人们居住的生活空间。前面部分设有副階周匝，是用于准备祭礼的空间。这是韩国建筑里带有祭祀功能的建筑具有的特征，与中国建筑也有所差异。

明伦堂（见附图6-3）的规模从三间到十一间，呈现出非常多样的面貌。但是多数规模和大成殿一样是五间。明伦堂的屋顶与大成殿不同，采用歇山顶、悬山顶、庑殿顶等多种形式。其中多数是歇山顶和悬山顶。虽然大成殿的屋顶是悬山顶，但是大多数明伦堂的屋顶是歇山顶。由此可见，屋顶的形式并未成为区分建筑物等级的标准。明伦堂屋顶中最具特征的是客舍型屋顶形式，这与中国建筑中正房两旁附着耳房的建筑形式类似。朝鲜时代客舍型屋顶形式主要用于官衙建筑之一的客舍建筑。客舍是供奉王位牌位进行祭祀、向外来官员提供住宿的建筑物。

乡校明伦堂的中心空间是作为木地板房进行教育的空间，其两侧是作为暖炕房提供休息和准备的空间。建筑结构和装饰方面比大成殿很简单朴素，部分采用干栏形式结构。为了使窗户内部保持明亮，乡校明伦堂相对于大成殿设置了较多的窗户。根据情况，也有直接取消中心空间的窗户而开放的。

三、乡校建筑的结构

乡校大成殿的斗拱有两种形式，一是翼拱形式，二是柱心包斗拱形式。有些建筑不使用斗拱，有的则使用多包斗拱形式。一般来说，比较主流的是翼拱形式。从整体上看，乡校建筑与其他类型的建筑相比呈现出简朴的倾向。相反，与大成殿相比等级较低的明伦堂在样式上也相应地降低规格，大部分采用翼拱形式或完全不使用斗拱。与大成殿相比，翼拱形式也更为单纯（见图6-3）。

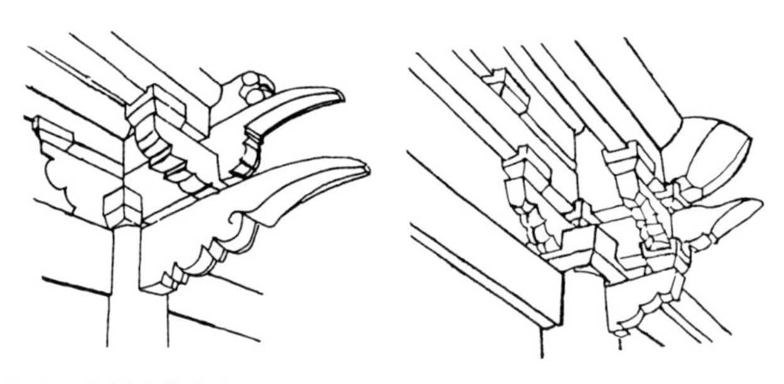

图 6-3　济州乡校大成殿（左）和江陵乡校大成殿（右）的翼拱系斗拱

大成殿和明伦堂中常见的翼拱形式，也是韩国建筑形式独特的斗拱之一，是在经济层面和技术层面相互作用下诞生的。与柱心包形式和多包形式相比，它具有大幅减少使用材料、制作简单并能保持一定程度的装饰性的优点。

从结构情况来看，大成殿分为五樑架和七樑架，大部分由五樑架组成。七樑架使用于规模大的建筑，但这种实例很少。此外，韩国建筑多使用高柱，内部根据是否有副階周匝而决定是否设立高柱。

大成殿通常采用的结构手法为开放的副階周匝及设立高柱（见表6-1）。明伦堂一般左右都由暖炕房组成，柱间比大成殿窄，因此大部分都没有高柱（见表6-2），主要采用五樑架结构手法。使用高柱的明伦堂只在极少规模较大的乡校中出现。

表6-1　乡校大成殿的结构形式

结构形式	无高柱五梁	一高柱五梁	前退五梁	一高柱七梁	二高柱七梁	前退七梁
结构图						

表6-2　乡校明伦堂的结构形式

结构形式	无高柱五梁	一高柱五梁	三梁	二高柱七梁	五梁		
结构图	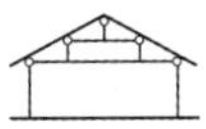	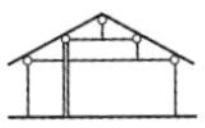		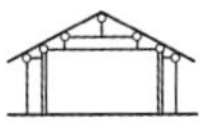	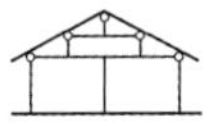	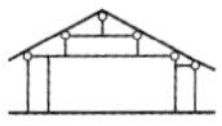	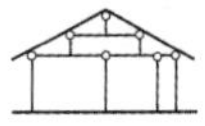

四、乡校建筑的变化

在朝鲜时代，一些乡校建筑被转用为学校设施或公共机关，结果其原貌被严重破坏或变形，因建造日本神社而被拆除的事例也不少。至1950年代，韩国战争导致相当多的乡校被炸毁或因管理疏忽而荒废。在这种情况下，作为文化遗产的价值得到认可并被指定的事例也非常少。

20世纪80年代以来，随着对传统文化的重视程度日益提高，对传统教育的摇篮乡校建筑的认识发生了转变，有关乡校建筑的调查也开始进行，发行了多种调查报告书，并累积了不少研究资料。在此基础上，越来越多的乡校不断被修缮和复原，并通过发掘确认了部分乡校的遗址所在。同时，许多文化活动在被修缮或复原的乡校建筑中开展起来。从有代表性的活动来看，乡校建筑中的活动包括教育、体验、表演等类型。例如：通过古典讲读、人文学讲座来进行人性教育；通过传统礼仪进行礼仪教育；此外还开展茶道体验、书生文化体验、舞蹈话剧等民俗演出及国乐、古典音乐相关的音乐会等。另外，还有在乡校建筑中实际住宿，既体验寺庙住宿，也体验乡校建筑空间和生活，切身感受到儒教文化的活动项目。

为了适应社会要求的多种功能，必须要克服传统建筑的局限，新建必要的设施。这不仅要与传统建筑相协调，还要与周边的历史、文化、环境相协调。以往对文物建筑的保护仅重视单一建筑的保存，而今天则更强调对历史景观的还原及保护，这就要求更加仔细和用心地对文物建筑进行保护和利用。

附图6-1 韩国文庙和乡校布局图

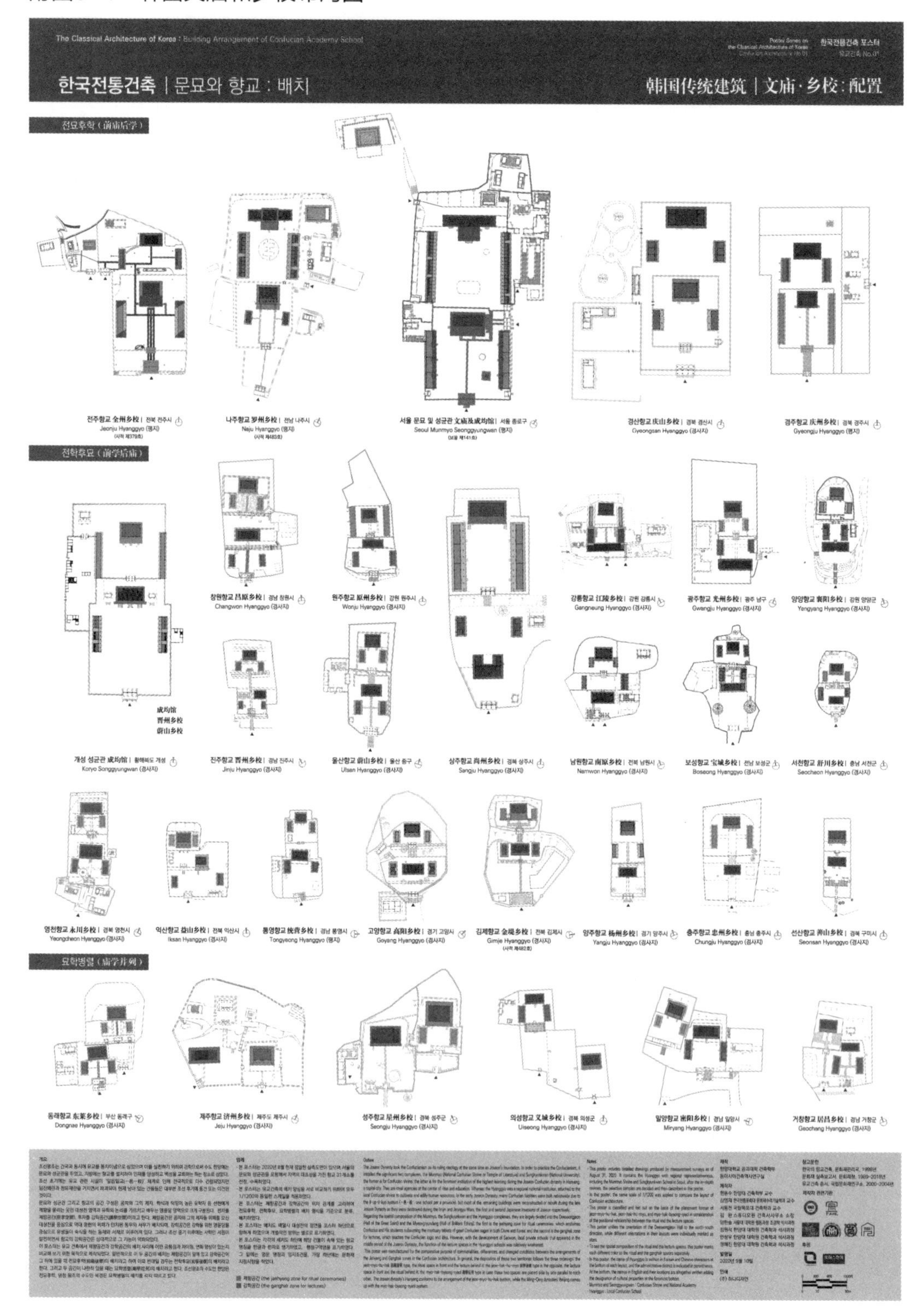

附图6-2 韩国文庙和乡校的大成殿立面图

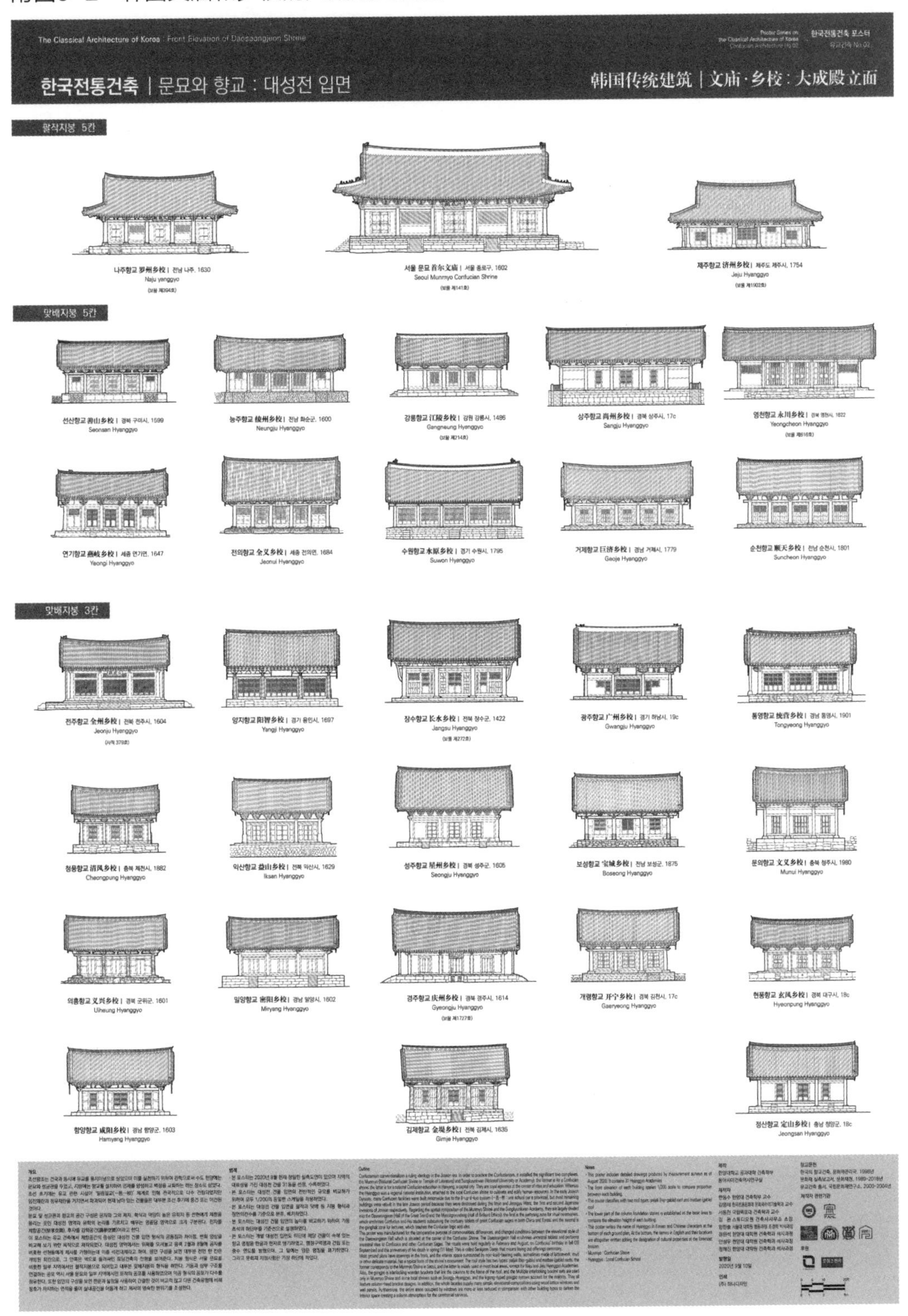

附图6-3　韩国文庙和乡校的明伦堂立面图

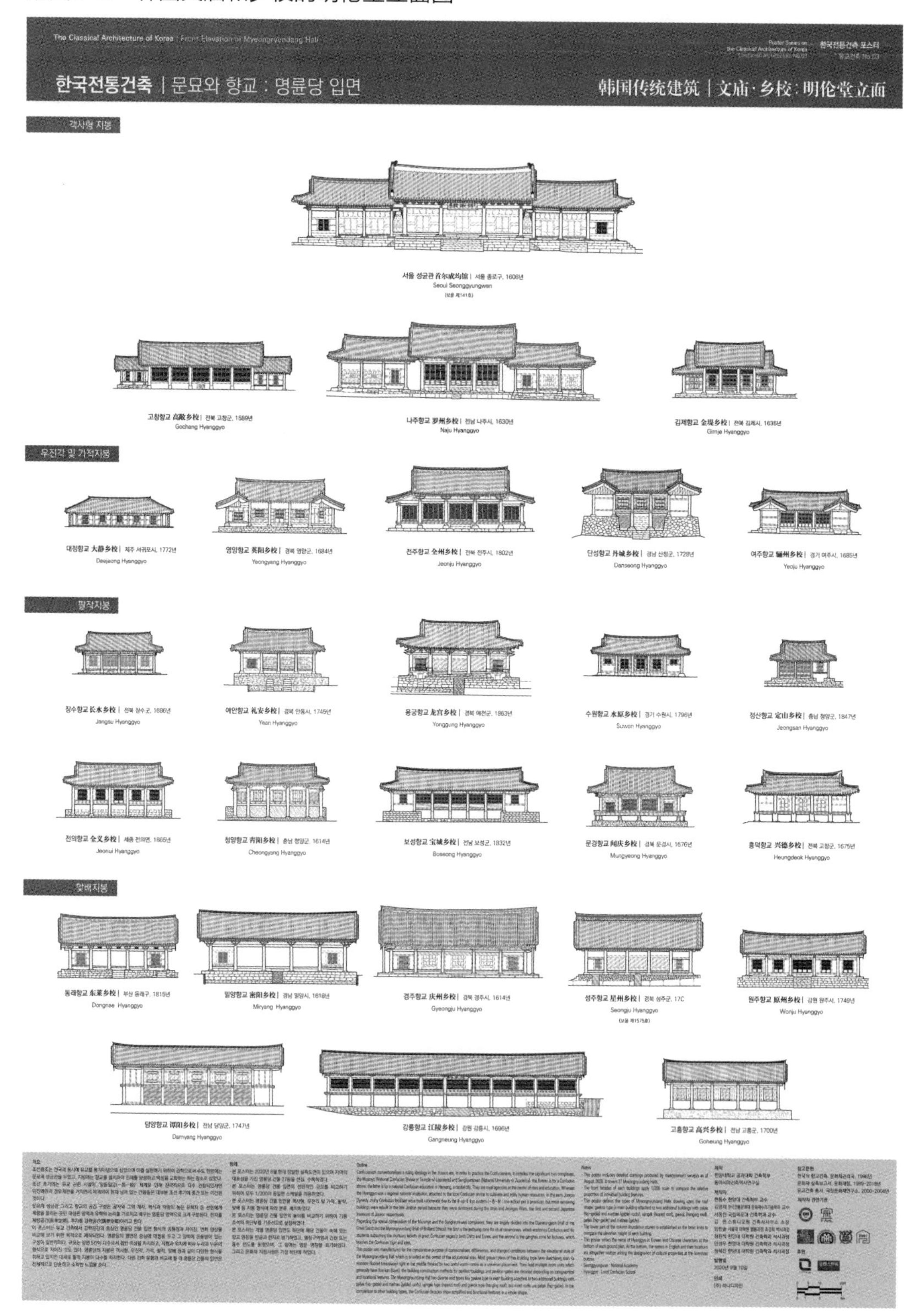

注基因，续家谱，立法脉：中日交流语境下的佛教建筑设计

姚　颖（宁波大学潘天寿建筑与艺术设计学院）

随着佛教在中国的传播与本土化，中国古代佛教寺院的建筑形制不断发生变化，从南北朝到隋唐的蓬勃发展和繁荣鼎盛，至宋元明清逐渐走向平和与衰微。在留存至今的中国古代木构实物中，历史最为悠久者当数佛教建筑，但也正因材料易损和年代久远，其数量并不甚多。在经济高速发展的今天，随着人民生活水平的提高和对精神生活的追求，以及党和政府对传统文化的重视，中国佛教寺院建设迎来新的发展契机。如何在总体规划布局和建筑单体设计中将寺院功能与地理环境、地域文化、建筑工艺等要素相结合，在复建和再建过程中既能传承文化内涵又可突出地域特色，成为一个值得探讨的问题。

江南地区是南宋时期中国的政治、经济和文化中心，其佛教文化也保持繁荣。而相对于其他佛教教派，江南地区的禅宗和净土宗更为盛行，流布广泛，并东传至日本，对日本中世，即12世纪后期至17世纪初期的镰仓、室町、桃山，直至江户时代的佛教及其寺院建造都产生了很大影响。本文通过考察杭州径山寺复建和宁海广德寺重建两项工程设计，分析这两座寺院在中日文化交流互鉴中如何通过参考日本禅宗建筑进而上溯至江南禅寺原型的设计途径，两者又是如何从寺院空间布局和建筑形式审美上对佛教文化和地域特色做出回应，同时指出其有待完善的设计细节，以期为佛教建筑设计提供理论指导和实践参考。

一、南朝至隋唐时期中国佛教建筑对日本的影响

佛教自东汉从印度传入中国，至魏晋南北朝形成传播的第一个高潮。据文献记载，仅在建康城内当时就有佛寺五百多所，数量相当可观。这期间，佛教文化与中国建筑体系相融合后继续向东辐射，传入朝鲜半岛，并通过朝鲜半岛传至日本，形成了以中国为中心的建筑文化圈。中国建筑的输入，使日本建筑的总体布局、单体平面、内外结构，都表现出比原有本土建筑很大的变化和进步，为日本建筑的发展奠定了基础[①]。有日本学

① 关野贞.日本建筑史精要［M］.路秉杰,译.上海:同济大学出版社,2012:35.

者坦言："朝鲜半岛及日本列岛均以中国文化为祖型，或者不如说存在着中国为祖父、朝鲜半岛为父、日本列岛为子这样的传承关系"①。

592年，日本进入飞鸟时代（592—710年），这一年也是日本最早的佛寺法兴寺（又名飞鸟寺）佛堂始建的时间。其实早在552年佛教就已从朝鲜半岛上的百济传入日本，且随佛教传入的还有百济国王所派的造寺工、炉盘工、瓦工和画工等全套建筑匠师。而百济与当时的中国南朝保持着频繁交往，并向南朝称臣纳贡，奉其正朔，在建筑摹仿上也不例外。日本飞鸟时代的建筑样式由此受到百济和中国南朝的深刻影响，至今尚存的奈良法隆寺就是继承中国南朝建筑样式和做法的飞鸟时代建筑遗迹。法隆寺始建于607年，670年遭遇火灾，"一屋无余"②。支持再建说的学者认为，今天寺中的金堂、五重塔、中门及回廊等建筑为7世纪末8世纪初再建，但建筑形式依然保持着初建时的飞鸟样式。中国著名建筑历史学家曹汛曾比较法隆寺五重塔与百济扶余定林寺址五重石塔（见图7-1）后认为，两者在造型和风度上非常接近，应是传承了中国南朝古塔的风韵。定林寺址五重石塔至迟在660年前已建成，是一座典型的百济石塔。此塔的存在，表明百济当年必有造型类似的五重木塔，所以才能传样式和派匠师到日本。曹汛还指出："百济定林寺那样的五重石塔，我国南北朝隋和唐初时，更应该是所在多有。北魏云冈石窟浮雕五层塔（见图7-2、图7-3），就和定林寺石塔及法隆寺木塔格调相似"③。北魏时期的五重方塔样式如何在南朝得以流传，或者这种方塔样式是否在南北朝并行发展都还需进一步考证。但可以明确的是，法隆寺五重塔造型的源流来自中国。

图 7-1　百济扶余定林寺址五重石塔

① 张十庆.中日古代建筑大木技术的源流与变迁［M］.天津:天津大学出版社,2004:9.

② 《日本书纪》天智九年（670年）条.

③ 曹汛.中国南朝寺塔样式之通过百济传入日本,百济定林寺塔与日本法隆寺塔［J］.建筑师.2006,1:101-105.

图 7-2　山西大同北魏云冈石窟第 5 窟主室南壁浮雕五重塔

图 7-3　山西大同北魏云冈石窟第 39 窟中心塔柱

前期经朝鲜过渡至日本的文化传播，在之后的隋、唐三百余年时间里愈加频繁。这一时期，日本向中国派出大量遣隋使和遣唐使，直接输入隋、唐文化。日本平城京的建设以唐长安城为范本，佛教寺院如药师寺、东大寺、法华寺等日本著名寺院的营造同样吸纳了唐代寺院的形制和建造技术。此外，东渡传法的唐代高僧为日本带去了盛唐时期的建筑样式，鉴真和尚建造的唐招提寺金堂就是代表[1]。这样的交往一直持续到晚唐，因唐朝出现内乱，政局动荡不安，日本在894年停止遣唐使派送，此后一段时间中日交往曾一度减少，直至宋元时期才又出现另一个高潮。

二、南宋禅寺建筑对日本的影响

佛教传入中国后逐渐本土化，在其发展演变中出现了天台宗、三论宗、法相宗、华严宗、密宗、禅宗、净土宗、律宗等多种宗派。其中，禅宗在唐代分南宗和北宗，南宗逐渐发展出临济、沩仰、曹洞、云门、法眼等五宗，临济又分化出黄龙派和杨岐派，合称为“五家七派”。两宋时期，禅宗逐步兴盛，宋室南迁更使江南佛教呈现出一派繁盛景象，以临安为中心的南宋江南禅寺得到空前发展。13世纪初，南宋朝廷钦定“五山十刹”，目的是“推次甲乙，皆有定等，尊表五山以为诸刹纲领”[2]。当时各宗寺虽皆有五山，但以禅宗的五山十刹在历史上影响最大，禅宗五大寺为临安径山寺、临安灵隐寺、明州天童寺、临安净慈寺和明州阿育王寺[3]。它们是当时规模最大和最具名望的禅宗寺

① 关野贞.日本建筑史精要［M］.路秉杰,译.上海:同济大学出版社,2012:55.

② 至正二年重修净慈报恩光孝禅寺记.净慈寺志（卷1）［M］.扬州:江苏广陵古籍刻印社,1996:133.

③ 十刹：浙江临安法净寺、浙江吴兴万寿寺、江苏南京灵谷寺、江苏平江（苏州）万寿寺、浙江奉化雪窦寺、浙江永嘉江心寺、福建闽侯崇圣寺、浙江义乌宝林寺、江苏平江云岩寺、浙江天台山国清寺。参考郭黛姮.中国古代建筑史（第三卷）［M］.北京:中国建筑工业出版社,2009:269.

院，在建筑规模和形制上都达到最为成熟和完备的鼎盛时期，代表着南宋禅寺建筑的最高水平。

发展成熟的南宋禅宗佛教在很大程度上影响了日本中世佛教及其寺院建筑。当时日本正处镰仓时代（1185—1333年），随着中日文化交流的恢复，大量日僧入宋巡礼求法。据史料记载，两浙（浙东和浙西）地区对外贸易港口，以首都临安（今杭州）与临近两大海港城市明州（今宁波）和温州三处最盛，又因当时多数日本渡宋僧侣，包括荣西（1141—1215年）和道元（1200—1253年），都在明州上陆，故明州与日本佛教关系尤为密切[①]。之后荣西传临济宗之黄龙派至日本，成为日本临济宗始祖；道元从天童如净受法，传曹洞宗至日本，开日本曹洞宗[②]。

入宋日僧在游历南宋五山十刹过程中，用绘卷的形式记录了南宋禅院规矩礼乐及建筑的样式和形制。可惜祖本现已不存，今天在日本被奉为国宝的大乘寺本《五山十刹图》和东福寺本《大宋诸山图》都为当时入宋日僧绘制的《五山十刹图》的抄本。1932年梁思成曾在《中国营造学社汇刊》三卷三期上发表日本田边泰所写论文《大唐五山诸堂图考》的译文，该论文所考原图即为抄本之一。

求法僧回到日本后开创日本早期禅院，极力传播和普及宋地丛林禅规仪法。他们凭借亲身历访江南禅寺的见闻和带回的绘卷，尽可能忠实地摹仿和移植宋风禅寺建筑。如荣西所建京都建仁寺（1202年）和镰仓寿福寺（1215年），俊芿（1166—1237年）所建京都泉涌寺（1219年），圆尔（1208—1280年）所建京都东福寺（1236年）均采用了南宋禅宗建筑形制[③]。道元按照明州天童寺禅宗寺院格局在福井县所建立的永平寺（1244年），因其中轴线之天王殿、佛殿以及法堂的布置与天童寺一脉相承，故又有“小天童”之称[④]。另外，中国赴日传法的宋僧也将更为纯正的宋风禅寺形制带入日本。日本第一个纯宋风禅寺建长寺便是由宋僧兰溪道隆（1213—1278年）于1246年渡日后仿南宋径山寺所建。道隆圆寂后，1260年赴日的宋僧兀庵普宁（1197—1276年）和1269年赴日的宋僧大休正念（1215—1289年）相继成为建长寺第二、三世住持。1279年，受日本镰仓幕府第八代执权北条时宗邀请，明州僧人无学祖元（1226—1286年）从故乡出发东渡，出任建长寺第五世住持。1282年，时宗建镰仓圆觉寺，无学祖元又成为该寺开山初祖。该寺是继建长寺之后另一重要宋风禅寺，寺内舍利殿是14世纪，即日本镰仓末期至室町初期禅宗建筑遗存中最为典型者[⑤]。建长、圆觉两寺的伽蓝布局，成为此后日本禅

① 梁思成.梁思成全集：第一卷［M］.北京:中国建筑工业出版社,2001:236.另：明州作为日僧上陆地点可上溯至唐代，著名的入唐日僧如最澄、圆珍、圆载等，都是经由明州，传天台至日本，其中最澄为日本天台宗开祖。

② 张十庆.五山十刹图与南宋江南禅寺［M］.南京:东南大学出版社,2000:27.

③ 张十庆.中国江南禅宗寺院建筑［M］.武汉:湖北教育出版社,2001:29.

④ 央视《探索·发现》栏目.纪录片《天童寺》（下）：延绵，https://tv.cctv.com/2019/05/17/VIDER2Py8NBuPWMX1gScKWH8190517.shtml.

⑤ 太田博太郎.日本建筑史序说［M］.路秉杰,包慕萍,译.上海:同济大学出版社,2016:103.

寺的建筑标准和统一风格，影响遍及日本丛林。

图 7-4 日本圆觉寺舍利殿

圆觉寺舍利殿（见图7-4）面阔五开间，上覆重檐歇山顶，当心间用槅扇门，上格装透空槅心，次间格子门和尽间槅扇窗上沿做曲折弧形，用欢门样式。欢门是北宋《营造法式》小木作制度中典型的门窗装饰样式，这种形制被梁思成称为“火灯窗”，也有日本学者称之为“源氏窗”①。底层檐下门窗上方施通长的竖向水波形棂条，成睒电窗形式。建筑外壁做护缝板壁。整体建筑因屋顶坡度较唐代时期加大而呈现出一种屹然耸立之感。明间至次间面阔逐次递减，除柱头铺作外，明间另施补间铺作两朵，次间和尽间的柱间各施一朵，斗栱层叠有序，交相呼应，透露出宋代禅宗建筑的严整与精巧。圆觉寺舍利殿的立面形式正是“禅宗样”建筑的典型。查梁思成所译《大唐五山诸堂图考》，便可找到“禅宗样”的来源。《大唐五山诸堂图》所示，金山寺佛殿（见图7-5）和何山寺钟楼（见图7-6）均采用了这种建筑样式，天童寺正面详图（见图7-7）中更有对欢门和睒电窗的详细刻画，至今天童寺天王殿外檐下的连续挂落仍旧保留了类似做法。

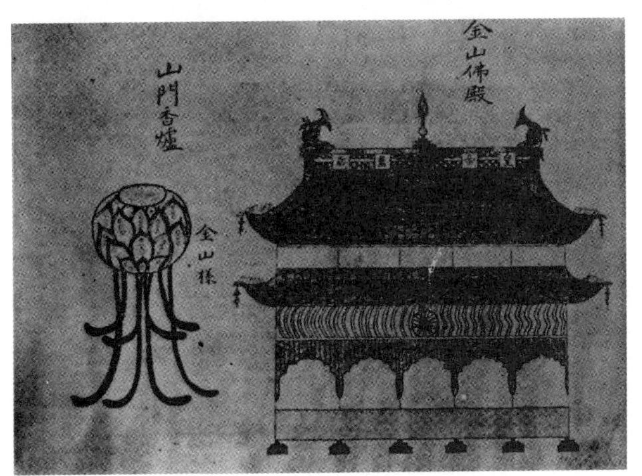

图 7-5 金山寺佛殿及香炉图

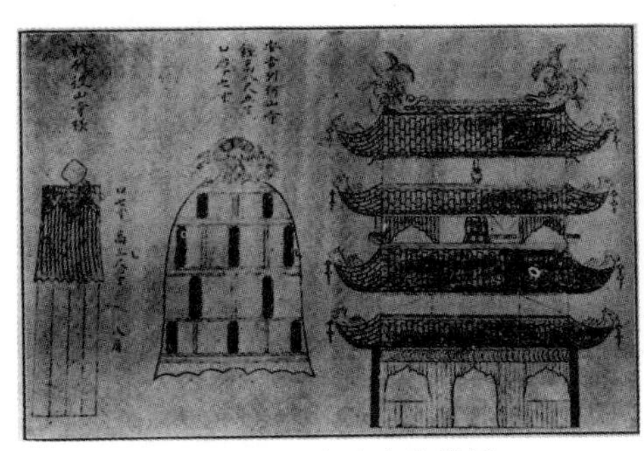
图 7-6 何山寺钟楼图

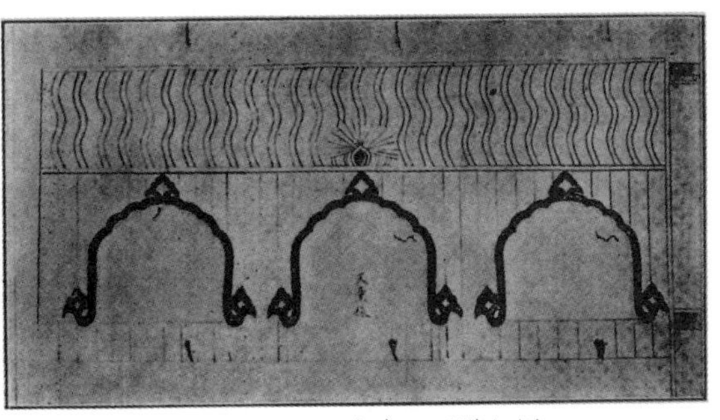
图 7-7 天童寺正面详细图

① 关野贞.日本建筑史精要［M］.路秉杰,译.上海:同济大学出版社,2012:102.

总体来看，移植摹仿南宋江南禅寺的日本佛教建筑较多和较完整地保存了宋风做法。在中国佛教建筑尤其是宋代禅寺建筑的复建工程中，往往会遇到遗迹难寻或文献记录不清等问题，而借用中国现代史学革命的先驱者王国维所提倡的“二重证据法”，即地上证据与地下证据相互参证，域内证据与域外证据相互参证，日本中世的佛教和寺院以及《五山十刹图》可以成为中国建筑学者认识南宋禅寺十分重要的参照。

三、佛教建筑复建、再建工程设计案例分析

1.总体空间布局

径山寺坐落于杭州径山（属天目山山脉），唐以来属余杭县辖。唐代宗年间（726—779年），僧法钦结庵于此，是为径山开山祖师。入宋以后，径山寺迎来历史上最为繁盛的时代，特别是南宋时期，大慧宗杲（1089—1163年）入主径山，兴临济宗，加之地处首都，使得径山成为当时“五山十刹”之首，气象远在其他各院刹之上，宋孝宗亲书“径山兴圣万寿禅寺”额，由此刻成的御碑是至今保存于寺内为数不多的几件早期文物之一。南宋至元，径山寺虽几经灾毁，但又复建，规模形制甚至更趋完备。直至元末，随着禅宗在中土日趋衰微，径山寺亦走向没落。

2008年，在余杭区政府、区统战部、区民族宗教局及杭州市佛教协会的支持下，由浙江省古建筑设计研究院主持设计的径山寺复建工程开始实施，至2020年基本完工。从总体平面布局来看（见图7-8），径山寺试图复原“宝殿中峙，号普光明，长廊楼观，外接三门，门临双径，架五凤楼九间，……禅房客馆，内外周备”[①]的宏丽规模，中轴线上从南向北依次布置有五凤山门、释迦宝殿、藏经楼、观音殿、凌霄阁等主体建筑，钟、鼓楼分列于山门两侧。中路东边有客堂、僧舍、禅堂、方丈院、龙王殿，西边有祖堂、五观堂、香积厨、斋堂，总体规模形制完备。复建后的僧舍和禅堂单体建筑虽不及文献记载中端平三年（1236年）的大僧堂“楹七而间九，席七十有四，而衲千焉”[②]那样宏大，但总体空间布局基本还原了南宋楼钥《径山兴盛万寿禅寺记》记载的伽

图7-8　杭州径山寺平面布局概况

① 王海霞.浙江禅宗寺院环境研究［M］.杭州:浙江工商大学出版社,2017:128-129.

② 王海霞.浙江禅宗寺院环境研究［M］.杭州:浙江工商大学出版社,2017:131.

蓝布局。

相比径山寺，宁海广德寺的历史较短。该寺位于宁波以南约45千米的宁海县西店镇香岩山脚下洪家村东南，元末明初始建，承云门宗。2004年再建工程启动前，广德寺已处于殿堂破旧、楼房危倾的困境。工程分三期建设，一期于2007年竣工，保留了明清建筑风貌，2009年和2017年分别启动第二、三期工程。从平面布局和外观形态来看（见图7-9），广德寺二、三期建筑选取了中国南朝和南宋两个历史时期佛教建筑的形制加以表现，加上一期采用的明清建筑风格，设计者试图使参访者在有限的时空内能够领略佛教建筑形态的演变过程。二期主体建筑坐西朝东，中轴线上经天王殿（门殿）、三圣殿至院落中心的五重塔，塔后布置法堂。从三圣殿开始用回廊绕至法堂，形成一廊院，塔立于庭院中心。这是一种堂塔并立、前塔后堂式的布局方式，此种布局自东晋十六国开始出现[①]，至南朝已成为寺院中一种常见的形态[②]，同时也反映出佛教传入中国后逐渐本土化的过程。坐西朝东的朝向可能是受到当时规划用地的限制。

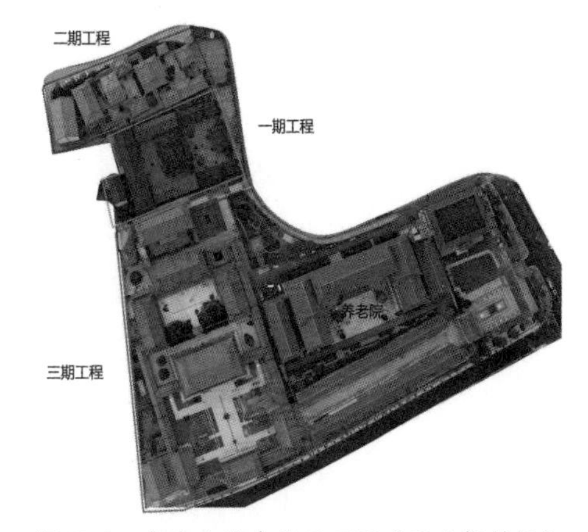

图7-9　宁海广德寺总平面图（无人机拍摄）

图7-10　宁海广德寺五重方塔

广德寺二期工程中的这座方形五重塔（见图7-10）在建成后因其造型和日本法隆寺塔有所相似，曾一度引起社会关注。追溯塔的平面，隋唐时期多为方形，如现存的西安大雁塔、小雁塔和兴教寺玄奘塔等皆为方塔。这些方塔用砖石砌成，檐部挑出深度因受限于所用建筑材料，不似木构挑檐能够做得更加深远，逐渐形成唐代砖石塔厚重敦实的审美形象。五代起八角形塔逐渐增多，也有用六角形，但为数较少，到了宋、辽、金时期，则多做八角形塔了。我国现存最古老的木塔——山西应县木塔（辽代）就是一座典型的八角形古塔，江南一带的苏州虎丘云岩寺塔（五代）、苏州报恩寺塔（南宋）和杭州六和塔（南宋）等都是八角形塔。广德寺二期庭院中的五重塔意在复原南朝时广檐翼出的方塔式样，以较好地呼应其总体空间布局

① 傅熹年.中国古代建筑史：第二卷［M］.北京:中国建筑工业出版社,2009:189.

② 王贵祥.中国汉传佛教建筑史：佛寺的建造、分布与寺院格局、建筑类型及其变迁（上卷）［M］.北京:清华大学出版社,2016:292.

所体现的时空片段。唯庭院空间局促逼仄是其最大不足，无法给予参观者足够充裕的欣赏视角，与日本法隆寺五重塔相比较，不及后者在环境空间处理上更显宽敞舒适，带给人心理上更为平静安宁之感。

三期主体建筑坐北朝南，共三进院落。中轴线上依次布置有天王殿、大雄宝殿（佛殿）、祖师殿和方丈殿，第一进院落东侧建仁王殿，西侧建报恩堂。第二进院落东西对称建僧寮。建筑之间用廊道贯通，廊道外墙上每个柱间开一扇直棂窗，其余用板壁封闭，构成较为静谧内向的庭院空间。最后一进方丈殿另起院门，院落空间较狭窄，为方丈院。这一总平面是典型的禅宗寺院布局形制（见图7-11），其设计显然有意继承南宋禅宗建筑传统。

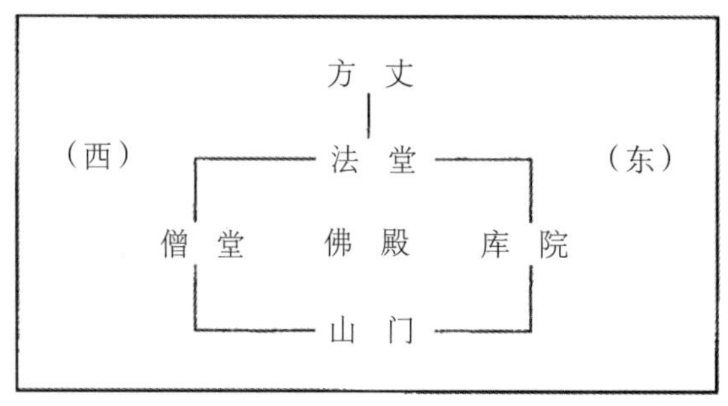

图 7-11　宋式伽蓝配置基本格局

以方丈殿作为中轴线上最后一座建筑是禅宗伽蓝常见的配置。据《五山十刹图》记载，南宋时灵隐寺和天童寺中轴线建筑群的末端皆以方丈殿作为结束，天台山万年寺的中轴线上最后一座建筑虽为观音殿，但其东侧仍布置有方丈室。在径山寺复建设计中对方丈院的位置安排与天台山万年寺相似，径山寺建筑群落从东南向西北依山势逐渐抬升，最后以立于巨大台基之上的三层高凌霄阁作为整个序列的高潮。设计者将形体相对低矮的大慧院（即方丈院）放置在观音殿东侧，在结合山林地理环境突显径山寺宏丽气势的同时，又很好地保持了南宋江南禅寺的布局形制。

将广德寺三期的总体布局与天童寺和阿育王寺伽蓝布局相比较，可看到前者想要依循的禅宗规制。尽管如此，三期总平面布局仍存在不足，因中轴线方向用地局促，致使天王殿紧临城市道路，无法在其南面开辟进入禅宗佛寺时的第一座重要建筑——山门，便只能将山门设于整块L形用地的最东端，称作外山门，并开东门于仁王殿，将其作为内山门来使用。

2.建筑形式审美

宋元时期江南禅寺的山门极尽宏大壮丽，以重阁形式为显著特征，其形制往往成为禅寺规模、等级的重要标志和象征。从源流上而言，重层山门是南北朝以来的山门古制[①]。天童、径山二寺都曾建有山门巨阁，并以其雄丽而闻名。天童山门于南宋绍熙四

① 张十庆.宋元江南寺院建筑的尺度与规模［J］.华中建筑，2002（3）:93.

年（1193年）重建，南宋楼钥[1]撰《天童山千佛阁记》描述其“为阁七间，高三层，栋横十有四丈，其高十有二丈，深八十四尺”，据张十庆按宋尺长31.5 cm计算，通面阔七间共140尺（合44.1 m），通进深四间84尺（合26.5 m），通高120尺（合37.8 m），可见其尺度之大。另从元代王蒙所绘《太白山图》同样可见天童寺面阔七间重层大山门阁的雄大形象，虽然已非《天童山千佛阁记》中记载的原物，但该图所绘山门依然保留了七开间的宏大规模。而嘉泰元年（1201年）所建径山九间山门五凤楼，无论等级还是尺度规模较之天童均更甚之。因此，径山寺复建工程尤其注重山门形象的刻画。虽平面仅为三开间，但其高度依然保持重层，并通过复廊与左右钟鼓楼相连，使其在规模和气势上更显宏丽。

重阁山门的形象在日本京都东福寺（见图7-12）和福井永平寺（见图7-13）中有较完整体现，虽然这两座山门的尺度与南宋天童寺山门比较相差甚远，但仍不失为现存南宋禅寺建筑的较好参考。东福寺由入宋日僧圆尔回国后创建，拥有日本最古老的山门。该山门重建于1425年，是一座重层建筑，五开间，下层中央三间开门，上层安置释迦牟尼佛坐像和十六罗汉。其特征与《天童寺志》记载当时天童山门的状况“门为高阁，延袤两庑，铸千佛列其上”如出一辙。东福寺山门所呈现的样貌，被日本学者认为“其特征是南宋风格的大门”[2]。永平寺的开山是到过明州天童寺求法的道元，寺院建筑按照天童寺格局创建。观察宁海广德寺三期工程中的天王殿（见图7-14）和用作内山门的仁王殿（见图7-15），其设计在风格形式上参考了日本这两座禅寺山门建筑，五开间、歇山顶，上层设计有平坐。虽然天童寺山门早已不存，但通过追溯其“摹本”东福寺和永平寺的山门样式，设计者为广德寺注入了天童寺的基因，为它续上了“家谱”，确立了法脉。

图 7-12　日本京都东福寺山门

图 7-13　日本福井永平寺山门

南宋禅寺中重层高阁的形象不仅体现于山门，在其后中轴线上的建筑中依然常用楼

① 楼钥（1137—1213年），字大防，又字启伯，号攻媿主人，明州鄞县（今浙江宁波）人；南宋大臣、文学家，楼璩第三子。

② 郭黛姮.海上丝路中的宋代建筑文化东传［M］//东方建筑遗产. 北京：文物出版社，2020.

阁建筑，类型和数量较多，如大佛阁、法堂阁、毗如阁、千佛阁、千僧阁、藏经阁等。广德寺的天王殿和大雄宝殿采用重檐歇山顶。歇山顶在建筑屋顶级别上虽不及庑殿顶，但却是南方寺院建筑中常用的屋顶形式。重檐的做法在突显建筑重要地位的同时更增加了建筑的高度。第一进院落东侧的仁王殿和第二进院落的主殿祖师殿在建筑形制规格上低于前面的两座大殿，因此屋顶只用单檐歇山，但还是做了两层楼设计，这显然有表达楼阁式建筑的设计意向。寺院的整体外观较一期工程明清风格建筑组群更加高耸开朗，建筑尺度与比例把握较为恰当，总体而言显露出南宋禅寺的风貌。重层高阁形象在径山寺中更为突出，藏经楼（见图7-16）和凌霄阁（见图7-17）通过设计多层平坐和屋檐，使其外观层层叠叠，展露出一幅高阁建筑的动人景象。

在细部做法方面，径山寺的观音殿和藏经楼以及广德寺中轴线上之三大殿的立面都采用了欢门和睒电窗的做法，足见设计者延续禅宗样建筑母题的意图。此外，广德寺采用的柱础还摹仿了南宋时期江南典型的櫍形础样式（见图7-18）。櫍是早期垫在柱子底部和柱础之间的木块，为阻断地下潮气侵蚀木柱而设，后来多改用石作，逐渐演化为柱础的一个组成部分。南宋及元以后在江南地区的建筑中常省去柱础，以櫍为础，称作櫍形础，外观

图 7-14　宁海广德寺天王殿

图 7-15　宁海广德寺仁王殿（内山门）

图 7-16　径山寺藏经楼

图 7-17　径山寺凌霄阁

简洁古朴。这种形式的柱础传入日本后在东福寺僧堂和清白寺佛殿等许多佛教建筑中使用，被称为唐样柱础①。广德寺整体工程的大小木作和砖瓦作由台州临海工匠使用传统制作工艺完成，这对于保留浙东地区传统建筑做法亦有十分宝贵的价值。

图 7-18　宁海广德寺欂形柱础

然而可惜的是，相比较欢门、睒电窗和欂形础所体现的南宋江南佛寺建筑做法，广德寺诸大殿采用的屋脊两端鸱尾装饰则未能延续这一地域特点。广德寺大雄宝殿和祖师殿采用的鸱尾是唐代式样（见图7-19），造型雄壮简洁，尾部呈飞鸟之羽翼状装饰。这种鸱尾在敦煌壁画和日本奈良唐招提寺中都能见到，梁思成在设计扬州鉴真和尚纪念堂时，也曾参照唐招提寺金堂，同样使用唐代式样的鸱尾作为建筑整体风格的体现。至唐晚期直至辽宋，鸱尾的形象发生了很大演变，与屋脊相交处变化成龙头张口咬住屋脊的样子。梁思成通过考察重建于辽统和二年（984年）的蓟县独乐寺观音阁山门证实了这一点，这时期的鸱吻，其龙头形状已很明显，尾部似鱼尾向内弯曲（见图7-20）。但在江南地区似乎更常见另一种称作鱼形吻的脊饰，如上述金山寺佛殿图和何山寺钟楼图所示就是这种典型式样（见图7-5、图7-6），整个鸱吻犹如一条鲜活的鱼儿，鱼尾上扬、动态十足。今天我们还能从上海真如寺大殿（元代）的屋脊上看到鱼形吻的实物遗存。广德寺三期第一进院落中除大雄宝殿外的其他三面建筑都使用了辽宋时期的鸱吻式样。无论是唐代鸱尾还是辽宋时期的鸱吻，都早于南宋禅宗时代的建筑样式，用在这里不免雄壮有余而灵巧不足，且未能延续江南地域特色殊为可惜。

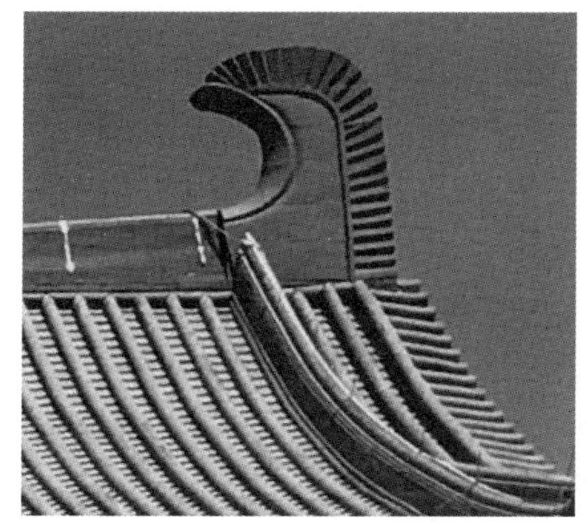

图 7-19　宁海广德寺大雄宝殿鸱尾

图 7-20　天津蓟县独乐寺山门鸱吻

① 张十庆.中国江南禅宗寺院建筑［M］.武汉:湖北教育出版社,2001:168-171.

综上所述，自南朝至隋唐，中国佛教建筑文化对日本产生过深远影响，尤其发展成熟的南宋禅宗佛教在很大程度上影响了日本中世佛教及其寺院建筑，无论伽蓝布局还是建筑细部，日本佛教建筑从空间到形式对当时中国南宋江南禅寺极尽移植摹仿，这一批宋风建筑经岁月淘洗至今尚有部分遗存，为中国学者认识江南禅寺及寺院复建、再建工程提供了十分重要的参照物。

杭州径山寺和宁海广德寺两项复建、再建工程在寺院空间布局尤其在建筑形式审美上对佛教文化和地域特色都做出了较好的回应，从中还可以看到文献和实物互证互补对于建筑设计中传承佛教建筑文化所起的作用。虽然用以参考的实物是日本镰仓、室町时期受中国影响产生的佛教建筑并非同时期建于东土本地但今天早已不存的建筑原物，但追溯建筑史，我们可以了解到这些日本做法实源于中国，源于当时的五山本身。它们曾经被日本僧人顶礼瞻拜，奉为圭臬，并记录在文字和图谱之中带往东瀛，成为那里禅宗寺院建造的摹本。在无法通过保存较少的中国古代佛教建筑鼎盛时期建筑遗存去考证其原型的现实情况下，“礼失而求诸野”未必不是一种可取的借鉴途径，即以整个亚洲佛教建筑的研究视野，通过参考日本建筑去追寻其背后的中国原型，在此基础上再现东土禅寺曾经的辉煌。

图片来源

图7-1：http://world.kbs.co.kr/special/unesco/contents/excellent/e12.htm?lang=c.

图7-2：傅熹年.中国古代建筑史：第二卷［M］. 北京：中国建筑工业出版社，2009:202、302.

图7-3：傅熹年.中国古代建筑史：第二卷［M］. 北京：中国建筑工业出版社，2009:235、260.

图7-4：太田博太郎.日本建筑史序说［M］. 路秉杰,包慕萍,译.上海:同济大学出版社，2016:P103.

图7-5～图7-7：梁思成.梁思成全集：第一卷［M］. 北京:中国建筑工业出版社,2001:241-242.

图7-8：作者自摄.

图7-9：广德寺方提供.

图7-10：作者自摄.

图7-11：张十庆.五山十刹图与南宋江南禅寺［M］. 南京:东南大学出版社,2000:45.

图7-12：https://zhuanlan.zhihu.com/p/393378570.

图7-13：https://www.mafengwo.cn/gonglve/ziyouxing/284312.html?cid=1010608.

图7-14：作者自摄.

图7-15：作者自摄.

图7-16：作者自摄.

图7-17：作者自摄.

图7-18：作者自摄.

图7-19：作者自摄.

图7-20：潘谷西.中国建筑史［M］.7版.北京：中国建筑工业出版社，2014.

中国石质建筑物对日本的影响

——以日本现存平安时代末期至镰仓时期中国系石质文物为例

佐藤亚圣（日本滋贺县立大学人文科学院）
张雅雯（译）（宁波市天一阁博物院）

近年来，随着石质文物研究视角及分析手法的多样化发展，石质文物研究在各个领域的影响力不断增强，其中也包括对围绕石质文物发生的不同地域之间交流的研究，例如通过对石材的观察和分析提出的一些模型。这种研究视点不局限于日本国内，也涉及与亚洲地区的国际交流。特别是以在中国生产后运输至日本的“中国系石质文物”为主要对象，学界围绕石质文物的造型、雕刻技术及石工的关系等方面展开了各种讨论。

以集中在九州的中国制石质文物为主要研究对象，学界有以中日交流为视角展开的研究［桃崎等（2011）、井形（2012）、高津等（2012）等］，也有通过中国对日本石质文物产生的直接或间接影响来揭示文化影响的研究［山川（2012）、丝绸之路学研究中心（2007）等］。前者主要围绕20世纪末以来相继发现并确认的中国制石质文物展开，是目前最受关注的领域之一。而后者则基于12世纪末宋人石工传入引起的中世纪石造物兴盛的历史学视角［西村（1943）、川胜（1955）等］。目前，由于资料上的差异，几乎看不到将两者有机整合的讨论。本文主要以镰仓时代为中心，以造型、技术、石工为主题，探讨中国石质文物及其所代表的石质建筑物文化是如何被引入日本，同时分析并讨论日本对该文化是如何应对的。

一、九州地区的外来石质文物及其影响

（一）萨摩塔与宋风石狮

围绕能够代表中日之间石质文物直接交流的外来石质文物，日本九州的研究者进行了资料收集及分析，基本可以确定这些是中国制造的石质文物。日本近年来研究进展显著的是有关萨摩塔的研究。

萨摩塔主要分布在日本九州地区，是一种造型特殊的石塔，现存可见全貌的均为基坛式结构，即在较高的台基上设置塔身的做法。塔身多为宝瓶形，设有四边形或多边形的屋顶。根据江上智惠的最新研究，目前已确认46例，并推测建造于13—14世纪。对其中若干萨摩塔进行观察及荧光射线分析后，鉴定其石材为中国浙江省宁波市梅园村开采

的梅园石。此外，日本长崎县田平町下寺观音堂也发现了由花岗岩制成的萨摩塔。

同时，在一些萨摩塔附近，也发现了配套存在的石狮。关于日本九州的宋风石狮，其所在地除了福冈县宗像市宗像大社、太宰府市观世音寺、篠栗町太祖神社之外，在福冈县久山町首罗山遗迹、长崎县平户市志志伎神社冲之宫、长崎县平户市田平町海寺遗迹等地，在与萨摩塔相邻或距离较近的范围内也发现了宋风石狮。另外，在九州南部的鹿儿岛县南九州市川边町板仓神社、南萨摩市益山八幡神社等地也发现了宋风石狮，这也与萨摩塔分布的地区重复。然而，与仅在九州地区被发现的萨摩塔不同，宋风石狮也在于冈山县赤磐市熊野神社、山口县长门市熊野权现社等地被发现，其石材也包含了石灰岩和砂岩。

这些萨摩塔和宋风石狮从石材和外观设计来看，基本可以确定是在中国雕刻制造的，但最大的问题是在中国未曾找到与之造型相同的石塔。有研究者指出，萨摩塔与浙江省丽水市万象山公园所在旧灵鹫寺塔等中国石塔具有一定的相似性，然而事实上也存在较多不同之处（见图8-1）。而目前在与梅园石产地相近的宁波市、舟山市、温州三门湾周边等地也未发现同样造型的石质文物。桃崎佑辅指出“萨摩塔被运至日本时或还是石材，有可能是由居住在博多、平户、坊津等地的中国人或华裔石工最终加工而成的”。必须要注意的是，川边虎御前供养塔及坊津一乘院塔等鹿儿岛县的萨摩塔和福冈县久山町首罗山遗迹塔、长崎县平户市安满岳塔等萨摩塔在造型上有很高的相似性，但很难确认他们之间的直接关联，这就成为一个未解的课题（见图8-2）。无论如何，萨摩塔在中国石塔的家谱中也是极其特殊的塔。

图 8-1　浙江省丽水市灵鹫寺塔概念图

图 8-2　福冈县首罗山遗迹塔（左）与鹿儿岛县南九州市虎御前供养塔（右）

围绕萨摩塔、宋风石狮子的故地，尽管其石材以宁波地区产出的梅园石为主，也不能断言所有的萨摩塔及宋风石狮都是用梅园石制作的。因此，笔者对从浙江省北部到广东省的沿岸地区进行了调查，对上述石质文物所使用的石材及采石场遗迹进行了确认。截至目前，并未在其他区域发现与宁波石材类似的石材。

这些在较大范围内被运输至日本的中小型石质建筑物，是谁因何种目的运输来的，目前有多种观点。井形进认为，萨摩塔形状上具有与神仙信仰相关的要素。此外志伎神社中宫附近的萨摩塔刻有“真高”字样的铭文，此铭文与日本相关性甚低，故笔者考虑其与中国相关的可能性较高，指出萨摩塔“与中国商人以及相关者的信仰有关”。另外，桃崎佑辅围绕萨摩塔所在地的历史环境，认为志志伎神社的七郎殿中，有伽蓝神的前身南宋航海神招宝七郎神的痕迹，指出“可能是吊唁了宋人海商及其亲属的菩提”。关于鹿儿岛县的萨摩塔，由于其分布与交易据点重叠，以及像芝原遗迹那样有着中国瓦的佛堂，因此可以推测，其与宋人或宋人相关的人有较深的关系。山口县熊野权现社石狮有中国浙江省温州的庆载在应永年间（1394—1429年）捐赠的口头传承，其附近的三隅八幡社所藏的应永三十四年（1427年）大般若经奥书上的“温州沙门庆载”的签名可以为证，可以视为运输至日本的石质文物和中国人的直接关系。

（二）其他形式的塔

除上述萨摩塔、宋风石狮以外，外来石质文物还有自古以来就广为人知的福冈县宗像市宗像大社阿弥陀经碑，以及近年来发现的鹿儿岛县南萨摩市上宫寺所在的荷叶形屋顶的石佛，福冈市箱崎惠光院层塔及石造十一面观音像，福冈市兴德寺开山塔，等等，各种类型的中小型宋代石质建筑物被运输至九州地区。

（三）输入石质文物对九州地区的影响

如上所述，九州存在着以萨摩塔这样的中小型石质文物为代表的各类石质文物，其背景是以海商为代表的中国人的信仰。这类石质文物本可能被模仿并有日本风格的变化，然而，事实上并未发现萨摩塔和宋风石狮的仿制品。这也是九州地区石质文物遗存的特征。

此外，在九州西部的一些石塔中，塔的各层均配置佛像，并装饰有屋瓦、昂、转角椽[佐贺县太良町观世音寺双塔、福冈县大川市风浪神社层塔、熊本县汤前町城泉寺层塔（见图8-3）、熊本县人吉市永国寺层塔等。川胜政太郎指出，这种手法多见于九州地区，而其他地区则几乎没有，推测应该是受到了中国的影响。笔者认为，“受到中国影响”是毋庸置疑的，但必须要就“影响”的范围和程度进行进一步讨论。例如，日本现存唯一的宋代多层佛塔——惠光院多层塔塔身虽然在佛像配置与造型方面与中国石塔酷似，但比例、椽子的有无等方面则差距较大（见图8-4）。将这些要素与中国的多层塔进行比较时，可以发现椽子造型并非中国塔普遍的扇形转角椽（将椽子配置成放射状的方法），而是日式建筑特征的平行转角椽。此外，在熊本县人吉市永国寺层塔上可以看到，在中国建筑中十分少见的錣屋顶（从大栋到屋檐之间有一段距离的屋顶）随处可见，日本木构建筑的要素很浓（见图8-5）。最重要的是，南宋时期中国石塔几乎都是六角形或八角形的，而在日本只有极少数多边形的。仅从这一点来看，中国石塔在多层塔方面的“影响”仅停留在“表现出以木造建筑为范本的丰富装饰性”的印象上。

图8-3　熊本县汤前町城泉寺多层塔

图8-4　福冈市惠光院多层塔

图8-5　熊本县永国寺多层塔的造型（右上可见日本风格的錣屋顶，右下为平行转角椽）

二、近畿地区宋人石工的活跃及发展

众所周知，近畿地区与九州地区不同，不存在大量的来自海外的石质文物遗存。作为为数不多的事例，只有东大寺南大门石狮和京都泉涌寺开山塔。从东大寺石狮的设计风格来看，除近代的文物以外，和萨摩塔一样没有被直接模仿（三重县伊贺市阿波神社有类似东大寺石狮的小型石建筑，但是年代等不明的地方很多，在此暂不做讨论）。

关于东大寺石狮，从《东大寺造立供养记》的记述中可以看出，其制作是从宋朝取来石材，由宋人石工在日本制作的。这些石工们对日本的石质建筑物产生了怎样的影响呢？根据冈本智子的研究，近畿地区宋人石工的活动有如下内容：①东大寺石坛、四天、石协侍；②伊贺新大佛寺的石坛；③大野寺磨崖佛；④二尊院空公行状碑；⑤春日大社若宫御前水垣。其中：①⑤无法从残存的资料中复原镰仓时期的样子，详细情况不明；②现在仍被保留，可以窥见宋代风格的设计，被定位为13世纪初期宋人石工的作品；③原本是笠置寺的弥勒磨崖佛，虽然现在还有残存，但不能从其设计中看出宋风要素。值得注意的是位于京都嵯峨二尊院的建长五年（1253年）的空公上人湛空的行状碑（见图8-6、图8-7）。行状碑铭文末尾刻有《大宋庆元府打石梁成觉刊》，明确出自宋人石工之手。然而，从初期宋人石工活跃的时代开始至建长五年已经过了相当长的时间。在堆砌整齐的石坛上设有一座四角雕刻有重瓣莲瓣的覆莲瓣底座，在其上放置行状碑，其造型乍一看好像是日式的东西，但由于基坛各侧面不是分割成形的，而是用一整块石材制造出来的，覆莲瓣底座和下面的基座是在一块石材上构造的，故这不能断言是日本化的。笔者也赞同这一观点，但梁成觉没有使用在中国常见的龟趺形的石碑基座，且用了相当不规则的方法制作日式的基坛，可以看出这位宋人石工接受了日方客户的意向制作了日本风格的石质建筑物[①]。

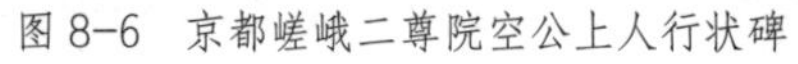

图 8-6　京都嵯峨二尊院空公上人行状碑

图 8-7　京都嵯峨二尊院空公上人行状碑（局部）

宋人石工建造的石塔或石雕，至伊贺新大佛寺基坛为止仍然采用完全的宋风设计。之后的石质建筑物中就不再坚持采用宋风设计，而是逐渐发展为日式的设计风格。兼康保明指出，第一代宋人石工伊行末也曾在延应二年（1240年）大藏寺多层塔中采用了日本的传统设计风格，这也可视为其中一个典型事例。

① 行状碑本体与基坛所用的石材虽然都是花岗岩，但其岩相不同，因此也有人认为基坛是之后补造的。

近畿地区的外来石质文物及宋人石工在设计风格方面对日本的影响停留在来日本后的初期，之后其生产就逐渐转移到了日本风格的石塔、石雕等石质建筑物上。

三、泉涌寺开山塔与重制无缝塔

从前文叙述可以看出镰仓时期被运输至日本的石质文物与日本原本的石质文物并无关联，宋人石工的宋风设计也只停留在其赴日初期。然而，也有与此稍有不同的继续以宋式风格为主进行设计或构造的案例——无缝塔就是其中之一。而在无缝塔中，最古老的无缝塔是泉涌寺开山塔。

泉涌寺是位于日本京都东山区的寺院，是真言宗泉涌寺派本山。开山不弃法师俊芿出生于肥后国府饱田郡，在观世音寺受戒，在国内修行后渡宋。在中国的临安（杭州）、明州（宁波）学习禅律天台13年，回国后创建泉涌寺。在杭州，径山万寿寺向蒙庵元聪学习杨岐派临济禅。

开山塔是俊芿的墓塔，现在被收藏在开山堂（见图8-8），是一座由塔身、请花、中台、竿、覆莲瓣底座、脚、云纹基坛组成的重制无缝塔。塔身有铭文“开山不可弃和尚塔”。竿上配置开花莲，基坛的云纹与东大寺石狮子的相似。其样式是中国无缝塔，石材却是带有红褐色的细粒凝灰岩，虽然与所谓的宁波系石材相似，但在塔身部分存在透镜状玻璃，这一点与之不同。

图 8-8　泉涌寺开山塔

虽然平安时代末期至镰仓时期被运至日本的石质文物对日本石塔等几乎没有影响且逐渐日本化，但无缝塔却略有不同。从日本泉涌寺开山塔之后的无缝塔的发展来看，弘安元年（1278年）去世的兰溪道隆墓塔镰仓建长寺开山塔、延庆二年（1309年）去世的南浦绍明（大应国师）分骨塔即太宰府市横岳崇福寺瑞云塔、于建武二年（1335年）去世的曾担任镰仓建长寺住持东福寺开山圆尔弁圆的弟子南山士云的墓塔，即京都市东福寺庄严院塔等，乍一看与泉涌寺和俊芿没有关联的僧侣的墓塔，却有着共同的形状。尽管莲瓣的形状和云纹的有无等细节设计更偏向日本风格，但13—14世纪的无缝塔除了大德寺开山塔等一部分单制塔以外，各地都能看到塔身和请花、中台、竿、覆莲瓣底座、脚等部分造型相同的重制塔。

这些重制无缝塔的共同之处在于，它们都是修临济禅的僧侣的墓塔。这也许与中国无缝塔的诞生与发展有关。中国无缝塔的诞生，可以追溯到明觉大师（980—1052年）为后学总结公案（开悟题集）的《雪窦显和尚颂古百则》第18则的记述。在唐代宗皇帝（762—779年）和病床上的慧忠国师的对话中出现了“无缝塔”，其形状成为了问题。该公案由圆悟克勤（1063—1135年）整理并注释为《佛果圆悟禅师碧严录》。圆悟克勤在临济宗中也是杨岐派的代表，其公案在杨岐派中流传下来。俊芿在杭州经山向蒙庵元聪禅师学习禅宗，而这个蒙庵元聪才是相当于杨岐派第七代的人物，因此俊芿关于无缝塔的知识被认为是在这里创建出来的。与泉涌寺开山塔最相似的无缝塔残缺件藏于浙江省宁波市天童寺，是高僧密庵咸杰的墓塔（见图8-9）。可见，这个密庵咸杰才是蒙庵元聪之师，其在杨岐派网络中酝酿出了中国无缝塔。日本的无缝塔中，与泉涌寺没有联系的无缝塔也有共同的形状，然后，这些无缝塔都是中国僧人或有中国留学经验的临济禅僧侣的墓塔。日本留学僧人大部分修杨岐派临济禅后回国，大概是把各自共同的中国无缝塔的信息带回了日本，设计了墓塔。此外，日本各地的无缝塔不是从俊芿塔传播而来的，而是根据同一文本在各地发生的。

图8-9　浙江省宁波市天童寺密庵咸杰墓塔

四、中国技术对采石及石材加工技术的影响

日本中世（即镰仓时代至战国时代，1192—1603年）曾出现过一个大量消费硬质石材、石质建筑物数量爆炸性增加的时期，这一时期与以东大寺复兴为契机的来自中国宁波的打楔法（注：将楔子打进孔中分割石材的技术）的传播有关。打楔法的传播可被定位为一次大的技术革新。在日本中世石质文物建筑文化史的视野下，这个定位至今仍毋庸置疑。然而，根据对中国采石场遗迹的调查结果，针对从中国传来的技术的具体内容有必要进行再讨论。具体的变更点是传入技术的规模。以中国浙江省为中心的地区主要利用凝灰岩，其基本技术是从露出部位切出石材，从上到下连续采集石材。因此，采石场形成了巨大的垂直墙，有些地方会形成地下式的开采坑。采石的基本技术是通过切槽挖出目的材轮廓，并将底部切割开的方法。由此，在开采定型素材后，在二次加工中首次使用打楔法，在这种情况下，打楔法应属于加工技术，是一种辅助技术。与这样的中国的石材加工技术相对，在日本，大规模采石场遗迹的形成是在近世以后，采集硬质石材是通过切割巨石来获得加工素材，打楔法既是采石的基本技术，也是加工的基本技术。也就是说，日本并未采用中国系技术体系中的采石技术，而是将中国的加工技术发

展成为了采石及加工的基本技术。这可以评价为，镰仓时期日本的采石、加工技术并不是系统地导入中国的采石、加工技术而形成的，而是只导入技术体系中的一部分而独自发展的，即所谓的加拉帕戈斯进化。在中国，分割小型石材时会使用小型的楔子，然而在日本即使分割小型石材也不用小型的楔子而是使用大型楔子。从这一点也可以看出，在中国的技术传入日本时会发生一些偏差。这是由于以宋人六郎为代表的东大寺复兴时期来日本的石工，不是伴随着采石的大规模集团，而是只具有加工技术的小规模集团。也就是说，对日本中世纪的石质建筑物文化产生创新影响的新技术的传入，不是大规模的技术体系的移植，而是少数专业工人的部分技术的移入。这或许也是前文所讨论的宋式设计风格未得到发展就被放弃的原因。

综上所述，本文主要以平安时代末期至镰仓时代的石质文物为例整理了中国石质建筑物、工匠及技术等对日本的影响。九州地区有以萨摩塔、宋风石狮为首的较多来自海外的石质文物遗存，它们大部分来源于中国浙江省宁波周边。然而，这些石质文物都是基于宋人的信仰而造的，尚未发现对日本的石质建筑物设计产生直接影响的痕迹。此外，对于一直以来被认为是受到中国多层塔影响的西九州的装饰性丰富的多层塔，其表现都是以日本木造建筑的设计为基础的，中国的影响停留在强调装饰性这一印象的导入上。这一点与本文没有提到的日本宝箧印塔的起源是中国福建省泉州附近的石造阿育王塔的形象导入是共通的。

同时，关于近畿地区石质建筑物历史上重要的事件——宋人石工的赴日，他们制作的宋风石塔等未能在日本产生更深远的影响，且宋人石工自己也制作了符合日本客户需求的日本风格的建筑物。此外，以往认为具有划时代意义的中国系技术的引进，尽管具有一定的划时代意义，但实际情况却是最大限度地利用了中国技术中的极少一部分技术。

日本平安时代末期至镰仓时代，宝箧印塔和无缝塔等新形式石塔诞生，硬质石材的大量使用及石质建筑物数量增加等无疑引起了巨大变化，同时中日贸易的繁盛和中国工匠渡日形成的文化交流及影响的大背景不会动摇。然而，就具体情况展开研究，则会发现其规模比以往想象的要小，接触到信息传播的日方的应对才是产生变革的最大原因。

这样的构图不仅限于石质文物，日本大佛样建筑的非连续性、对新和样建筑的吸收中体现出的建筑文化、局部引入宋式风格的佛教美术、在学习南宋教院礼仪的同时继续使用梵文悉昙体等各个方面的现象都具有一定的共通性，有必要进行综合讨论。

参考文献

[1]迹部直治. 无缝塔［C］//佛教考古学讲座. 日本: 雄山阁, 1970.

[2]井形进. 宋风狮子制作的时空[R]. 日本:九州历史资料馆, 2018.

[3]井形进. 筥崎宫周辺の中国渡来石造物—恵光院の作例を中心に［C］//九州歴史

資料館研究論集. 日本: 九州历史资料馆, 2019.

[4]江上智恵. 薩摩塔の編年についての考古学的考察—日本に伝わる大陸系石造物研究の一環として—［C］//論集　葬送・墓・石塔. 日本: 狭川真一さん還暦記念会, 2019.

[5]大木公彦. 日本における薩摩塔・碇石の石材と中国寧波産石材の岩石学的特徴に関する一考察［J］. Reports of the Faculty of Science. Kagoshima University, 2010(4).

[6]冈本智子. 寧波と宋風石造文化［M］. 日本, 2012.

[7]兼康保明. 宋人石工伊行末の再評価—鎌倉時代における花崗岩加工技術の革新をめぐって—［C］//日中交流の考古学. 日本: 同成社, 2007.

[8]川胜政太郎. 宋人石匠伊行末の作品［C］//史迹と美術. 日本: 史迹と美術同攷会, 1955.

[9]川胜政太郎. 日本石材工芸史［M］. 日本:綜芸舎, 1957.

[10]佐藤亚圣. 石塔の成立と拡散［C］//鎌倉時代の考古学. 日本: 高志书院, 2006.

[11]佐藤亚圣. 石材加工技術の交流［C］//寧波と宋風石造文化. 日本: 汲古书院, 2012.

[12]佐藤亚圣. 東アジアにおける石材利用技術の地域性と伝播・展開に関する基礎的研究[R]. 日本:平成26—28年度科学研究費補助金, 2017.

[13]佐藤亚圣. 中世採石・加工技術の諸相［C］//中世石工の考古学. 日本: 高志书院, 2019.

[14]高津孝. 謎の石塔“薩摩塔”［C］//順風往来　薩摩をめぐる東アジア海域交流史. 日本: 南さつま市坊津歴史資料センター, 2010.

[15]高津孝. 薩摩塔研究（続）—その現状と問題点—［J］. 鹿大史学, 2012(59).

[16]桥口亘. 大応国師供養塔（福岡市興徳寺）四天王像彫出部材の発見と薩摩塔［J］. 南日本文化財研究, 2011(12).

[17]桥口亘. 南さつま市加世田益山の八幡神社現存の宋風獅子—中世万之瀬川下流域にもたらされた中国系石獅子—［J］. 南日本文化财研究, 2013(18).

[18]桥口亘. 南九州市川辺町宮の板倉神社現存の宋風獅子［J］. 南日本文化财研究, 2013(19).

[19]桥口亘等. 南さつま市金峰町宮崎字持躰松の上宮寺跡の中国製石仏（1）—万之瀬川下流域の上宮寺跡で発見された宋風石仏と周辺の宗教遺物・遺構—［J］. 南日本文化财研究, 2015(25).

[20]西谷功. 泉涌寺と南宋仏教の人的交流［J］. 禅学研究, 2013(91).

[21]西村貞. 奈良的石佛［M］. 日本:全国书房, 1943.

[22]桃崎佑辅. 九州発見中国製石塔の基礎的研究—所謂「薩摩塔」と「梅園石」製石塔について-［J］. 福冈大学考古资料集成, 2011(4).

[23]桃崎佑辅. 风浪神社五重层塔［M］. 日本:吉川弘文馆, 2012.

[24]山川均. 寧波と宋風石造文化［M］. 日本:汲古书院, 2012.

[25]闫爱宾. 11—14世纪泉州石建筑发展成就概论［C］//第五届中国建筑史学国际研讨会论文集. 第五届中国建筑史学国际研讨会, 2010.

[26]郭黛姮. 南宋建筑史［M］. 上海:上海古籍出版社, 2014.

日本发现宁波石造物遗存与宋日贸易关系小考

张雅雯（宁波市天一阁博物院）

一、研究背景

2016年，宁波市保国寺古建筑博物馆曾对保国寺建筑用材进行了探究，通过文献查证、调查记录、采样分析等方式，认定保国寺现有文物建筑的石材绝大部分为梅园石。该研究首次提出了狭义梅园石及广义梅园石的概念，将产于宁波梅锡、梅溪两地的石材定义为狭义梅园石，将鄞江镇地区所产石材定义为广义梅园石，并指出该石材作为古代宁波地域特有的一种建筑材料被广泛应用。同时，日本学者也在近20年间陆续提出了位于奈良东大寺的一对石狮[①]及位于九州部分地区的石塔、碇石等系宁波产石材所造。其中，鹿儿岛大学综合研究博物馆的大木公彦等人先后数次对九州部分石塔及碇石进行了取样，并与取自宁波鄞州区梅园乡梅锡村华兴宕的梅园石、宁波它山庙附近的小溪石从岩石学角度进行了对比分析，指出部分萨摩塔所用石材与梅园石一致，部分碇石所用石材与小溪石一致[②]。

日本对宁波石材的研究目前主要围绕梅园石石造物遗存展开，从研究对象上可以分为两部分。一是围绕奈良东大寺石狮子的雕造者及原材料：1998年，村上博优提出了奈良东大寺石狮子的石材系宁波产梅园石的可能性；中日石造物研究会的服部仁、落合清茂、吉田久昭等均于2008年指出了梅园石与东大寺石狮子的类似性；2010年中日石造物研究会的报告指出对东大寺石狮子有非常高的可能性为梅园石所造，该报告还指出，这两座石狮子是在宁波地区雕刻了半成品后，运输至日本进行细部刻画的。二是围绕九州地区的萨摩塔、碇石：以日本鹿儿岛大学综合研究博物馆的大木公彦、高津孝为代表的学者先后多次发表有关萨摩塔石材及碇石石材的论文。2009—2013年，有学者通过偏光显微镜观察、X射线分析显微镜对元素进行分析，对矿物组成、岩石学分析等手段先后

① 中日石造物研究会.石造物を通じて見た寧波と日本[R].日本:中日石造物研究会，2010。

② 大木公彦,古澤明,高津孝,等.日本における薩摩塔・碇石の石材と中国寧波產石材の岩石学的特徴に関する一考察[J].鹿児島大学理学部紀要,2010(43):1-15。

确认了坊津萨摩塔、冲津宫萨摩塔、宇美町萨摩塔、水元神社宋风石狮与梅园石一致，而位于鹿儿岛县的两处碇石遗存则与之略有不同，与小溪石样本呈现相近的物理特征。另外，高津孝等人针对日本现存碇石的产地及石材进行了调查，指出日本目前所发现的约70件碇石遗存中，可以确定有19件为浙江石材。

两宋至元初期，宁波与九州博多之间的航线为当时海上交通的主要航线，同时宁波至濑户内海的大轮田泊（今神户）、日本海沿岸的越前敦贺地区等亦有海运路线。此外，两宋时期日本有不少寺院的建造与宋人工匠、宋僧有深厚的渊源，亦有不少寺院的高僧曾留学中国。在这样的背景下，除东大寺重建时特别购买的梅园石，为何其余宁波产石材的石造物仅出现在九州？笔者认为，目前对宁波产石材的分布调查尚不完整。下文将石材放置于海上丝绸之路的语境中，梳理其在相应历史文化背景下所具备的属性，以解读石质文物留下的历史信息，为进一步进行宁波石造物的分布调查提供线索。

二、宁波石造物遗存在日本的分布与宋日贸易的关系考

目前，日本学者判断为“浙东石材”的石造物主要包括以下几类：宋风石狮，萨摩塔，碇石，阿弥陀经石与唐石。这些“浙东石材”中大部分都被判断为梅园石，少数碇石被判断为小溪石。这些石造物遗存中，东大寺南大门石狮子有明确的历史文本记载，系东大寺重修时“高价购入”，其余皆未发现明确的文本记载。现藏于福冈县宗像市宗像大社边津宫神宝馆的一块阿弥陀经石上刻有“大宋□年”及“承久二年”（1220年）的字样，而长崎县平户市发现的一尊萨摩塔上则刻有“元□三□□八月”，推定为日本年号元亨三年即1323年，根据雕刻风化的实际情况，不能排除该铭文为后刻的可能性，即萨摩塔从浙江发往日本的实际时间可能会更早。另外，有日本学者认为，从萨摩塔的造型来看不像是日本信仰者在宗教活动中建造的塔，而从材质上看，又几乎都是与九州地区石材不同的梅园石，结合宋日间贸易的历史背景来看，这些塔随宋商船只带去日本的可能性是非常高的。

两宋期间何人在明州（庆元）至日本的航线上活动呢？一是宋商，二是前往明州求佛的日本僧人，三是与宗教建筑有所关联的工匠，四是至日本传播佛法的宋僧。其中，也有像陈和卿这样兼具工匠与商人双重身份的人。值得注意的是，无论哪种人，都只可能通过商贸线路，搭乘商船往返于中日之间。宋僧或日僧在往来中日间所携带的物品的记录是相对翔实的，多为经书、佛珠、佛舍利或造像等，如果萨摩塔、宋风石狮是随僧人而来的，想必不难发现相关的记录。同理，宋人工匠如使用渡海而来的石材建造寺院或其他建筑，从史料或现存的遗迹、遗址中也应有所发现，然而除了东大寺保留的相关资料外，目前也没有发现其他与石料有关的记录。虽然商贸记录中亦没有出现石料、石塔的踪影，但能够实现将物品带至他国却不留下文本记录的，也只有商人这一群体。

宋商在日本进行贸易的形式可以分为两个阶段：一是“封闭贸易”，即宋商到达日

本，经过一定的流程通过审核后居住在相对封闭的旅店中，如鸿胪馆、松原客馆及其他文献中未明确注明名称的旅馆，在日本官方进行干预的条件下进行贸易。1987年日本福冈市发现了鸿胪馆遗址，出土了基石、瓦以及大量的中国陶瓷。二是"住番贸易"，即宋商走出了规定的旅馆，在港口城市附近开始了相对自由的贸易活动，他们建立了自己的住房即"唐房"，定居日本并逐渐与日本人混居。

宁波博物馆藏有三块石碑，记载了乾道三年（1167年）三位居住在博多的宋商捐钱的史实，石碑上有关捐赠者的署名是这样写的："日本国太宰府博多津居住弟子丁渊""日本国太宰府居住弟子张宁"和"日本国孝男张公意建州普城县寄日"。丁渊与张宁使用了"居住"一词，而张公意使用了"寄"，可见当时他们已经有定居在日本与暂时居住的区别。《散木奇歌集》中记载有大宰权帅源经信所写的"博多にはべりける唐人どもあまたまうで来てとぶらひける"，《朝野群载》中记录了天仁三年（1110年）宋商李侁因家中遭盗窃，请求大宰府尽快破案的书信。这些史料都证明了从北宋末期起，宋商已经开始在日本定居。这种贸易形式与过去居住在官方指定宾馆，通过官方安排进行贸易的方式不同，宋商修建自己的房屋并和日本人混居、通婚，逐渐有宋人归化，加入日本国籍，这意味着宋人在日本的活动拥有了较前一时期更大的自由度。此外，唐房不只存在于博多津，唐人街形成后，逐渐在当地成为固有的地名"唐房"，这样的"唐房"在九州地区分布就有十数处。

如果在封闭贸易阶段，宋商将石材带入日本并像修建东大寺石狮的石材一般发生经济交换，或将石材从船底搬出留在日本，都应留下相应的记录。因此可以推测，这些石材有可能是在住番贸易时期被带入日本的：一是石材本身因其特殊的功能属性而被忽略了作为产品参与经济活动的可能，二是未参与过经济活动。

碇石的存在证明了石材曾作为航海的工具出现在宋日之间的航道上，这样的"工具"使石材避开了作为商品的文本记录。而萨摩塔也同样具有充当压舱石的可能性。在现有的文献记录中，两宋时期中国向日本输出的物品有陶瓷、丝绸、中药、佛教用品等，而日本向中国输出的物品则是黄金、水银、硫磺、木材。众所周知，船只航海需要一定的重量来确保船只的稳定，而中日之间贸易物品的重量与体积差是显而易见的。因此我们可以推测，石材在明州（庆元）上船，到达日本后，因返航时所载商品的体积与重量发生了较大变化，石材或用石材雕造的物品被留在了登陆港口的附近。

在日本九州川边郡分布有萨摩塔的遗迹，同时这一区域也是日本重要的硫磺产地。此外，在该区域的硫磺岛出土了宋代陶瓷器。陶瓷器或可能从九州北部的港口输入后搬运至此，但萨摩塔的存在提高了"船只直接到达硫磺岛附近进行交易"的可能性。史料记载了日僧无关玄悟从明州回日本时，在萨摩河野部停留了两年的历史。不难推想，他回日本时所乘的宋商船只很有可能在载着陶瓷等商品的同时，在船底还载着石头，从明州直接航至萨摩，卸下货物及石材又载着硫磺返航回中国的航路。

我们可以将目前发现的萨摩塔遗存与确定有宋人活动的场所进行梳理（见表9-1）。

表9-1　萨摩塔、碇石遗存与宋人在日活动的梳理

区域	历史文本中的港口或登陆点	萨摩塔遗存（现址）	碇石遗存（现址）	与宋人相关的遗址或记载	其他信息
福冈	博多	博多区明光寺；博多区马头观音堂；久山町首罗山遗迹；宇美町个人住宅；东区志贺岛火炎塚；城南区茶山；西区兴德寺大应国师供养塔（部分）；太宰府市个人住宅等	栉田神社；承天寺；圣福寺；美野岛；莒崎宫；太宰府天满宫；菅公历史馆	鸿胪馆遗址；博多唐房遗址；《武备志》记载有箱崎大唐街，箱崎出土有中式瓦；博多西区的“当方”区的出土瓷器等表明此处曾有唐房	兴德寺的大应国师为渡宋僧，除供养塔外，寺内还有其他可能是梅园石的遗存
长崎	肥前	平户市志志伎神社冲之宫；平户市志志伎神社中宫；平户市自由比卖神社；平户市馆山是兴寺迹等	平户市役所前	据历史文献此处曾有唐房或唐（宋）人居住地①	
佐贺	肥前	武雄市黑发山西光密寺；多久市妙觉寺；神埼郡背振山灵仙寺迹出土等	唐津神集岛住吉神社；唐津市大字加部岛田岛神社		
山口	暂无	暂无	萩市大井马场下荒人神社	重源送周防国之木料建明州育王山舍利殿②	
鹿儿岛	暂无	坊津历史资料中心辉津馆；南九州市川边町水原神社；南九州市沢家墓地等	奄美市肥后宅	南萨摩加世田市持躰松遗迹；该区域有唐房地名	萨摩硫磺岛出土有宋时期的中国陶瓷
福井	越前敦贺	暂无	暂无	松原客馆；据文献推测此处有宋人定居③	
兵库	大轮田泊	暂无	暂无	福原之别庄	

通过表9-1可以发现，萨摩塔或碇石遗存几乎都与港口、唐房或宋人的其他活动有关。现有的历史文献记载了明州（庆元）至筑前之博多、志贺岛、肥前之平户、肥前国松浦郡柏岛、越前敦贺、大轮田泊的通航历史，而提及萨摩、周防的文献资料是相对稀少的。然而，在九州南部的萨摩半岛，既有明确是梅园石所造的萨摩塔之遗存，也发现了碇石遗存，并且与“唐房”同音的地名“东方”或“当房”在萨摩半岛就有三处。地名存在有难以断定年代的问题，而出土瓷器等亦有可能是从九州北部的博多输入后搬运而来，但对于萨摩塔这样的石质文物，其移动和搬运显然是较为困难的。因此，萨摩塔的遗存正能够作为文献记载的补充，不难想象，明州出航的船只载着梅园石直接到达萨

① 服部英雄．日宋貿易の実態：「諸國」来着の異客たちと、チャイナタウン「唐房」[J]．東アジアと日本：交流と変容, 2005(2):33-64.

② 塙保己一．东大寺造立供养记[M].东京:续群书类从完成会, 1960.

③ 赵莹波．宋日贸易研究:以在日宋商为中心[D]．南京:南京大学, 2012.

摩半岛的航线是存在的。2009年日本山川出版社出版的日本史书籍插图[①]中描绘了11—12世纪明州（庆元）—萨摩坊津的航路，印证了这一推论。同样，周防国也发现有梅园石造的碇石遗存，那么是否可以推测，商船曾直接穿过关门海峡到达周防国一带搭载木材运至宁波呢？

萨摩塔等遗存可以作为历史文本记录之外的补充物证，完善对两宋时期在日宋人活动绘卷的描画，而反过来从有宋人活动之处如神户、敦贺等地，是否也应有未被发现的石质建筑遗存？

宋僧及宋人工匠到达日本后，尤其以在镰仓地区活动最为丰富，但日本中世政治中心镰仓所在的神奈川现存的中世石造物据说有数十万基，基本可概括为宝箧印塔、五轮塔、层塔、宝塔、板碑、无缝塔、石佛、石灯笼等种类，未见一基与萨摩塔相似的塔，其所用石材也多为神奈川县内所产的伊豆石、镰仓石，或通过本州岛内河流运输的附近的埼玉县、茨城县等地区所产的石材，未见有发现梅园石或类似梅园石的报告。虽然有数处石造物为宋人石工伊行末及其后人形成的大藏氏工匠做造，但奈良石狮子之后，明州人伊行末恐怕就没有使用明州石材梅园石进行雕刻了。究其原因：一是专门购置梅园石的价格过高；二是要将石材运往镰仓所需的交通成本过高；三是本土的石材能够满足人们宗教生活进行造像、雕刻等活动的需求；四是经过几代延续后，失去了对梅园石的需求。而九州地区出现的梅园石除了萨摩塔外，还有经石、石狮子、四天王造像等其他内容，除了九州便于运输之外，也暗示着这里曾有人对梅园石或梅园石雕造物有所需求。

我们知道宋商在定居日本之后多与日本人通婚，亦不乏归化者，不难想象久居客乡的浙江商人有着用浙江所产的石材进行祖先供养等宗教活动的意愿。这样的石材无须经过备案，只做压舱石之便就可以入手，即使在往来商船返航时卸下石材，因前文提及的搭载较重的货品也不会影响船只的稳定性。虽然因为历史文本和雕造物本身铭文的缺失、同类石塔在中日两国的鲜见导致我们无法确定萨摩塔的信仰主体，但可以推想，除了陈佛寿、伊行末这样留下了足迹的宁波工匠，应该还有不少宁波籍商人作为最早的“在日华侨”移居日本。这些石塔或为商人自用所带，或提供给已经定居在九州的宋人使用，可以由此推测宁波地区两宋时期或曾流行过萨摩塔形式的供养塔。

综上所述，日本现存的两宋时期的宁波石造物遗存与该时期宋日贸易有着密切的联系，一方面，石造物遗存的分布佐证了宋商到达日本并在日本定居的历史，是对历史文本记录的补充，我们可以推测萨摩半岛也曾有宋商的足迹。另一方面，从石造物遗存的分布上，我们也可以期待在敦贺、神户等有过宋人活动的区域有新的发现。同理，宋丽贸易关系中，也不乏宋人定居高丽的历史记录，那么在济州岛存在梅园石石造物遗存也是有可能的。

---

① 五味文彦,鸟海靖.もういちど読む山川日本史[M].东京:山川出版社,2009.

四、总结及展望

宁波产石材在海上丝绸之路背景下具备三种社会文化属性：一是工具属性，即在人们航海活动中作为压舱石稳定船身、作为碇石用于停泊船只的功能属性；二是商品属性，一方面东大寺石狮子的存在证明了石材曾作为商品的历史，另一方面石材本身的特征决定了其能够作为商品进行经济交换活动；三是艺术文化属性，石材被雕刻为具有宗教意义的石塔或石狮并被保留至今，已成为中日交流史背景下重要的文化遗产，无论在当时还是从今日历史文化研究的角度，都具备着艺术文化的属性特征。宁波是两宋时期中日之间最主要的港口之一，这一背景决定了宁波产石材具备同样的社会文化属性。三种石材均有可能作为工具、商品、通过匠人之手成为载有艺术信息的遗存的可能性，而事实上目前在日本已经发现了梅园石和小溪石，或还有未发现、未判断材质的石造物遗存等待人们分析与解读。

从三种属性的角度出发，将日本发现的中国两宋时期使用宁波产石材雕造的石造物遗存与已知的历史背景相结合，不难发现这些遗存的分布与宋商经由海上丝绸之路在日本的活动范围有着密切的关联。石造物遗存与历史文本相互印证，互相补充，一方面可以探索宁波至萨摩半岛这一航线存在的文本证据，另一方面可以期待日本的敦贺、大轮田泊及韩国济州岛等地区石造物遗存的考古调查。

总之，石质文物遗存对于中日交流史、海上丝绸之路研究的意义是不言而喻的。进一步调查宁波石材在东亚范围，特别是宁波作为始发点的海上丝绸之路范围内的石造物遗存，确认石造物遗存的石材、厘清石造物遗存在世界范围内的分布，可以为海上丝绸之路这一大命题提供重要且稀少的基础性研究资料。同时，如何加强国际交流，对千年前就渡海出国的历史文物进行保护和研究，也是一个亟待探索的课题。

参考文献

[1] 中日石造物研究会.石造物を通じて見た寧波と日本[R].日本:中日石造物研究会,2010.

[2] 大木公彦,古澤明,高津孝,等.日本における薩摩塔・碇石の石材と中国寧波産石材の岩石学的特徴に関する一考察［J］.鹿児島大学理学部紀要,2010(43):1－15.

[3] 服部英雄.日宋貿易の実態：「諸國」来着の異客たちと、チャイナタウン「唐房」［J］.東アジアと日本：交流と変容,2005－02:33－64.

[4] 塙保己一.东大寺造立供养记［M］.东京:续群书类从完成会,1960.

[5] 赵莹波.宋日贸易研究:以在日宋商为中心[D].南京:南京大学,2012.

[6] 五味文彦,鸟海靖.もういちど読む山川日本史［M］.东京:山川出版社,2009.

[7] 木宫泰彦.中日交通史［M］.陈捷,译.太原:山西人民出版社,2015.

叁

建筑遗产保护

砂岩表层预防性干预之维稳技术初探

戴仕炳（上海市同济大学建筑与城市规划学院）
陈卉丽（重庆市大足石刻研究院）
冯太彬（重庆市大足石刻研究院）
伍　洋（上海市同济大学建筑与城市规划学院）
陆　地（上海市同济大学建筑与城市规划学院）

一、引言

石窟寺是指开凿于山崖上的洞窟式寺庙院落，包括石窟洞穴、摩崖造像及与之配套的各类构筑物等，是赋存于天然地质体的建成文化遗产。与其他露天石质建筑物、石雕碑刻等相比，石窟寺石质文物在材料选择、赋存条件及环境调控等方面存在明显区别①。研究表明，我国超过80%的石窟寺所处的地质体属于沉积岩类砂岩或杂砂岩上，因此如何保护砂岩成为石窟寺类文物保护研究的焦点之一。与其他类型石材相比，砂岩多孔，抗侵蚀能力较弱。观测结果显示大量的砂岩石窟寺文物，包括采用灰泥修复的彩绘层，劣化严重，特别是近代风化加速②（见图10-1、图10-2），亟需采用有效措施延缓风化。

最近十余年来，多个国家级重大研发项目围绕砂岩破坏机理及保护材料与工艺展开，并取得了一系列成果，基本明确了不同环境条件下砂岩文物劣化的主要因素，重点探究了砂岩石窟内部水汽运移特征，对砂岩石窟文物微生物病害的防治开展了专项调研，开发了一系列解决砂岩文物风化的保护材料与工艺技术。

这些成果与石窟寺砂岩文物保护实践的现实需求仍存在一定的差距，尤其缺乏对为什么要保护的理论总结。此外，鉴于石窟寺所处的特殊地质环境以及我国特殊的文物保护管理机制、文物保护人才结构，国际上相对成熟的有关砂岩保护的成果，即使经过局部验证，也难以在国内直接应用。

因此，梳理、评估我国以往已经开展的保护工作，统一相关术语描述，总结各项保护措施之间的关联性，开发满足当前文物保护管理需求、适宜不同气候环境下石窟寺砂

---

① 李宏松.不可移动石质文物保护工程勘察技术概论［M］. 北京：文物出版社，2020.

② 汤永净,夏昶,黄宏伟,等. 基于图片信息的“同济”石刻风化速率分析［J］. 结构工程师, 2020,36(4): 39-45.

岩保护技术，有助于理解我国的文物保护理念与工程实践的得失，提高我国文物保护的理论水平。

图 10-1　大足石刻护法神龛砂岩质文物 24 年间发生的变化（图片来源：G.Struebel、戴仕炳）

图 10-2　大足石刻石胎彩绘泥塑 24 年间发生的变化（图片来源：G.Struebel、戴仕炳）

二、从防风化到维稳

（一）风化、劣化及防风化

从地质学、矿物学角度来看，岩石风化作用（weathering）是地壳表层岩石的一种自然破坏作用，描述在以百万年计数的地质年代时间尺度范围内，地壳表层岩体经造山运动隆起成山，尔后遭受太阳辐射、大气、水和生物等作用，出现浅则数十厘米，深则几米至几百米的破碎、疏松及矿物成分次生变化的现象。自然形成的山崖经过长时间的风化剥蚀应力释放，本处于相对平衡状态，但在石窟寺沿山崖等建造后，地质体原有的平衡被打破，造像及崖壁等要达到新的平衡，就会发生新的风化（见图10-3）。岩石风化作为一种从不稳定状态到稳定状态的自然过程，是无法预防或者阻止的。

图 10-3　云冈杂砂岩质雕刻地质风化出现的表层劣化症状。
平行雕像表层的剥离是导致艺术价值受损的主要病状（图片来源：戴仕炳，摄于 2018 年）

劣化（deterioration）是材料学常用术语，在石质文物保护领域表示文物岩石材料在各种外界因素作用（自然、人为）下发生物理、化学、力学等性质衰变，如强度降低、孔隙率增加、矿物化学组成改变等，伴随着文物价值的损失。相比于风化，劣化描述的是千百年时间尺度内岩石表层毫米至厘米范围内的变化。

当岩石的劣化发展到影响文物安全及艺术价值时，出现诸如缺损、开裂、分层、变色等各类病状，则称作病害。为保护其价值，延缓劣化，需要对文物本体石材进行适度干预。这种干预在过去被理解成“防风化（anti-weathering）”。

目前，尚没有对防风化的起源进行过理性的考证。在实际操作中，过去曾经采用的对本体进行干预的防风化措施主要有两种。

第一种是增加表面（或表层）强度。所采用的材料大部分在实验室可以达到理想效果，但是现场实施数年后发现，采用的增强处理后表层强度常常过高，渗透深度不足（常常局限在表面或深入内部数毫米内）或者导致不平缓的强度剖面，固化后砂岩出现起壳或新的开裂。合适的强度增加、深及未风化部位、固化后形成平缓的强度剖面是稳定已经发生严重劣化砂岩的三个核心指标。

第二种防风化措施是采用有机材料（如硅氧烷、有机氟等）处理砂岩使其的吸水性降低。涂刷憎水剂在今天仍然是建筑外饰面防雨水的措施之一，但在石窟寺等文物岩石表面进行憎水处理，将会由外向内改变岩石的吸水性能，同时阻碍岩体内部液态水向外扩散，导致岩石本体不均匀的干湿变形并引发水溶盐在干湿交界处的不合理聚集，使得经过防风化处理后的砂岩从处理与未处理的界面之间发生成片脱落①②③（见图10-4）。

图 10-4　约在 20 世纪末采用防风化处理的石窟砂岩，仍然不吸水（左），防风化处理的表层脱落后砂岩呈现吸水特性（图片来源：戴仕炳，摄于 2022 年）

基于此，我们需要对过去采用的术语、措施等进行理性反思，慎重使用“防风化”的概念。无论于人抑或文物，追求永生长存自然后患无穷。但需要强调的是，不采用防风化的概念并不代表不进行干预。国内外大量案例表明，对失稳的石质文物采取适度的干预措施，可改善其劣化状态。

（二）病状分类

病状（deterioration patterns）是指各种病害因子长期作用于砂岩表面（层）使材料发生强度、质感、形状、色差等变化的状态。病害（damaging diseases）是对文物的安全及价值等有负面影响的病状。尽管国际古迹遗址理事会石质学术委员会（ICOMOS-ISCS）对石材病状的分类是基于建筑构件为主的石材表现的特性进行的，但是对于我们理解石窟寺砂岩文物的病状，制定保护策略仍有帮助。石材经风化后出现的病状大致可以分成五大类：①垂直表面的开裂；②平行表面的变形如空鼓、起皮等；③材料缺失

---

① 刘强，张秉坚，龙梅. 石质文物表面憎水性化学保护的副作用研究[J]. 文物保护考古科学，2006(2):1-7.

② 戴仕炳,王金华,居发玲,等.砂岩类文物本体保护修复的几个核心技术问题的思考：基于重庆地区两个砂岩类文物保后跟踪的初步成果［J］. 大足学刊, 2020, 0: 316-325.

③ AURAS M.石质文化遗产监测技术导则［M］. 戴仕炳, 译. 上海: 同济大学出版社, 2020.

如粉化等；④变色、泛碱及涂料粉尘等覆盖；⑤微生物附生。如果考虑到后期的干预，则存在第六类病状，即不当修补等，如水泥砂浆、环氧树脂等。某些病状，如变色不一定是属于病害，需要具体问题具体分析。病状、劣化等术语的标准化一直是重要的研究课题[①]。

（三）失稳与维稳

失稳是指砂岩劣化导致文物表层的完整性或价值发生严重受损的状态。前述的六大病状都可能导致砂岩文物失稳。

为使砂岩文物的劣化得到延缓，需要对本体采取可再处理的干预措施，这些措施可以归纳为“维稳”。维稳，是基于最小干预原则，即采取诸如浸渍深层固化等措施使砂岩表层病状得到缓解、提高文物安全性、为未来修复等提供保障的系统技术手段。“维稳”是预防性保护的一部分。

三、砂岩表层维稳需要采取的技术措施及技术指标

基于无法改变石窟寺砂岩赋存的宏观和微观环境前提下的维稳等科学、有效的干预治理的技术措施，包括如下六点：①垂直表层开裂的加固粘结。由于这些开裂是透水、透气通道，加固后的原开裂面也应该保持作为透气通道，因此，加固开裂采用的材料除了在潮湿界面上有粘结强度外，更需要具有吸水性和透气性。理想状态下其吸水性能和透气性能应高于劣化的砂岩。②表层粉化渗透固化，渗透固化需要达到未风化的部位（见图10-5）。③起皮、起壳等粘结加固[②]（见图10-6）。加固后的砂岩表面湿润性能不应该被改变，表层透气性，包括毛细活动性，必须得到保障。④控制微生物生长。⑤降低水溶盐含量，特别是随温湿度变化而发生相变或者易吸湿的水溶盐的含量需要降低。⑥嵌边及局部修补（见图10-7）。限于篇幅，下文仅对浸渍渗透固化增强和局部修复工法作以说明。

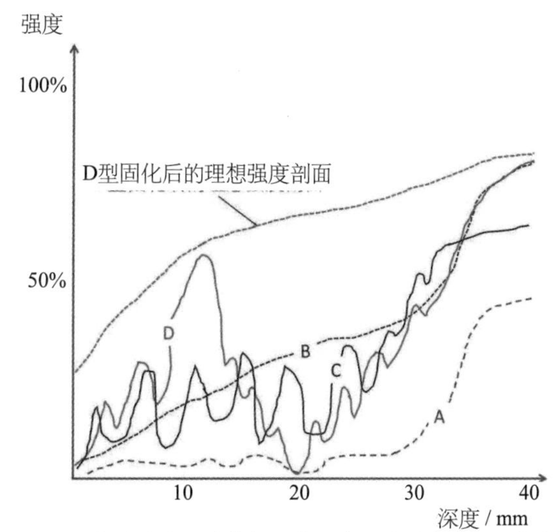

图 10-5 大足砂岩 4 种表层强度示意图（图片来源：戴仕炳）

① AURAS M.石质文化遗产监测技术导则［M］.戴仕炳，译.上海：同济大学出版社，2020.

② WHITRAP，戴仕炳. 文化遗产保护技术（第一辑）：石灰与文化遗产保护［M］. 上海：同济大学出版社，2021.

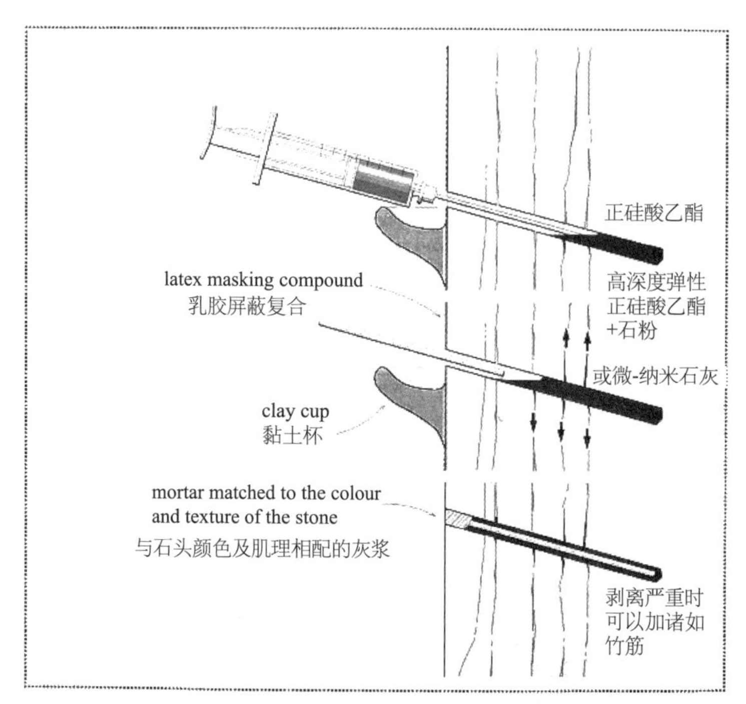

图 10-6 表层起皮石材的注射固化法（图片来源[①]，戴仕炳补充）

注：开裂部位的修补一方面增加劣化岩石的稳定性，另一方面为后续注浆，特别是低黏度的（弹性）正硅酸乙酯、微纳米石灰等注浆提供一个密闭的空间。作为维稳的技术手段，修补等宜可识别。

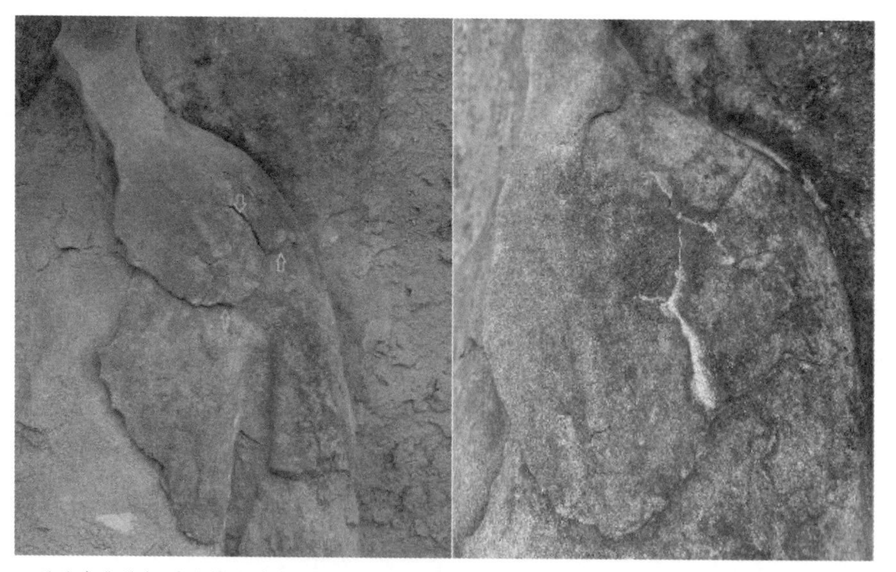

图 10-7 严重劣化的钙质胶结的砂岩表层失稳块体的边部及表面开裂需要采用石灰基等材料填补，修补部位具有可识别性（左：修补前，右：黏结修补后，图片来源：戴仕炳）

① WHITRAP，戴仕炳. 文化遗产保护技术（第一辑）：石灰与文化遗产保护［M］. 上海: 同济大学出版社,2021.

渗透增强的硬性指标是指增强剂必须能够渗透到未发生严重风化的砂岩深部，而且固化后的强度梯度平缓①，更不应在表面形成强度过高的壳。以大足石刻为例，结合20世纪90年代到2022年不同检测方法得到的研究数据可知，大足砂岩表层劣化深度达到10~40 mm，劣化剖面类型至少有4种（从表到内）。要稳定此类砂岩，要求渗透固化材料的渗透深度大于20~40 mm。其中图10-5的A和B型表层劣化可以采用淋涂不同浓度、不同粘结强度的正硅酸乙酯的方法得到固化，而图10-5的B、C型表层产生的壳、起皮则需要采用淋涂加注射的方法（见图10-6）达到稳定。

四、维稳材料的选择

（一）选择依据

“维稳”采用什么类型的材料取决于石材的类型及风化机理。第一，应该遵循“缺什么补什么”的原则或方向。钙质胶结的砂岩（见图10-8）如发生钙流失导致劣化，理论上应采取钙质固化剂固化，退而求其次为硅类固化剂。第二，取决于要达到的目标。如表面渗透固化材料必须能够达到风化导致的明显劣化的深度。此类渗透固化不具有可逆性，实施时如果达不到理想的渗透深度，则宁愿放弃或暂缓。第三是可再处置性，也就是说，如果没有达到理想的效果或者新加入的材料未来发生老化，仍然可以采用类似的材料或兼容的新材料处置。第四，已经在历史上（包括国际上）使用20~30年以上并证明有效，其副作用已经通过“试错”而知晓。

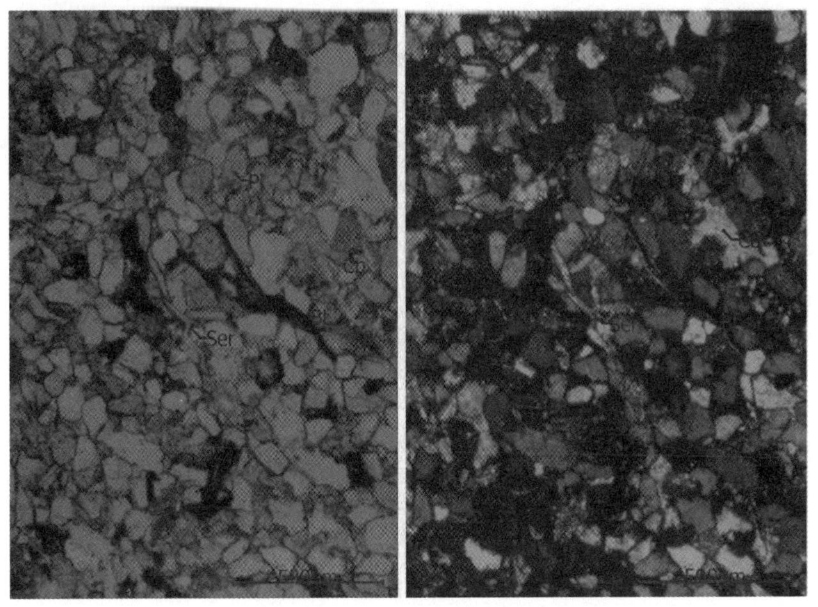

图 10-8　大足石刻的主要砂岩类型为钙质胶结的长石石英砂岩
（样品来源：图 12；图片来源：戴仕炳）（Cb：方解石；Ser= 绢云母；Pl= 长石；Bt= 黑云母）

① AURAS M.石质文化遗产监测技术导则［M］. 戴仕炳, 译. 上海: 同济大学出版社, 2020.

（二）维稳材料的主要类型

按照载体类型，可以将维稳材料分成三类：①不含溶剂的树脂类，如环氧树脂等；②水为载体或固化介质的材料，如黏土、气硬性-水硬性石灰等；③以醇为载体或者与醇兼容的无溶剂的材料，如正硅酸乙酯等。

（1）无溶剂树脂。环氧树脂，又称结构胶，双组分的树脂，固化后高的黏结强度，但是不透气。原则上，砂岩表面非结构性开裂等劣化不需要采用环氧树脂黏结，只有存在结构隐患时才需要。文物用环氧树脂需要低黏度、黄变低，通常采用局部点黏结就能满足结构要求。另外一种树脂为丙烯酸树脂，一般采用透固法加固可移动的石质构件和文物，其乳液也可添加到（天然水硬）石灰中，增加黏结性。然而，丙烯酸树脂不适用于修复暴露在户外环境中的石质文物，尤其是阳光直射和有雨水的环境。丙烯酸树脂降解过程出现的较差的老化性能和耐用性会导致石质文物产生诸如开裂、脱落和颜色变化（变黄/褐变）等劣化。

（2）正硅酸乙酯。以醇为载体的经典正硅酸乙酯、改性（弹性）正硅酸乙酯等是目前最常用的砂岩固化材料[①]。其固化后形成带有水分子的二氧化硅胶体，可以填充10~20 μm的空隙。正硅酸乙酯分为经典正硅酸乙酯和弹性正硅酸乙酯，后者具有更好的黏结性（见图10-9），但是渗透性不如经典正硅酸乙酯。

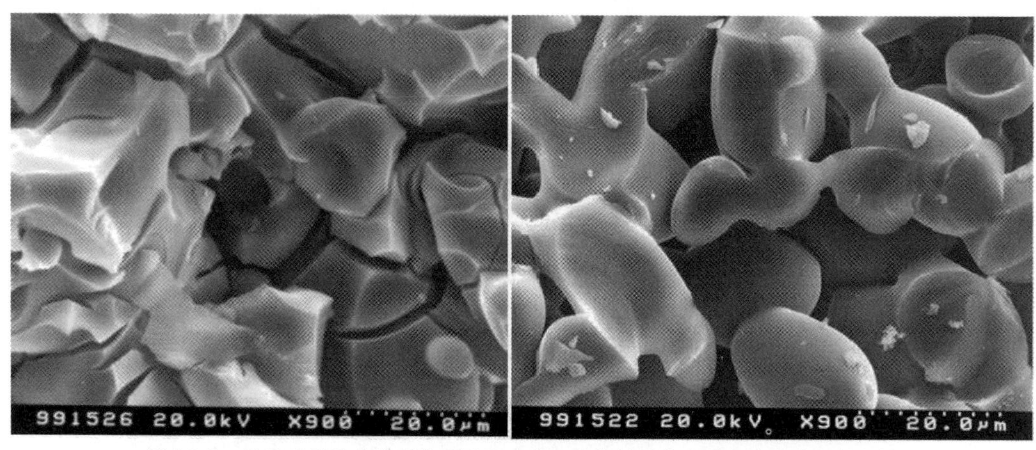

图 10-9 用于砂岩固化的两种不同正硅酸乙酯材料固化后形成的硅胶扫描电镜（图片来源：J. Engel），左为经典正硅酸乙酯，右为弹性正硅酸乙酯

用于砂岩文物固化的正硅酸乙酯是单分子与预聚合的多分子混合物，可以配制出不同浓度、不同渗透性能的固化剂。现场实施工艺得当，可以渗透到未风化的砂岩。施工方法有刷、淋、点滴、注射、负压等。根据国际上的使用经验，宜选择低浓度的组合，达到饱和，劣化的砂岩的强度有一点的增加即可。和碳酸盐矿物兼容的改性正硅酸乙酯也已经应用到大理石或钙质胶结砂岩、黏土砖等保护中，这类材料值得深入研究。

---

① AURAS M.石质文化遗产监测技术导则［M］. 戴仕炳, 译. 上海: 同济大学出版社, 2020.

高浓度弹性硅酸乙酯也可以作为黏合剂配制无水修复砂浆。与采用石灰配制的修复砂浆比较，正硅酸乙酯修复砂浆为中性，不含水（不活化基层的水溶盐），强度在28天后不会再增长。而石灰砂浆的强度有时在一年后仍在增长，可能会导致石灰修补剂的最终强度高于预设值。

影响正硅酸乙酯固化效果的因素有岩石含水率、水溶盐、黏土矿物等。不同生产工艺生产的正硅酸乙酯的性能也有差异。含黏土矿物多的砂岩（如泥质胶结的砂岩）则需要采用降低湿涨的预处理，以增加渗透性，同时增强固化后砂岩抵抗湿涨能力。

（3）微-纳米石灰。纳米微米颗粒的氢氧化钙是近20年研究比较多的材料[①②③]。微-纳米石灰形成的固化产物为碳酸钙，可结晶成为稳定的方解石（莫氏硬度为3）等，在化学上和砂岩的钙质胶结物、石灰石等相同，是表面失稳的钙质胶结砂岩等固化的理想材料。无论哪种生产工艺，均可既生产纳米级别的石灰，也可生产或者配制出微米级别的石灰，满足从渗透固化到裂隙加固及修补用黏合剂的要求，因此将这一类石灰统一称为微纳米石灰。微-纳米混合的石灰和纯纳米石灰比较，回迁程度低。气硬石灰与天然水硬石灰属于一家族体系的无机材料[④]（见图10-10），它们之间虽然大多数情况下兼容，都是砂岩等石质文物修补剂的主要黏合剂，但是二者在性能上存在区别。天然水硬石灰更多应用到有更高强度要求或宜遭水蚀或及其潮湿（如墓葬）等文物的加固或修补。石灰仅仅是原材料，最终的强度、质感等和配方有非常重要的关系。

天然水硬石灰与现代硅酸盐水泥（非天然水泥）不仅仅在原材料、煅烧温度、加工方法等存在差别，更重要在于对固化贡献的矿物成分不同。硅酸盐水泥含快速凝固的三钙硅石、石膏、其他废料等，凝固块，产物致密，释放水溶盐。而天然水硬石灰不含任何外来材料，其中的水硬性组分是天然的二钙硅石，缓慢水合，凝固慢。在气硬性石灰粉中添加水泥调配不出天然水硬石灰。

石灰等需采用水调配，固化前及固化后完全碳化前属于碱性（可抑制微生物生长，在潮湿环境下易与周围岩石容易产生色差）。作为黏结材料时，石灰砂浆的黏结强度低到中等。短期强度低但是后期强度逐渐增加。不添加有机树脂的石灰砂浆透气性好。石灰及石灰砂浆与大部分砂岩兼容性好，是经过时间验证的用于修复乃至表层维稳的重要的黏合剂。

---

① OTERO J, CHAROLA A. Reflections on nanolime consolidation［C］//Proceeding of Siegesmung, Siegfried and Bernhard Middendorf (Eds.): Monument Future - Decay and Conservation of Stone Proceedings of the 14th International Congress on the Deterioration and Conservation of Stone. Halle (Saale): Mitteldeutscher Verlag GmbH, 2020.

② ZIEGENBALG G, DRDACKY, M, DIETZE C, etal. Nanomaterials in Architecture and Art Conservation［M］. Pan Stanford Publishing, 2018.

③ 戴仕炳，汤众，马宏林，等. 上海宋庆龄汉白玉雕像保护研究［M］. 上海:同济大学出版社, 2022.

④ 戴仕炳，钟燕，胡战勇. 灰作十问：建成遗产保护石灰技术［M］. 上海：同济大学出版社, 2016.

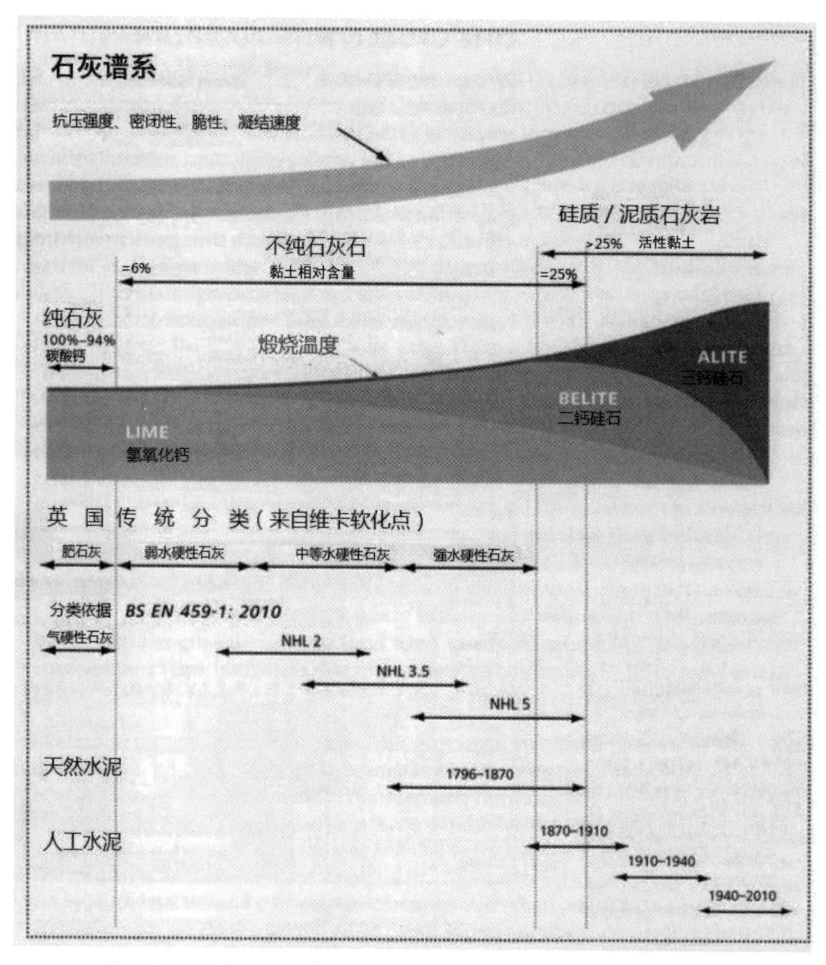

图 10-10　英国石灰谱系（图片来源 English Heritage，翻译①）

（4）黏土。黏土是岩石经风化后形成的固态堆积物，成分主要有高岭石、蒙脱石、绿泥石、石英等，干燥的土具有较大的比表面积，吸水透气。黏土为中性，需水调配稠度，然而黏土不耐水。黏土是制备牺牲保护层的主要黏合剂，煅烧的黏土（工业制成品为偏高岭土）也可添加到气硬性石灰中，使气硬性石灰变成水硬性石灰，改变气硬性石灰在密封空间的固化过程，这类添加煅烧黏土的石灰可制备耐水的石灰砂浆（包括用于注浆的石灰浆）。

五、牺牲层保护法

近年来，历史建筑或者文物保护中“牺牲性保护（sacrificial protection）”的概念逐渐被重视，但是很多人把这个概念扩大化了，或者没有理解牺牲性保护理念的精髓。牺牲性保护是通过诱导热、湿、力、盐等效应集中于新的修复材料或新的面层使修复材

① 戴仕炳，钟燕，胡战勇. 灰作十问：建成遗产保护石灰技术[M]. 上海：同济大学出版社，2016.

料或新的面层先于基层或者本体材料破坏以确保新旧材料在特定的气候条件下有机融合而达到保护利用遗产的技术措施①②③（见图10-11）。或者简单理解为，牺牲性保护是采用牺牲性材料保护遗产本体的技术措施，牺牲性保护是有意牺牲新的，特别是新涂层④⑤保护旧的有价值的面层。牺牲性保护措施或多或少会改变历史建筑或者文物外表面的现状，即使有的时候是恢复原状就能起到牺牲性保护的目的。从保护科学角度来看，我国古代采用泥塑重装除了属于艺术性修复外，也是一种牺牲性保护。

如果石窟寺砂岩的微环境发生改变，如采用隔断方法降低岩体整体含水率，或者采用除湿方法降低砂岩表层含水率时，也应该采用牺牲性敷贴层（吸水吸盐而被牺牲），以预防文物本体表面由于水溶盐聚焦、结晶而被破坏。

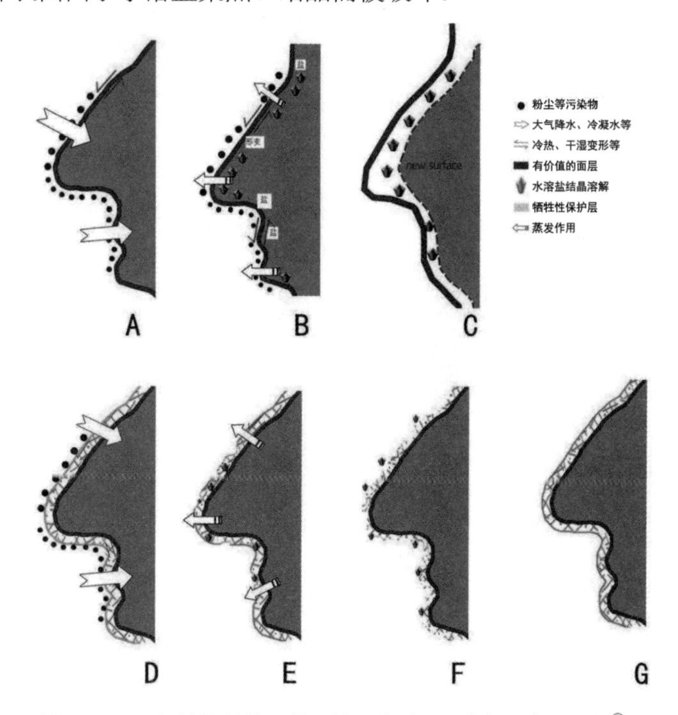

图 10-11　牺牲性保护石材面层示意图（图片来源参见注释①）

---

① 戴仕炳，汤众，马宏林，等. 上海宋庆龄汉白玉雕像保护研究［M］. 上海:同济大学出版社, 2022.

② 戴仕炳，钟燕，胡战勇. 灰作十问：建成遗产保护石灰技术［M］. 上海：同济大学出版社, 2016.

③ 钟燕，戴仕炳. 初论牺牲性保护：建成遗产保护实践中的一种科学意识与策略［J］. 中国文化遗产，2020,97(3):37-42.

④ KATHERINA F, FARKAS P. Performance of lime based sacrificial layers for the conservation of porous limestone in an urban environment: a case study［C］//In: Siegesmund, Siegfried and Bernhard Middendorf (Eds.): Monument Future - Decay and Conservation of Stone Proceedings of the 14th International Congress on the Deterioration and Conservation of Stone. Halle (Saale): Mitteldeutscher Verlag GmbH, 2020.

⑤ MARIJA M. An evaluation of shelter coats for the protection of outdoor stones［C］//Proceeding of Siegesmund, Siegfried and Bernhard Middendorf (Eds.): Monument Future - Decay and Conservation of Stone Proceedings of the 14th International Congress on the Deterioration and Conservation of Stone. Halle (Saale): Mitteldeutscher Verlag GmbH, 2020.

六、大足石刻石雕维稳保护实验

*1.*实验对象

大足石刻二十四诸天造像位于宝顶山景区东北，散布雕凿在路旁的砂岩体上（见图10-12），经过数百年的风化侵蚀，当前造像本体的主要病状表现为空鼓、粉化、片状剥落、泛碱以及苔藓地衣等微生物附着，整体劣化严重，具有典型砂岩石窟文物风化特征。

图 10-12　大足石刻二十四诸天造像表面维稳实验，红色框内为采取维稳措施保护的雕像的前后对比（图片来源：戴仕炳）

*2.*维稳实验

针对大足石刻二十四诸天造像表面维稳保护实验完成于2022年1—3月，工艺流程如下：

（1）表面清洁：清除表面粉尘、泥土、苔藓等污染物。

（2）预固化：采用低浓度100 g/L的经典正硅酸乙酯Remmers 100淋涂砂岩表面多次达到饱和。

（3）排盐：预固化2～3天后，采用粘结性较低的排盐纸浆敷贴砂岩表面，干燥7天后揭除。

（4）整体固化：采用浓度为300 g/L的经典正硅酸乙酯Remmers 300淋涂3遍，达到饱和。对于表面有明显粉化、鳞片状劣化的区域，另再喷淋2遍浓度为300 g/L的弹性正硅酸乙酯Remmers 300E。

（5）裂隙修补与灌浆：整体加固养护7天后，采用天然水硬石灰NHL2+砂岩粉按照质量比1∶5调制修补剂对试验区裂隙进行修补，完成后采用高浓度弹性正硅酸乙酯添加水硬性石灰进行裂缝灌浆。

3.效果评估

维稳保护实验前后，分别采用阻尼抗钻测试仪、微波湿度仪、超声波检测仪以及粉化度测试仪对试验区砂岩进行检测，并同时采用热红外成像仪与便携式温湿度计分别监测试验区岩石表面温度以及造像周围的环境温湿度。

根据实验过程的可操作性，结合上述各项检测结果，综合视觉评估，明确了采取正硅酸乙酯和水硬性石灰按照本实验施工流程在不改变砂岩颜色及质感前提下，砂岩的强度及强度梯度均有明显的提升。

上述工艺实施时，需要同时满足如下的条件：砂岩的含水率需要低，相对含水率（水饱和度）不大于60%（可采用微波法测试）。施工时需要固化的砂岩、空气温度及固化剂三者的温度为8～25 ℃，过低温度、过高温度均达不到理想效果。砂岩表面不能结露（见图10-13），表面温度高于露点温度至少3 ℃（进行固化施工及固化施工结束后*n*小时内）。砂岩含水饱和度超过60%、存在结露的砂岩等不适合采用正硅酸乙酯固化。

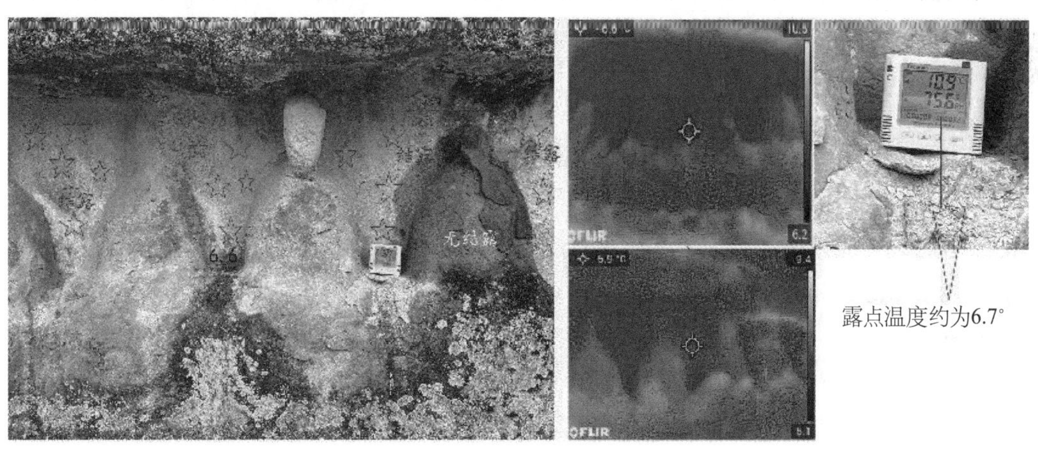

图 10-13　采用便携式热红外及简易温湿度仪可以判别岩石表层是否结露，为工程实施提供实时帮助（图片来源：戴仕炳、格桑等）

综上所述，在自然及人为因素作用下，我国大多数石窟寺砂岩表层岩石处于非稳定状态，急需开展干预措施。“维稳”是基于最小干预原则在无法改变露天砂岩文物所处微环境的条件下提出的一种预防性干预措施。与过往的“防风化”保护相比，其主要特点体现在：

第一，维稳干预的目标是稳定已经严重劣化文物岩石。经过维稳处理后的文物岩石表面强度有一定程度的提升，整体状态接近弱风化的同等砂岩。维稳干预前后岩石表面吸水性不发生显著变化。合适的强度增加、深及未风化部位、固化后形成平缓的强度剖面是固化已经发生严重劣化砂岩的三个核心指标。

第二，维稳干预所使用的材料组合必须根据岩石类型、劣化特征等制定，实施时应根据环境条件综合考虑实时含水率、湿度、水溶盐危害程度等参数进行工艺调整，在达不到基本条件时应暂停或终止。

第三，在维稳过程中，应尽可能多地保存历史材料，即不进行大量的清理工作，使维稳干预后的文物本体仍然具有科学研究价值。

第四，为维稳而采取的修补应尽可能可识别。

作为预防性保护措施的维稳保护也应该先实验再实施。所有服务于实施方案优化的实验研究建议在文物本体类似的材质和环境下进行。如制备试块，因砂岩是各向异性的材料，需要定向，各种参数也应该有方向的限定。石窟寺的水都是含多种水溶盐的，在机理研究及不同保护效果对比时必须采用含复合水溶盐的水作为介质。在维稳方面，建议借鉴发达国家取得的成果，特别是对过去20～30年前采取的保护措施的客观监测评估成果，包括已经被验证的经验或教训。

保国寺大殿抗震性能分析及加固对策探讨

陆　函（中国地震局工程力学研究所）
张蓓蕾（中国地震局地震工程与工程振动重点实验室）
彭　骁（宁波市地震监测预报中心）
符映红（宁波市天一阁博物院）

一、概述

保国寺大殿是长江以南最古老、保存最完整的木结构佛教建筑，其结构独特，气势恢宏，具有很高的历史、艺术和科学价值。为保护这一珍贵文物在地震灾害中免受不可恢复的破坏，对它在不同地震作用下的震害水平做出评估预测并提出相应的预防措施，具有重要的现实意义。但作为文化价值极高的古建筑，很难制作与其完全一致的模型，也不宜采用可能对其造成潜在破坏的物理试验方法。通过有限元分析法建立近似模型，对古建筑在不同强度地震作用下的破坏水平进行评估与预测，较好地解决了文物的保护问题，也能在较大程度上客观、全面地反映古建筑的抗震性能。

二、保国寺大殿概况

保国寺是全国重点文物保护单位，位于宁波市江北区庄桥街道北的灵山山腹中，至今已有千年以上的历史。保国寺以其精湛绝伦的建筑工艺名闻遐迩，其中又以大殿最为著名。现存大殿重建于北宋大中祥符六年（1013年），清康熙二十三年（1684年）加建重檐，成为重檐歇山顶形式。近年来，在“不改变文物原状”的前提下，保国寺大殿对已出现问题的部分木构件进行了更换、加固和修复，获得了较好的效果。

大殿是寺内主建筑，重檐歇山式，是江南现存最古老的木构建筑。大殿全部结构皆用斗拱榪巧妙衔接和精确的榫卯技术，不用一钉而将建筑物的各个构件牢固地结合在一起，承托起整个殿堂屋顶的重量；平面布置进深（13.38 m）大于面阔（11.83 m）。其中，清朝康熙年间加了一重檐，使面阔增至五间，进深六间，后加的各间与原大殿相对应的面阔、进深不完全相同。大殿呈纵长方形，在前槽天花板上绝妙地安置了三个缕空藻井；复杂的斗拱结构；四段合作瓜棱柱，柱身有明显的侧脚；梁栿、阑额做成两肩卷刹的月梁形式等，承袭某些唐代建筑遗风。值得注意的是，宋代制定的《营造法式》参考了保国寺，并以其为蓝本。

三、现场调查与测试

1.结构调查

通过实地调查，对保国寺大殿主体建筑的现状及结构特点进行系统的调查分析，可为后期结构材料参数的选取提供依据。考虑到大殿结构已建成超过1 000年，且现状调查发现大殿存在多处明显的变形和损伤，因此，对大殿主体木结构进行数值分析时，其材料强度不应直接采用常规木材的材料强度，必须要进行合理的折减。目前，大殿梁柱的连接，梁与梁之间的连接，斗拱、榫卯多已出现不同程度的偏移，说明局部节点的连接强度也出现衰减。大殿周围的山墙已经在局部出现明显裂缝，墙体的强度也出现了较大幅度折减。屋顶面上的瓦片出现局部溜瓦、破损迹象，在地震作用下，这些瓦片可能会率先发生滑移、破坏。大殿的多个柱底存在不同程度的部分移位现象，而且现场能明显观测到大殿整体结构已经呈现向后倾的趋势（见图11-1）。在进行数值模拟有限元分析的时都需要考虑这些变化特点。

图 11-1　保国寺大殿现状图

2.结构振动特性测试

现场选取大殿内梁上两个测点，分别位于东后内柱与后檐东平柱之间的梁上和东前内柱与东后内柱之间的梁上，以及地面上一个测点（见图11-2），可得到保国寺大殿主结构在自然条件下的振动特性。用G01NET-0数据采集软件（2013）在下午五点之后外界干扰较小的情况下连续记录半小时，可得到大殿在自然条件下时程分析和频谱分析数据。

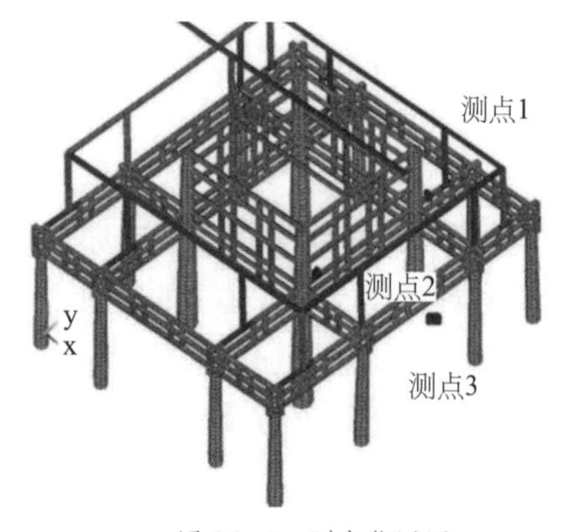

图 11-2　测点位置图

从梁上两个测点三个方向的频谱可以得到

大殿结构实测的东西方向、南北方向的前三阶频率（见表11-1）。

表11–1 结构实测频率

	一阶频率/Hz	二阶频率/Hz	三阶频率/Hz
东西方向	2.47	3.12	5.06
南北方向	2.45	3.22	4.95

从地面测点的三个方向频谱，利用竖直方向频谱与水平方向频谱的谱比图，可以得到大殿所在场地的特征周期属于规范中场地类别为Ⅱ类，所以可以取T_g=0.35s。

四、保国寺大殿结构有限元分析模型

1.大殿建筑结构与材料

在大殿结构构件用材中，斗拱等铺作主要用槐木，梁柱等大木构件主要用松木。在确定大殿古木构件的材料常数时，引入材料折减系数来考虑古木的材性退化问题（见表11-2）。

表11–2 古木材性折减常数表（树种：槐木）

材性	新木	折减系数	（折减后）古木
密度/（g/cm^3）	0.681	——	0.681
顺压强度/mPa	650	0.80	520
顺拉强度/mPa	1 401	0.80	1 120.8
顺纹弹模	132 000	0.80	105 600
抗弯强度/mPa	1 477	0.50	738.5

根据《木结构设计手册》[①]，木材顺纹弹性模量E_L，横纹弹性模量分别为径向E_R和切向E_T。三个方向剪切模量G_{LT}、G_{LR}、G_{RT}。当缺乏实验数据时，可近似取$\frac{E_R}{E_L}\approx0.10$，$\frac{E_T}{E_L}\approx0.10$，$\frac{G_{LT}}{E_L}\approx0.06$，$\frac{G_{LR}}{E_L}\approx0.075$，$\frac{G_{RT}}{E_L}\approx0.018$。

大殿四周的山墙，采用的是砖石的砌体结构（见图11-3）。其中，F_y、F_u、F_p分别代表层间开裂荷载、极限荷载和倒塌破坏控制点荷载，Δ_y、Δ_u、Δ_p为相应的开裂位移、极限位移和倒塌破坏位移。

大殿整体平面图以及大殿内16根柱子编号（见图11-4）。

① 咸大庆，刘瑞霞. 木结构设计手册［M］. 中国建筑工业出版社，2005.

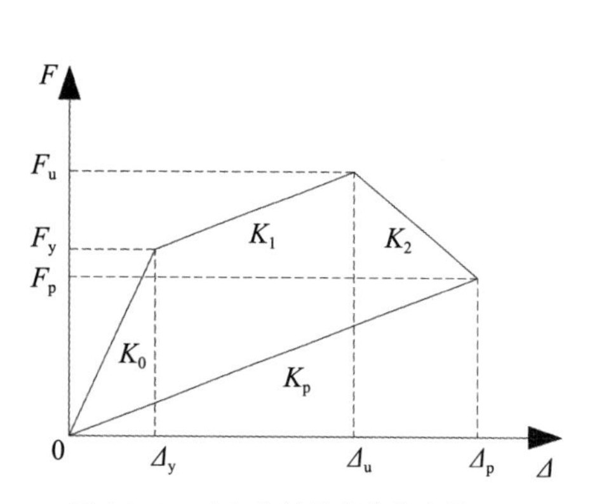

图 11-3 砖砌体结构层恢复力模型图

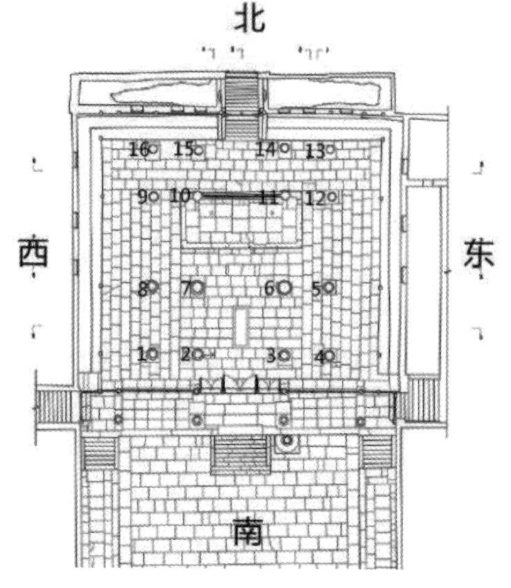

图 11-4 大殿整体平面图

2.大殿有限元模型建立

通过有限元分析法对保国寺大殿结构建模后进行分析，分析软件为ANSYS有限元分析软件。保国寺大殿为空间杆件结构体系，结构主要由柱、梁、檩条、斗拱、木椽、支撑等构件组成，梁柱连接为榫卯连接。其他部分已有的损伤如榫卯的脱榫和梁柱的开裂，在材料的强度和节点的强度中加以考虑，可采用合理的强度折减。模型中梁、柱、斗拱，支撑采用梁单元beam189进行模拟，屋面和山墙采用壳单元shell63进行模拟；梁柱之间的斗拱和榫卯节点等铺作层采用半刚性节点单元模拟，其恢复力模型如图5所示，其中，P_s、Δ_s、P'_s、Δ'_s分别代表铺作的屈服荷载和屈服位移，P_m、Δ_m、P'_m、Δ'_m分别代表铺作的极限荷载和极限位移；柱与基础柱墩的约束采用CONTAC52单元模拟摩擦接触，摩擦系数取0.5。山墙与梁之间水平方向采用弹簧单元连接，模拟梁的轴向弱连接大变形，竖向约束与山墙保持相同位移，山墙和支撑都采用与地面或山体的刚结。大殿整体有限元模型如图11-6所示。

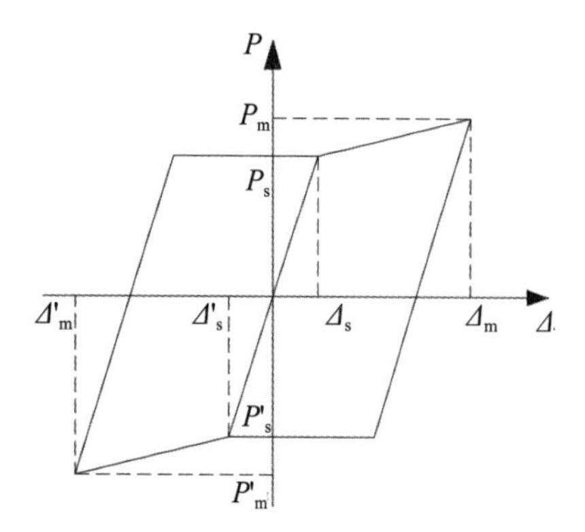

图 11-5 铺作层恢复力模型图

图 11-6 大殿整体有限元模型

3.大殿结构振动模态分析

为了验证有限元建模的真实性，计算结果的可信性，可比较ANSYS有限元模型计算出保国寺大殿前9阶有效频率与现场实测频率见表11-3，前9阶振型有效参与质量和有效参与质量系数见表11-4。

表11–3　结构模态分析计算结果与实测结果对比

振型	频率/Hz	振动方向	现场测量频率/Hz
1	2.349	南北方向平动	2.45（南北方向）
2	2.679	东西方向平动	2.47（东西方向）
3	2.96	东西方向平动	3.12（东西方向）
4	4.032	扭转	/
5	5.3	南北方向平动	/
6	5.517	扭转	/
7	5.541	南北方向平动	/
8	5.72	东西方向平动	/
9	5.801	南北方向平动	/

表11–4　振型有效质量参与系数表

振型	频率	东西方向有效质量	质量参与系数	南北方向有效质量	质量参与系数	竖直方向有效质量	质量参与系数
1	2.349	8.30E+01	4.91E-04	1.10E+05	6.44E-01	1.44E+04	8.40E-02
2	2.679	1.08E+05	6.38E-01	8.98E+01	5.25E-04	1.64E+04	9.60E-02
3	2.96	1.96E+04	1.16E-01	2.41E+00	1.41E-05	1.63E+04	9.50E-02
4	4.032	1.25E+04	7.40E-02	1.57E+04	9.20E-02	2.19E+04	1.28E-01
5	5.3	1.86E+01	1.10E-04	1.30E+04	7.60E-02	1.35E+04	7.90E-02
6	5.517	6.26E+03	3.70E-02	9.24E+03	5.40E-02	1.76E+04	1.03E-01
7	5.541	5.58E+03	3.30E-02	5.30E+03	3.10E-02	1.37E+04	8.00E-02
8	5.72	4.40E+03	2.60E-02	1.35E+00	7.89E-06	1.18E+04	6.90E-02
9	5.801	4.95E-01	2.93E-06	3.25E+03	1.90E-02	1.33E+04	7.80E-02
总和		156 314	0.924	156 786	0.917	155 457	0.908

比较结构动力计算中影响较大的两个水平方向的现场实测得到的频谱以及有限元模拟计算的频率结果，有限元模拟结果中前3阶的平动振型跟现场实测水平方向频率比较接近。第四阶振型后开始出现扭转振型，扭转振型同时对两水平方向振型都有贡献，频率范围基本与现场实测频率的范围保持在同一区间。结构前9阶振型有效参与质量系数三个方向都超过90%。以上分析可以证明两种结果比较吻合，建立的有限元模型较为接近真实情况，计算结果可信度高。

五、地震反应分析

1.计算荷载与分析方法

计算载荷包括自重荷载与地震荷载。自重载荷按照现场测量尺寸以及上述材料参数给定。地震荷载按照反应谱分析，分别选取Ⅶ度多遇地震，设防地震，罕遇地震以及Ⅷ度罕遇地震下的反应谱加速度输入。

依据建筑抗震设计规范，场区的设计基本地震加速度为0.1g（g=9.81m/s²），设计地震分组为第一组，抗震设防烈度为Ⅶ度。大殿场地土的类型为中硬土，建筑场地类别为Ⅰ1～Ⅱ类，对保国寺大殿结构，分别考虑Ⅶ度多遇地震（小震），设防地震（中震），罕遇地震（大震），Ⅷ度罕遇地震用谱分析的方法进行结构的应力应变分析。得到的最大位移反应的结果取值为水平两方向的平方和再开平方，即 $D_{\max}=\sqrt{D_{x}^{2}+D_{y}^{2}}$ 。具体分析方法如下：

根据现场实测数据可得场地特征周期T_g=0.35s，并根据公式分别计算曲线下降段的衰减系数、直线下降段的下降调整系数和阻尼调整系数，再根据设计反应谱求出地震影响系数，用地震影响系数乘以重力加速度即得加速度谱值。根据得到的加速度谱，在ANSYS软件中进行结构的反应谱分析，得到结构的响应。

2.地震破坏程度评定

根据不同烈度地震下大殿结构的反应谱分析结果，根据木结构残损点评价标准[4]评定不同烈度下保国寺大殿破坏程度见表11-5。

表11-5　不同烈度地震下破坏程度评定结果

构件种类	残损点评定标准	最大变形（挠度）/mm	残损构件数量和位置	破坏程度
Ⅶ度多遇地震下破坏程度评定结果				
承重木柱	$\Delta>H/200$	4.397	0	完好
承重木梁	$\omega>L/150$	4.45	0	完好
屋盖构件	$\omega>L/90$（檩条） $\omega>L/100$（椽条）	4.75	0	完好
山墙	$\Delta>H/250$	3.259	0	完好
支撑	$\Delta>L/250$	2.918	0	完好
Ⅶ度设防地震下破坏程度评定结果				
承重木柱	$\Delta>H/200$	17.589	0	完好
承重木梁	$\omega>L/150$	17.8	中间顶部少数	轻微破坏
屋盖构件	$\omega>L/90$（檩条） $\omega>L/100$（椽条）	19.003	0	完好
山墙	$\Delta>H/250$	13.0.36	后墙	轻微破坏
支撑	$\Delta>L/250$	11.674	0	完好
Ⅶ度罕遇地震下破坏程度评定结果				
承重木柱	$\Delta>H/200$	27.48	前檐柱破坏	轻微破坏

续表

构件种类	残损点评定标准	最大变形（挠度）/mm	残损构件数量和位置	破坏程度
承重木梁	$\omega>L/150$	27.809	前檐梁多数破坏	破坏
屋盖构件	$\omega>L/90$（檩条） $\omega>L/100$（椽条）	29.69	屋盖中部少数破坏	轻微破坏
山墙	$\Delta>H/250$	20.367	全部	破坏
支撑	$\Delta>L/250$	18.238	两侧支撑破坏	轻微破坏
Ⅷ度罕遇地震下破坏程度评定结果				
承重木柱	$\Delta>H/200$	48.74	全部破坏	严重破坏
承重木梁	$\omega>L/150$	49.366	全部破坏	严重破坏
屋盖构件	$\omega>L/90$（檩条） $\omega>L/100$（椽条）	46.199	全部破坏	严重破坏
山墙	$\Delta>H/250$	27.556	全部破坏	严重破坏
支撑	$\Delta>L/250$	34.29	全部破坏	严重破坏

六、分析结论及加固意见

1.结论

依据现场振动测试数据及实地踏勘资料，通过ANSYS有限元分析软件完成保国寺大殿有限元建模并进行了Ⅶ度多遇、设防、罕遇地震以及Ⅷ度罕遇地震下大殿结构的地震反应分析，结合上述经验性震害预测结果，可以得出以下结论：

第一，大殿结构沿其纵横向主轴方向的不完全对称特性，决定了其在地震作用下容易出现扭转振动，大殿角部梁柱节点处容易最先出现脱损或局部斗拱脱落。

第二，从大殿结构的地震反应分析结果来看，总体上大殿结构在东西向水平地震作用下的变形要比南北向水平地震作用下的侧向变形大。

第三，在Ⅶ度多遇地震作用下，大殿主体结构不发生破坏，大殿内柱上以及顶部悬挂的牌匾由于固定不牢固，可能发生掉落，整体破坏等级属基本完好；可能出现的震害有：局部溜瓦，漏雨。

第四，在Ⅶ度设防地震作用下，大殿主体结构基本不发生破坏，大殿内前檐的梁发生轻微破坏，破坏的比例大约占10%；后山山墙发生轻微破坏；整体破坏等级属轻微破坏；可能出现的震害有：溜瓦，漏雨，墙体轻微开裂，榫卯出现松动，柱础出现轻微滑移。

第五，在Ⅶ度罕遇地震作用下，大殿内承重木柱发生轻微破坏，破坏比例大约25%；承重木梁发生破坏，破坏比例大约50%；屋盖构件发生轻微破坏，破坏比例大约25%；山墙全部发生破坏；支撑发生轻微破坏，破坏比例大约50%；整体破等级属中等破坏；可能出现的震害有墙体严重开裂，局部榫卯出现脱榫，柱础滑移增大。

第六，在Ⅷ度罕遇地震作用下，大殿整体发生严重破坏，所有构件几乎都发生不同程度的较严重破坏。可能出现的震害有：墙体可能出现倒塌，梁柱连接榫卯大面积脱榫，部分斗拱脱落，柱础出现大面积滑移，结构有可能发生倒塌，需要大修。

2.使用与加固建议

基于上述分析与结论，本着保护保国寺大殿这一重点保护文物建筑的原则，在“保存现状，整旧如旧”的前提下，关于宁波保国寺大殿的使用与加固提出以下建议：

第一，对于保国寺大殿内部分木柱的柱脚已发生腐蚀、滑移的情况，建议可先将腐蚀部分剔除，然后可用木料拼接柱脚与石墩，可使用“巴掌榫”“抄手榫”等形式，增强柱脚与石墩的约束。

第二，对于保国寺大殿内部分木柱柱身已出现裂缝的情况，建议当裂缝宽度不大于3 mm时，可在柱的油饰或断白过程中，用腻子勾抹严实；当裂缝宽度在3~30 mm时，可以用木条嵌补，并用耐水性胶粘剂粘牢。

第三，对于保国寺大殿内梁柱榫卯连接出现脱榫的情况，应先将破损部分剔除干净，并在梁枋端部开卯口，经防腐处理后，用新制的硬木榫头嵌入卯口内。嵌接时，榫头与原构件用耐水性胶粘剂粘牢并用螺栓固紧。

第四，对于保国寺大殿内梁上斗拱出现滑移的情况，建议先将斗拱复位，然后用耐水性胶黏剂粘牢斗拱与梁的连接处，在修缮时，应将小斗与拱之间的暗销补齐，暗销的榫卯应严实。

第五，对于保国寺大殿屋顶的瓦片有局部溜瓦、破损的情况，建议拆卸局部破损的瓦片，找补好灰背，再按原样铺上底瓦和盖瓦。

第六，对于保国寺大殿两侧和后山的山墙出现细裂缝、局部破损的情况，建议对细裂缝进行砂浆填充，破损表面重新抹灰，按原灰皮的厚度、层次、材料比例、表面色泽，赶压坚实平整。

参考文献

[1]夏敬谦.水平荷载下砖墙恢复力特性及能量耗损特性的研究[J] 世界地震工程,1988(2):5−14.

[2]隋䶮,赵鸿铁. 古建木构铺作层侧向刚度的试验研究［J］. 工程力学,2010,27(3):74−78.

[3]杨学兵.《木结构设计规范》GB50005修订［J］. 建设科技,2013(17):44−46.

宁波保国寺大殿表面风压特性及抗风性能分析

韩宜丹（东南大学建筑学院）
淳　庆（东南大学建筑学院）
徐学敏（宁波市天一阁博物院）
滕启城（宁波市天一阁博物院）

中国现存古代建筑的遗物中以木结构建筑居。我国东南沿海多省份频遭台风袭击，强风对文物建筑带来的某些损坏是无法挽回的，给人类文化财产带来的损失也是不可估量的。据中国气象局规定，自1989年起我国采用国际热带气旋名称和等级划分标准。国际惯例依据其中心附近最大风力分为六个等级，其中破坏性较大的有以下三个等级：①台风，热带气旋中心持续风速在12级至13级（即32.7 m/s至41.4 m/s）；②强台风，中心附近最大风力14～15级（41.5～50.9 m/s）的热带气旋；③超强台风，当风速大于51.0 m/s时就称为超强台风，风最高时速可达300 km/h以上，即16级或以上，这种风力在陆地少见，极具破坏力。目前，中国大陆只有三个省份曾有过超强台风登陆，其中就包括曾登陆浙江省的超强台风温黛及超强台风桑美。此外，2015年超强台风“天鹅”经过东海时外围云系影响浙江沿海，2015年在台风“杜鹃”影响下浙中南沿海有10～12级大风，2016年7月在台风“尼伯特”的影响下浙江多地市风力达9～11级。

保国寺就坐落在台风多发的浙江省，是江南地区最古老、保存最完整的木结构佛教建筑。保国寺1961年被国务院公布为第一批全国重点文物保护单位，2016年被列为“海上丝绸之路中国史迹”申报世界文化遗产点。保国寺大殿是与《营造法式》所记载的营造制度最为接近的一处现存遗构，因此保国寺大殿是现今研究宋式建筑逻辑的重要范本，具有极高的历史、文化和科学价值。然而，保国寺古建筑群所处台风频繁的东南沿海地区，据历史记载其曾多次遭受台风袭击。保国寺志载的有关诗文中有“相期观海曙”“门接海潮音”的诗句，可知当夏季东南季风尤其是多发的超强台风吹来时，大殿正近乎毫无遮拦地遭受正面袭击。关于台风袭击的记载，有乾隆四十六年（1781年）“山门、大殿悉被狂风吹坏，几无完屋”。根据2012年一次台风影响下的应变监测[①]来看，台风导致的应力突变非常明显，应变较大，风灾的风险较为突出。

保国寺大殿经过千年洗礼，材料和结构性能不可避免地被减弱和损伤，在文物建筑

① 符映红. 台风作用下木构古建筑变形监测与特征研究［J］. 2016, 42（11）: 30-31, 113.

遭受天灾人祸实施应急抢救性保护之前，预防性保护的要求日益迫切。为了更加科学地认识保国寺大殿所处的风环境，以便于更加合理地保护大殿免遭强风侵袭，本文将从建筑群及地形对保国寺大殿风环境的影响、风向角对大殿风压分布的影响、强风作用下大殿的抗风性能等几方面开展计算和多角度的对比、分析。

一、保国寺概况

1.保国寺建筑本体概况

保国寺位于在浙江省宁波市，是一组有近百间房屋的古建筑群。据清嘉庆《保国寺志》记载，保国寺始建于东汉初年，原名灵山寺，于唐广明元年（880年）重建并获敕今额，后历代屡有扩建修葺，现保存有唐宋以来至民国多个历史时期的建筑遗址遗存。

保国寺建筑遗产的精华是建于北宋大中祥符六年（1013年）的大殿。保国寺大殿宋代建成时为单檐歇山顶，三开间厅堂式架构，平面呈罕见的纵长方形，面宽11.9 m，进深13.35 m。清康熙二十三年（1684年）加建下檐，形成面宽七间、进深六间的重檐歇山顶（见图12-1、图12-2）。

图 12-1　保国寺大殿现状实景图

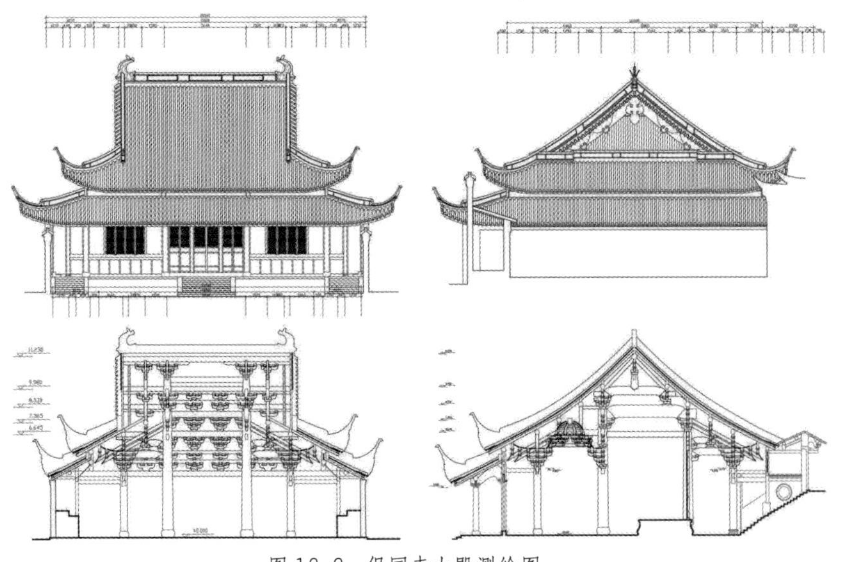

图 12-2　保国寺大殿测绘图

2.保国寺所处地形概况

保国寺坐落于宁波市江北区洪塘镇的灵山之麓。保国寺建筑群占地面积约20 000 m^2，建筑面积7 000 m^2，建筑在半山腰的一块山坳缓坡地上（见图12-3），东南低，西北高，建筑物随着地形高低错落，鳞次栉比。坐北朝南，略偏东，山体东南向面向开阔的平原。在中轴线上布置了三进院落，四座建筑，即天王殿、大殿、观音殿、藏经楼。大殿左右有钟鼓楼。由于院落地势一进比一进抬高，各座单体建筑也在不同的高度上（见图12-4）。

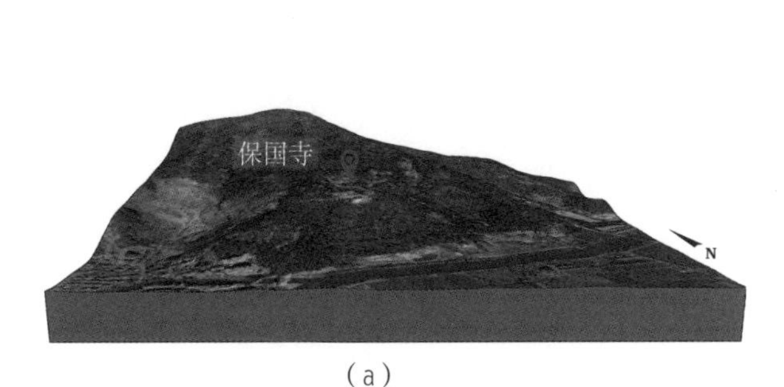

(a)

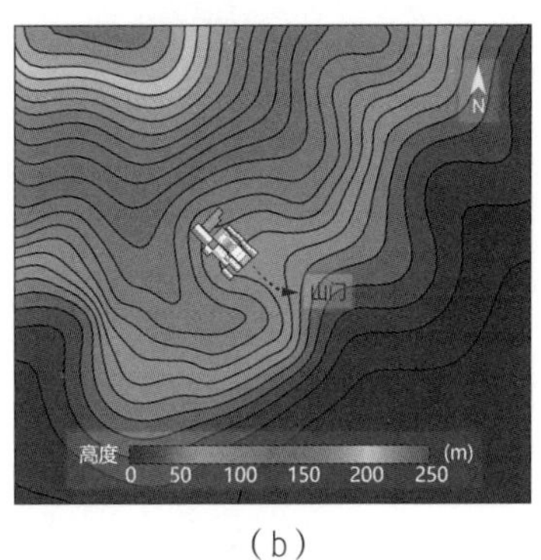

(b)

图 12-3　保国寺古建筑群所处地形

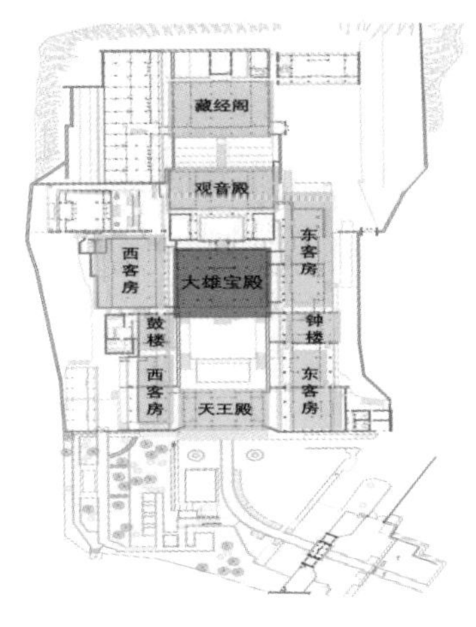

图 12-4　保国寺古建筑群院落布置

二、风压数值模拟

保国寺经常受夏季东南向台风影响，且保国寺处于东南向山坡上，东南向为平坦开阔的地形，东南风会毫无遮拦地沿着山坡吹向保国寺建筑群。而保国寺西北向为海拔更高的山体，受西北风的影响较小。鉴于此，本文仅考虑了由东到南3个风向角的情况：θ=0°（风向为正东）、45°（东南）和90°（正南）。

为考虑周围建筑群及其所处的地形对大殿表面风压和周围风环境的影响，本文考虑了以下三种工况。工况一：单独的保国寺大殿处于平坦地形上。工况二：保国寺大殿及其周围建筑群处于平坦地形上。工况三：保国寺大殿及其周围建筑群处于真实山体地形上。所有建筑的几何模型都是基于三维扫描结果建立的。三种工况的计算域的尺寸分别为152×216×78 m^3、290×405×140 m^3和3 300×4 450×1 380 m^3，大殿位于计算域的1/3处。网格的划分采取结构化网格和非结构化网格相结合的方式。最终三种工况的网格划分结果如图12-5所示。入口风速采用对数率风剖面。

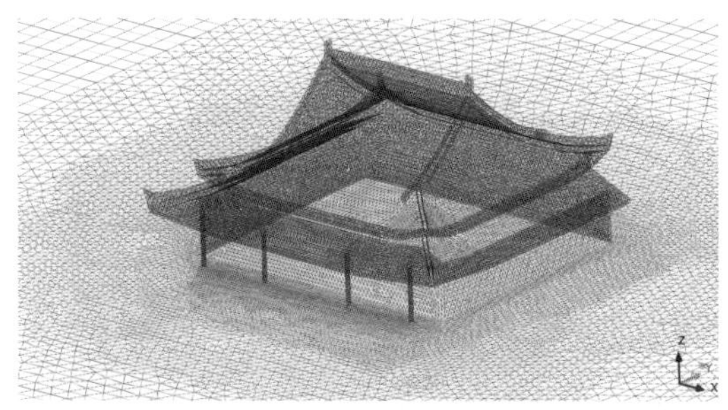
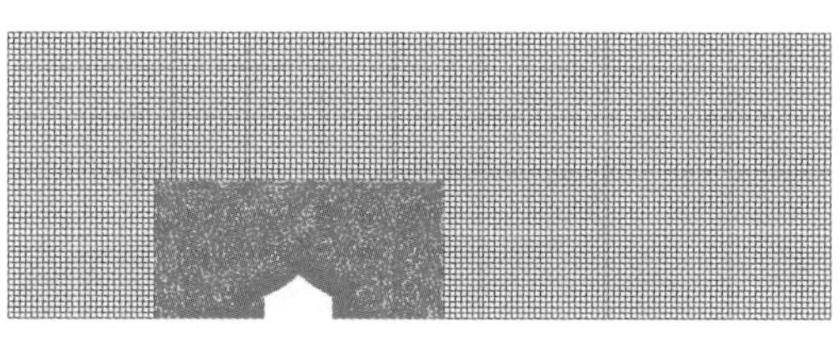

（a）保国寺大殿单体工况下网格划分

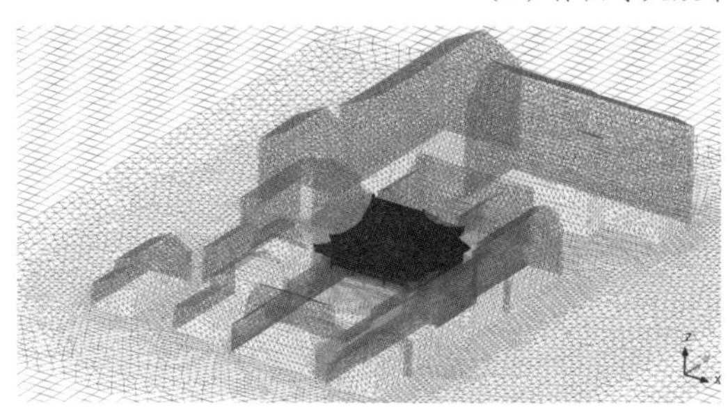
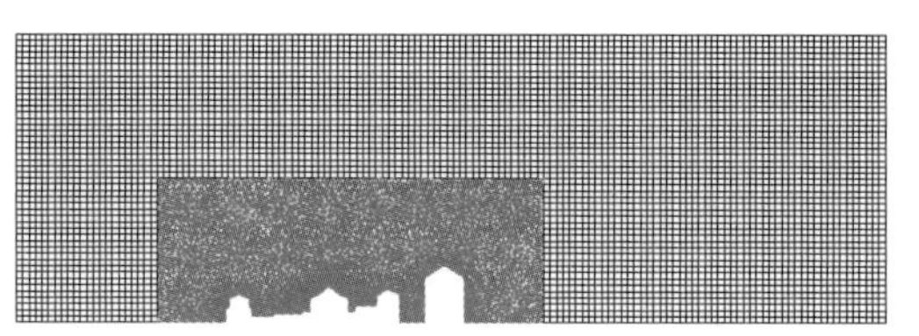

（b）保国寺建筑群工况下网格划分

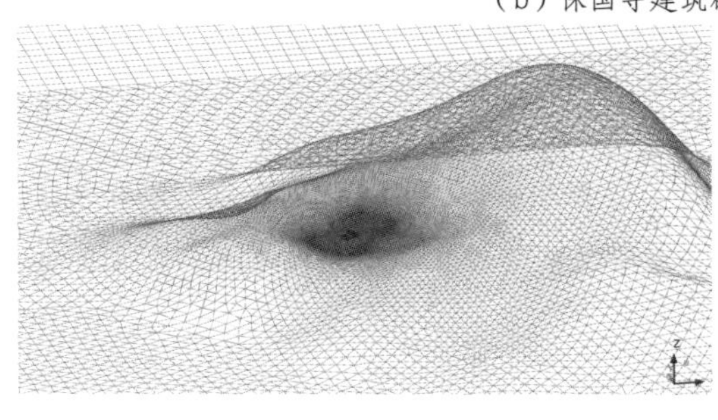
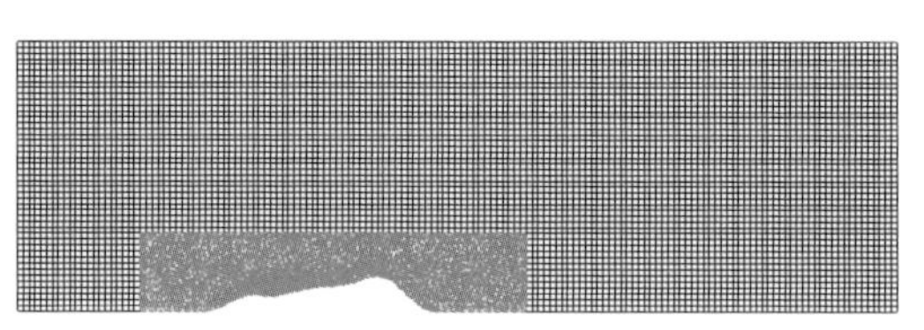

（c）保国寺置于山体地形工况下网格划分

图 12-5 三种工况下的网格情况划分

对比工况一和工况二可以得到周围建筑群对大殿表面风压的影响情况，工况一和工况二的风压系数计算结果分别如图12-6和图12-7所示。两种工况下大殿迎风面均受正风压，背风面和侧风面受负风压。当存在周围建筑群时，大殿的墙体风压系数几乎为零。当θ=0°时，周围建筑群的存在使得大殿背风和侧风面所受风吸力减小。当θ=90°时，相应的风吸力有所增加，特别是在屋檐和翼角区域，说明在风向为南时，周围建筑群使得大殿的屋檐和翼角的风吸力增大。在其他风向时，周围建筑群的存在对大殿所受风压起到正向的削弱作用。

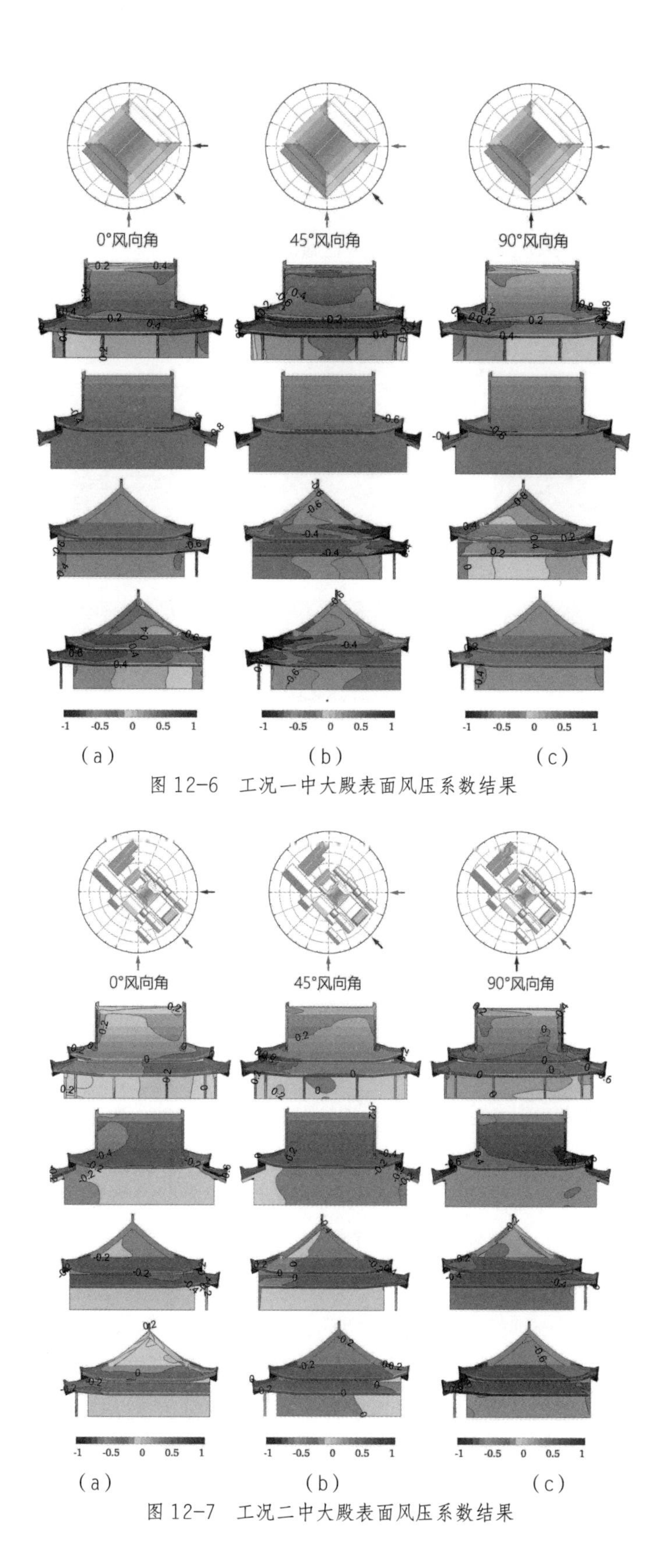

(a) (b) (c)

图 12-6 工况一中大殿表面风压系数结果

(a) (b) (c)

图 12-7 工况二中大殿表面风压系数结果

图12-8给出了工况三下大殿表面风压的分布情况。这里不是给出风压系数的原因如下，计算风压系数的参考位置是在山脚下离地面高度10 m，而此工况下由于山体地形的存在，根据此参考位置计算得到的风压系数是没有意义的。因此，工况三得到的是32.7 m/s（台风风速）风速下的风压分布结果。这一入口风速旨在获得可用于有限元分析的风压结果，以评估台风风速下的结构抗风性能。

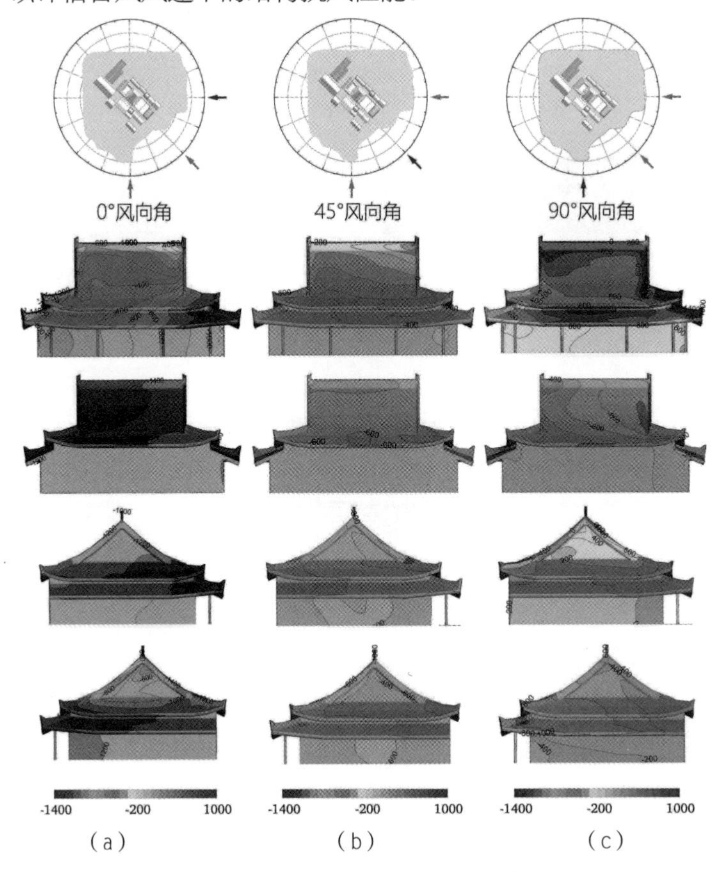

图 12-8　工况三中大殿表面风压结果

根据图中风压结果可以看出，在θ=0°时大殿表面几乎都处于负风压之下，在 θ =90°时迎风屋面受较大的正风压。对于不同的风向角来说，屋脊、屋檐、翼角和鸱吻处都承受着极高的风压力和风吸力。这种风压特性对传统建筑来说是非常不利的。因为屋脊翼角处常有成排的装饰物，鸱吻的体积和重量通常较大，在极大的风压下极易发生倾倒或破坏。

对比图12-7和图12-8，可以发现山体地形对大殿表面风压有明显的影响：当没有山体时，在θ=0°下，大殿屋顶的风压与θ=90°时的风压基本对称；而在有山体的情况下，两个风向下的风压结果完全相反。分析有山体存在时大殿周围的流域流线图（见图12-9）可以发现，θ=0°时风速加快明显，θ=90°时风速大范围减慢。这是由于θ=0°时风向为东，保国寺的东侧山体低，风流经此处没有遮挡，因此风一直处于加速过程，且风向总体是由斜下向斜上方向吹的，但是大殿是处在迎风向建筑群的尾流区，因此总体承受负风压。相反，θ=90°时风向为南，南侧山体比保国寺所处的位置海拔更高，使风的加速过程被下沉的山坳打断，此后气流从相对较高的地方斜向下俯冲向大殿的屋顶，因此，大殿受上游建筑尾流的影响较小。

（a）θ=0°　　（b）θ=90°

图 12-9　工况 3 下保国寺大殿周围流线图

三、数值模拟与实测对比验证

本节利用4个风速仪对保国寺周围环境以及山脚下环境测量得到的风速风向数据对工况三的CFD模拟结果进行验证。其中，两个风速仪分别位于大殿东侧和西侧的建筑屋顶（见图12-10，风速仪Ⅱ和Ⅲ），一个同样位于山坳中保国寺附近（风速仪Ⅳ），另一个位于山脚下（参考位置，风速仪Ⅰ）。验证采用10 min的平均风速和平均风向。排除参考位置的风速小于2 m/s的测量数据。验证过程比较的两个参数是风向和无量纲风速，其中，是任何一点的风速，是参考位置（风速仪Ⅰ）的风速。现场监测得到的平均风速和风向，与CFD模拟得到的风速和风向、对比结果如图12-11所示，其中，为监测数据的平均值和标准偏差值。模拟得到的的无量纲风速值在相应的平均测量值的5%~20%。模拟风向与测量的平均风向的偏差一般小于25°。除风速仪Ⅲ所在位置

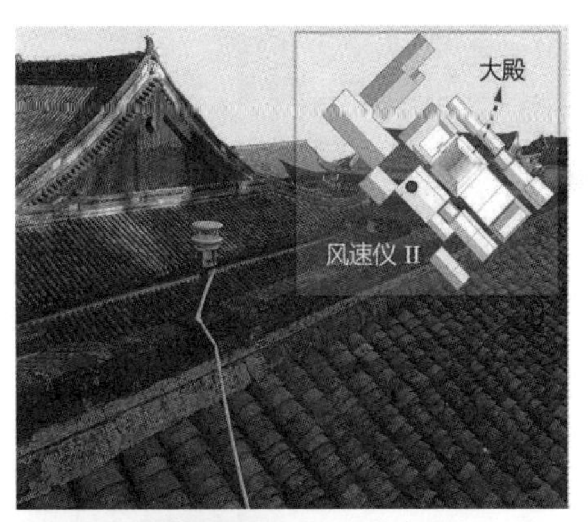

图 12-10　风速仪位置示意图

外，其他位置的模拟结果和监测数据的吻合度较高，数值模拟的无量纲风速和风向通常落在测量值的2倍标准偏差范围内，由此验证了前文所述的CFD模拟方法的可靠性。在风速仪Ⅲ附近，墙体向上突出的存在影响了风流的稳定性，导致测量精度相对较低。

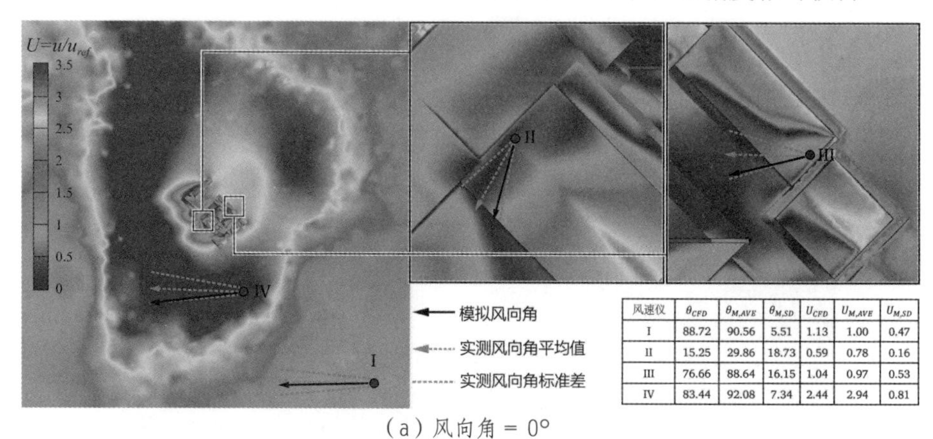

风速仪	θ_{CFD}	$\theta_{M,AVE}$	$\theta_{M,SD}$	U_{CFD}	$U_{M,AVE}$	$U_{M,SD}$
I	88.72	90.56	5.51	1.13	1.00	0.47
II	15.25	29.86	18.73	0.59	0.78	0.16
III	76.66	88.64	16.15	1.04	0.97	0.53
IV	83.44	92.08	7.34	2.44	2.94	0.81

(a) 风向角 = 0°

风速仪	θ_{CFD}	$\theta_{M,AVE}$	$\theta_{M,SD}$	U_{CFD}	$U_{M,AVE}$	$U_{M,SD}$
I	131.94	135.14	6.31	0.99	1.00	0.36
II	132.68	121.25	10.61	1.44	1.63	0.41
III	110.83	84.92	21.23	1.98	2.10	0.69
IV	123.94	121.62	10.36	0.63	0.52	0.28

(b) 风向角 = 45°

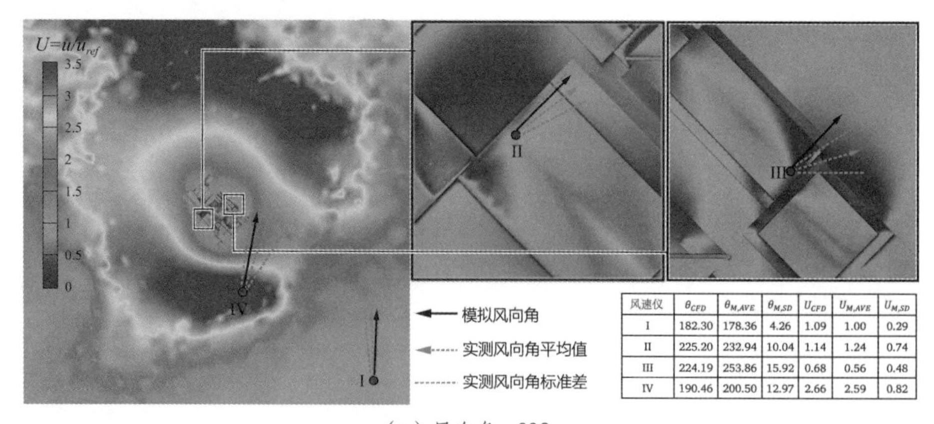

风速仪	θ_{CFD}	$\theta_{M,AVE}$	$\theta_{M,SD}$	U_{CFD}	$U_{M,AVE}$	$U_{M,SD}$
I	182.30	178.36	4.26	1.09	1.00	0.29
II	225.20	232.94	10.04	1.14	1.24	0.74
III	224.19	253.86	15.92	0.68	0.56	0.48
IV	190.46	200.50	12.97	2.66	2.59	0.82

(c) 风向角 =90°

图 12-11　环境风速与风向的模拟结果与实测数据对比情况

四、抗风有限元计算

1.有限元模型建立

（1）材料参数确定。本节利用有限元软件SAP2000进行有限元分析。根据华南农业大学2003年所做的木材品种鉴定①，大殿结构件所用的木材为杉木，材料的基本参数采用规范建议值②。材料的密度和力学性能根据规范③建议进行折减。表12-1列出了有限元分析中最终采用的材料常数。其中，E为弹性模量，v为泊松比，G为剪切模量；下标L代表纵向，R代表径向，T代表弦向。

表12-1　杉木的材料参数

E_L/GPa	E_R/GPa	E_T/GPa	v_{LT}	v_{LR}	v_{RT}	G_{LT}/GPa	G_{LR}/GPa	G_{RT}/GPa
6.75	0.675	0.675	0.3	0.3	0.3	0.311	0.311	0.311

（2）榫卯节点模拟。大殿结构采用了四种类型的榫卯连接方式，有限元建模中考虑了榫卯节点的半刚性。节点的刚度值（K_s）根据已有的试验研究④确定（见表12-2）。

表12-2　四种榫卯节点刚度值

参数	柱脚直榫	直榫	透榫	镊口鼓卯榫
K_s/(kN · m/rad)	146.68	53.82	139.45	125.39

（3）倾斜柱子模拟。保国寺大殿内的木柱均出现了不同程度的倾斜和柱脚滑移现象。中间的三根柱子上可以观察到严重倾斜。图12-12为根据东南大学的勘测结果[2]绘制的柱脚偏移和柱子倾斜情况，图中空心圆和阴影圆分别表示柱脚和柱顶所在的位置，Δx和Δy表示沿相应方向的偏移距离，H是柱子的高度，α是柱子的倾斜角。在实际情况中，柱子倾斜会导致梁柱连接节点处产生力矩。在有限元分析中，为了等效模拟倾斜木柱，根据柱实际倾斜角度进行建模，并在梁柱连接处施加由倾斜所产生的力矩，力矩的计算方法是将表12-2中的刚度乘以柱倾斜角度。

---

① 张十庆. 宁波保国寺大殿：勘测分析与基础研究［M］. 南京：东南大学出版社, 2012.

② 中华人民共和国住房城乡建设部. 木结构设计标准：GB 50005-2017[S]. 北京：中国建筑工业出版社, 2017.

③ 中华人民共和国住房城乡建设部. 古建筑木结构维护与加固技术标准：GB/T 50165-2020[S]. 北京：中国建筑工业出版社, 2020.

④ CHUN Q, JIN H, DONG Y, et al. Research on mechanical properties of Dingtougong mortise-tenon joints of Chinese traditional hall-style timber buildings built in the Song and Yuan dynasties[J/OL]. International Journal of Architectural Heritage, 2020, 14(5): 729-750. https://doi.org/10.1080/15583058.2019. 1568613.

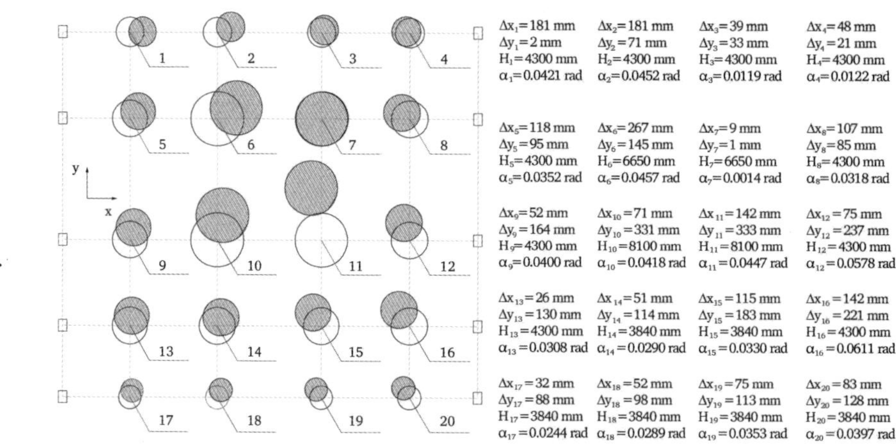

图 12-12　大殿木柱倾斜及柱脚偏移现状

（4）柱脚支撑模拟。保国寺大殿的木柱与柱础的连接方式为“平摆浮搁”。一般在有限元分析中，这种连接方式通常处理成“铰接”[①②③]。然而，最近多个研究分别从试验[④]和理论[⑤]的角度分析了柱脚连接的性能，并验证了其对结构动有着不可忽视的影响。当柱脚连接刚度$K<10$ kN · m/rad时，柱脚连接可视为铰接；当$K>105$ kN · m/rad时，可视为刚性连接[④]。本文为考虑柱脚刚度对整体结构抗风性能的影响，设置七个柱脚刚度等级，分别为0 kN · m/rad（铰接）、10 kN · m/rad、10^2 kN · m/rad、10^3 kN · m/rad、10^4 kN · m/rad、10^5 kN · m/rad和∞ kN · m/rad（刚接）。

（5）风压时程。结构风荷载的计算方法有文献提供的静力分析方法和脉动风压时程分析方法。静力分析方法即把风荷载当做静力荷载，风的动力效应则通过风振系数来表达。时程分析法则将风荷载当做动力荷载，即考虑风荷载对于结构的动态作用。本文在前述CFD模拟获得了稳态风压结果的基础上，结合相关文献，生成作用于保国寺大殿的强风脉动风压时程。风速谱采用我国规范计算采用的Davenport谱，脉动风速利用线性滤

---

① XIE Q, ZHANG L, LI S, et al. Cyclic behavior of Chinese ancient wooden frame with mortise–tenon joints: friction constitutive model and finite element modelling[J/OL]. Journal of Wood Science, 2018, 64(1): 40-51. https://doi.org/10.1007/s10086-017-1669-5.

② SONG X, WU Y, LI K, et al. Mechanical behavior of a Chinese traditional timber pagoda during construction[J/OL]. Engineering Structures, 2019, 196: 109302. https://doi.org/10.1016/j.engstruct.2019.109302.

③ ZHANG X, WU C, XUE J, et al. Fast nonlinear analysis of traditional Chinese timber-frame building with Dou-Gon[J/OL]. International Journal of Architectural Heritage, 2020, 14(8): 1252-1268. https://doi.org/10.1080/15583058.2019.1604847.

④ QIN S, YANG N, DAI L. Rotational behavior of column footing joint and its effect on the dynamic characteristics of traditional Chinese timber structure[J/OL]. Shock and Vibration, 2018: 1-13. https://doi.org/10.1155/2018/9726852.

⑤ HE J, WANG J. Theoretical model and finite element analysis for restoring moment at column foot during rocking[J/OL]. Journal of Wood Science, 2018, 64(2): 97-111. https://doi.org/10.1007/s10086-017-1677-5.

波法中的自回归法模拟。根据文献，时间步长的最优取值范围为0.1s~0.18s，故选取时间步长为0.1 s。利用MATLAB编制风压时程曲线，相关参数按表12-3取值。

表12-3　风荷载时程模拟参数

脉动风速谱类型	Davenport谱
地形地貌类型	B类
Davenport谱中表面阻力系数[21]	0.002 15
AR模型阶数	4
模拟风速时程时间长度/s	200
模拟时间步长	0.1

2.模态分析

保国寺大殿结构的前阶振型随柱脚刚度变化情况见表12-4。当K<10^2 kN·m/rad时，前三阶振型保持不变。当刚度达到10^3 kN·m/rad时，第二和第三阶振型开始发生变化。X轴平动逐渐成为主导振型，并在K=10^4 kN·m/rad时变成第一阶模态。到目前所有的振型都是整体结构的均匀协调变形。随着柱脚刚度接近刚性，屋架层的振幅明显大于柱身部分。图12-13为不同柱脚刚度下的前10阶振型的自振频率。低阶振型（低于第四阶）对柱脚刚度更加敏感。综合表12-4和图12-13的信息，可以总结出，保国寺大殿的结构振型变化发生在柱脚刚度在K=10^3和10^4 kN·m/rad之间，如果K<10^2 kN·m/rad，柱脚支撑相当于铰接，如果K>10^5 kN·m/rad，则相当于刚性连接。

表12-4　大殿结构前三阶基频和振型随柱脚刚度变化情况

k（kN·m·rad^{-1}）	基频Hz	一阶振型	二阶振型	三阶振型
0	0.622 8	沿Y向平动	绕Z轴扭转	沿Y向平动
10	0.626 2	沿Y向平动	绕Z轴扭转	绕X轴扭转
10^2	0.652 3	沿Y向平动	绕Z轴扭转	沿X向平动
10^3	0.805 8	沿Y向平动	沿X向平动+绕Z轴扭转	绕Z轴扭转
10^4	1.219 9	沿X向平动	沿Y向平动	绕Z轴扭转
10^5	1.401 6	沿X向平动（屋顶振幅较大）	沿Y向平动	绕Z轴扭转
∞	1.435 4	沿X向平动（屋顶振幅较大）	沿Y向平动	绕Z轴扭转

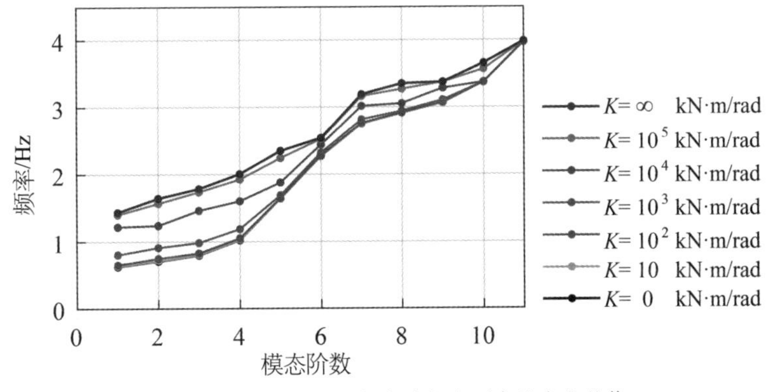

图12-13　大殿自振频率随柱脚刚度的变化趋势

3.结构响应

由CFD模拟得到的风压结果可以得到，θ=90°时大殿沿Y向受到的风荷载合力最大。由模态分析可知，大殿结构的一阶模态为Y向平动。因此，θ=90°为大殿的结构最不利风向角，下文将分析大殿结构在该风向角下的响应结果。

提取两个典型节点，88号节点（柱顶节点，高度3.8 m）和794号节点（屋顶节点，高度7.5 m）的加速度和位移结果。表12-5列出了不同柱脚刚度下的加速度和位移峰值。随着刚度增加，两节点的加速度值普遍下降，尽管节点794的下降程度相对于节点88更小。这意味着当柱脚刚度越来越大时，两个节点的加速度差逐渐增大，这将导致屋顶结构更加危险。

结构的最大位移（节点794）随着柱脚刚度的增加而明显减小。为了评估大殿在风荷载下的变形程度，本文选取木结构设计标准[①]对于木结构建筑的弹性变形极限H/300，其中H为建筑高度，可得大殿的弹性变形极限为32 mm。因此，当柱脚刚度小于10^3 kN·m/rad时，保国寺大殿在台风风荷载下的最大变形将超过其结构的弹性极限。另外，采用柱脚铰接的大殿位移大约是采用固接柱脚结构的7倍。

根据参考文献[②]，当柱顶有水平和垂直荷载共同作用的情况下，直立或略微倾斜的柱脚可以提供一定的恢复力矩，但是如果柱顶位移超过柱径的一半将导致柱脚的支撑刚度为零。文献中的研究表明：当柱子倾斜角度α<0.000 6 rad时，柱脚刚度K≈1 500 kN·m/rad；当0.000 6 rad<α<0.001 3 rad时，K≈200 kN·m/rad；当0.001 3 rad<α<0.002 3 rad时，K≈50 kN·m/rad；当倾斜角度超过0.002 3 rad后，柱脚刚度会陡然下降到零。根据柱子目前的倾斜情况，所有的柱子的支撑都可以当作铰接处理。由此可得台风期大殿的最大位移将超过弹性极限，约为43 mm。结构变形情况如图12-14所示。由于两侧的风吸力，X轴的变形表现为轻微的向外扩张，但远远小于顺风向Y轴位移。

表12–5　加速度与位移峰值

k（$kN \cdot m \cdot rad^{-1}$）	加速度峰值（$m \cdot s^{-2}$）		位移峰值/mm	
	节点88	节点794	节点88	节点794
0	0.396	0.525	33.870	43.680
10	0.394	0.522	33.933	43.850
102	0.392	0.516	32.669	42.644
103	0.366	0.455	24.174	31.423
104	0.289	0.463	12.105	15.965
105	0.210	0.458	4.125	6.740
∞	0.207	0.456	4.066	6.257

① 中华人民共和国住房城乡建设部. 木结构设计标准：GB 50005-2017[S]. 北京：中国建筑工业出版社，2017.

② HE J, WANG J. Theoretical model and finite element analysis for restoring moment at column foot during rocking[J/OL]. Journal of Wood Science, 2018, 64(2): 97-111. https://doi.org/10.1007/s10086-017-1677-5.

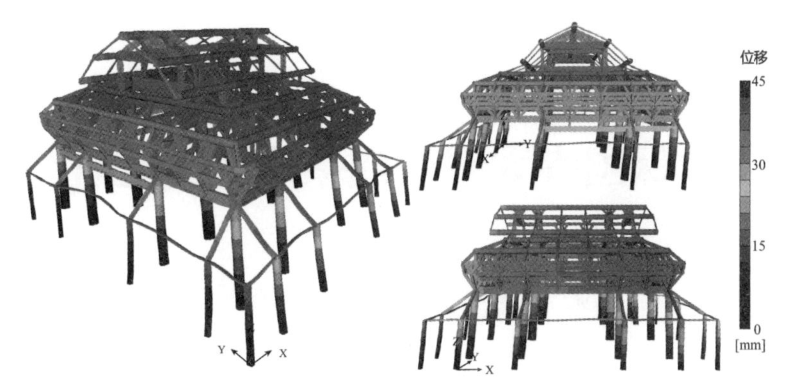

图 12-14　保国寺大殿位移响应计算结果

本文试图评估风对位于复杂丘陵地带的非隔离式古木建筑的影响，然后了解古木结构在高速风中的力学行为。有许多重要的发现，可以总结如下：

一般来说，周围建筑会减少大殿迎风面的正风压，背风面和侧风面的负风压没有明显变化；山体环境对于大殿风压的影响主要取决于来流方向上的山体高程；上游山体较低，大殿会受到较大风吸力，上游山体较高，大殿会受到较大风压力；最大的局部正负风压总是发生在屋脊、屋檐边缘和翼角；对于保国寺大殿来说，斜向风是危险风向，它将导致极大的结构风荷载合力或是极大的局部风吸力。

在强风（台风水平）作用下，采用铰接柱脚的结构最大位移是采用固接的7倍左右；根据目前大殿柱子的倾斜程度，所有柱脚可视为铰接，因此强风下结构变形将超过弹性极限。就柱子的状态而言，纠正倾斜度将是防止大殿风致破坏的有效手段。

古代寺庙建筑常常是以院落建筑群的形式存在，并多位于山上。因此，了解院落建筑群形式和山体地形对古建筑木结构的风荷载和周围风环境的影响是进行抗风保护的前提。本文关于保国寺大殿的风荷载分布特性和抗风性能的研究结果可以为其抗风监测和日常维护提供理论基础，研究方法也可为同类型木构建筑遗产的抗风研究及保护实践提供参考。

宁波保国寺大殿的残损病害特征研究

宋　焕（东南大学建筑学院）
淳　庆（东南大学建筑学院）
林怡婕（东南大学建筑学院）
徐学敏（宁波市天一阁博物院）
滕启城（宁波市天一阁博物院）

宁波保国寺大殿建于北宋年间，是江南地区现存唯一的北宋遗构，历史信息留存极为丰富，反映了宋元时期江南最先进的建筑技术。保国寺大殿结构独特，气势恢宏，千年如初，是现有江南传统木构建筑中与《营造法式》做法最为相近的实例，入选国内第一批全国重点文物保护单位，极具历史、文化价值，被视为江南建筑瑰宝①。

作为北宋厅堂建筑的优秀实例，保国寺大殿进深大于面阔的方三间平面，八架椽屋的厅堂侧样和椽架布局，前部的藻井应用，体现了在礼佛功能布置、空间构成处理方面的独特匠心。其“井”字型构架系统，内外柱不等高的厅堂榀架形式，通过纵横两个方向的梁栿、额、枋、串、昂、扶壁栱等增强的整体拉结处理，使其构架具有极强的整体性、稳定性和整体刚度，表现出极高的木结构技术水准②。保国寺大殿的构架所体现的的八架椽屋三椽栿对乳栿用四柱的侧样、明栿月梁造、真昂长两架、厦椽长两架、阑额用重楣形式、斗八藻井、铺作单栱造、丁头栱与虾须栱的应用、方格眼或者菱形格眼的遮椽板、额枋串满饰七朱八白等等大量的型制特征，代表了唐末五代以来、北宋时期江南地区的高水平木构建筑营造技艺，具有典型的时代性与地域性特征③。

然而，由于长期的风雨洗礼，材料和结构不可避免的产生损伤，保国寺内木构建筑群普遍存在材料性能劣化、构件损伤、位移沉降、变形弯曲和构件缺失等问题，时刻威

---

① 淳庆,喻梦哲,潘建伍.宁波保国寺大殿残损分析及结构性能研究［J］. 文物保护与考古科学,2013,25(2):45-51.

② 淳庆,林怡婕,张承文.宁波保国寺大殿的结构机制和健康监测关键技术研究［C］//宁波市保国寺古建筑博物馆.东方建筑遗产(2018—2019年卷). 北京：《中国学术期刊（光盘版）》电子杂志社有限公司，2020:143-151.

③ 清华大学建筑学院郭黛姮,宁波保国寺文物保管所.东来第一山:保国寺［M］. 北京：文物出版社，2003.

胁着珍贵建筑遗产的长久寿命。因此，对其进行详细的现状勘察和残损分析具有重要意义，可科学评估木构建筑遗产的健康状况，进一步制定合理的保护策略，可最大限度地保障优秀木构建筑的历史价值和结构安全。

一、研究对象与勘察方法

1.研究对象

本研究将宁波保国寺大殿分为建筑整体和具体构件两部分进行残损病害研究，具体包括建筑柱身、墙体与梁架等部位的倾斜率、变形程度的评估和记录，以及大殿柱构件、铺作构件和梁枋构件的构造、松动、歪闪、开裂、虫害、腐朽等残损病害现状的调查（见表13-1）。

表13-1　保国寺大殿的具体研究对象及其特征

研究对象	研究分对象	特　征				
建筑整体	柱架	内柱	平柱	角柱		
	墙体	东墙	西墙	南墙	北墙	
	梁架	前檐	内槽	后檐	东山	西山
具体构件	柱	段合	包镶	整柱		
	梁枋	梁栿	额	枋	串	
	铺作	外檐	内檐	转角	补间	

2.勘察方法

（1）三维扫描分析。采用FARO Focus 3D对保国寺大殿进行三维扫描测绘工作，架站点的布设测绘方案如图13-1所示。鉴于大殿全面测绘的要求，三维激光扫描作业布站位置以及顺序采用殿外—殿内—铺作层—屋顶层的行进路线，包括大殿室外（各个立面）、室内地面以及室内2 m以上位置，共计53站。具体方法为在全面三维扫描的基础上，进行多站拼接进而得到大殿整体点云模型（见图13-2），而后对点云模型切片测量，结合目测与手工测量结果，对关键性部位变形状况进行分析比较。

（2）残损现场勘察。采用现场勘察与记录总结的方法，总结梳理保国寺大殿木结构现存的残损问题，为科学、真实的修复提供依据。大殿木构件的现状，一方面是由地基沉降、风灾、霉腐、材料性能退化等自然因素导致的构件变形，另一方面是因部分人为加固或替换导致的形制改易而成。如铺作里外跳所受荷载不均导致铺作普遍外翻，并存在扭闪、侧倾等多种问题，这主要是构件残损，散斗大量残缺，出跳构件的朽蚀，转角处令栱、撩檐枋的尺寸更改等因素导致的。因此，本文对残损情况进行评估，在细节上对构造的缺失、连接、开裂、虫害、腐朽与加固措施等方面进行现场勘查，从整体上对的构件劣化情况进行分析。

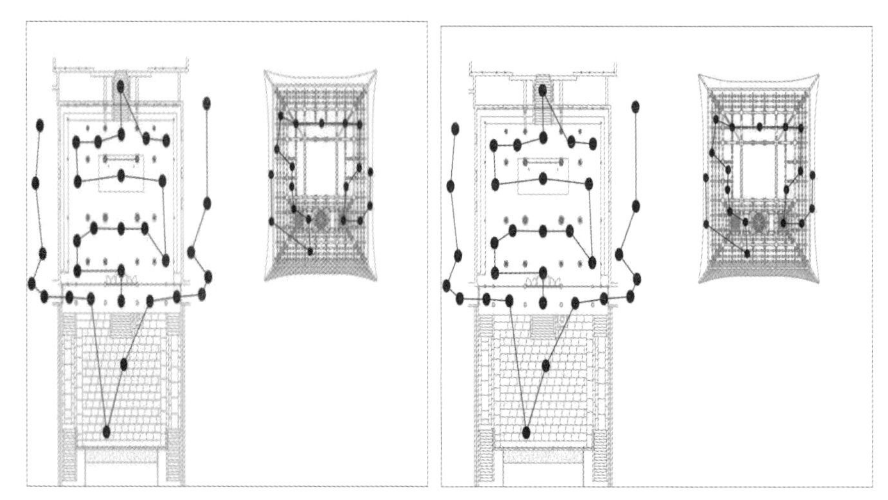

图 13-1　保国寺大殿三维扫描架站方案

（a）南立面三维点云图

（b）北立面三维点云图

（c）西立面三维点云图

（d）东立面三维点云图

图 13-2　保国寺大殿三维扫描点云立面图

二、残损病害特征

1. 变形残损病害特征

（1）柱身倾斜现状。保国寺大殿如今倾斜程度比较严重，存在明显的整体北倾、略微东倾和扭曲变形。为评估柱身歪闪倾斜情况，我们通过点云切片测量比较的方法对保国寺大殿宋构部分16根柱子的倾斜程度进行评估：整体来看，大殿柱网呈现以东北部为轴心的顺时针扭转趋势。以各柱柱脚中心为坐标原点，以东为X坐标正方向，以北为Y方向正方向，建立相对坐标系，计算各柱头柱脚偏心数据（见表13-2）。柱头高度均为柱身+柱础总高的垂直绝对高度，不考虑地坪沉降量。

表13–2　柱倾斜情况

序号	柱名称	柱头高度/mm	倾斜量/mm			方位角/°	倾斜方位角/°	倾斜率/%
			x（面阔，东为正）	y（进深，北为正）	总量/mm			
1	西南角柱	4 260	24	122	124.34	北偏东11.13	1.67	2.92
2	前檐西平柱	4 256	58	109	123.47	北偏东28.02	1.66	2.90
3	西南内柱	8 048	89	354	365.02	北偏东14.11	2.60	4.54
4	西山前平柱	4 251	68	165	178.46	北偏东22.40	2.40	4.20
5	前檐东平柱	4 283	-123	183	220.49	北偏西33.91	2.95	5.15
6	东南角柱	4 314	-142	231	271.15	北偏西31.58	3.60	6.29
7	东山前平柱	4 307	-78	238	250.46	北偏西18.15	3.33	5.82
8	东南内柱	8 048	-175	362	402.08	北偏西25.80	2.86	5.00
9	西山后平柱	4 256	113	121	165.56	北偏东43.04	2.23	3.89
10	西北内柱	6 558	210	155	261.01	东偏北36.43	2.28	3.98
11	后檐西平柱	4 226	163	72	178.19	东偏北23.83	2.41	4.22
12	西北角柱	4 341	178	17	178.81	东偏北5.46	2.36	4.12
13	东北内柱	6 471	-17	12	20.81	西偏北35.22	0.18	0.32
14	东山后平柱	4 276	-117	79	141.17	西偏北34.03	1.89	3.30
15	东北角柱	4 258	-67	18	69.38	西偏北15.04	0.93	1.63
16	后檐东平柱	4 221	16	18	24.08	东偏北41.63	0.33	0.57

此次勘测倾斜最大的为东南角柱，倾斜角为3.60°，倾斜率6.29%。最小的为东北内柱，倾斜角为0.18°，倾斜率0.32%。由于四内柱与檐柱不等高，倾斜量与倾斜角并不成正比，倾斜量最大的是东南内柱，为402.08 mm。大殿现状倾斜程度比较严重。整体来看，大殿柱网呈现以东北部为轴心的顺时针扭转趋势。其中，东南部4柱倾斜最为严重，倾斜率为5.00%～6.29%，方向北偏西；方向东偏北；西南部4柱倾斜量再次之，倾斜率为2.90%～4.54%，方向北偏东；西北部4柱倾斜量再次之，倾斜率为3.89%～4.22%；东北部4柱倾斜量最小，也最不具有趋向性规律。相较于浙江省古建筑研究院于2013年报告中指出的测量结果[①]，西南内柱、前檐东平柱、东南角柱、东南内柱、西山后平柱、东北角柱的倾斜量有明显增加。

从柱身倾斜方向和倾斜率来看，若将16柱以四柱一间为单元划分为西南、东南、西北、东北等四部分，则除东北部分外，其余三部分内的4柱倾斜方向和倾斜率相对趋同，倾斜方向均按侧脚方向，较符合常理。但四部分之间差异很大。原因是原有四部分的侧脚方向不同，与结构位移变形量叠合。从倾斜量来看，具有明显的趋向性规律，即除东北内柱外，均存在向北的倾斜量，且前部8柱向北倾斜量大，后部8柱向北倾斜量小。推

① 郑殷芳.宁波保国寺大殿现状勘察研究报告[R].杭州：浙江省古建筑设计研究院,2013.

测原因主要是前部8柱北倾位移量与原有侧脚数值叠加的结果，后部8柱北倾位移量与原有侧脚数值冲抵后反向的结果。柱脚和柱头的倾斜示意如图13-3所示（空心圈为柱脚，填充部分为柱头）。

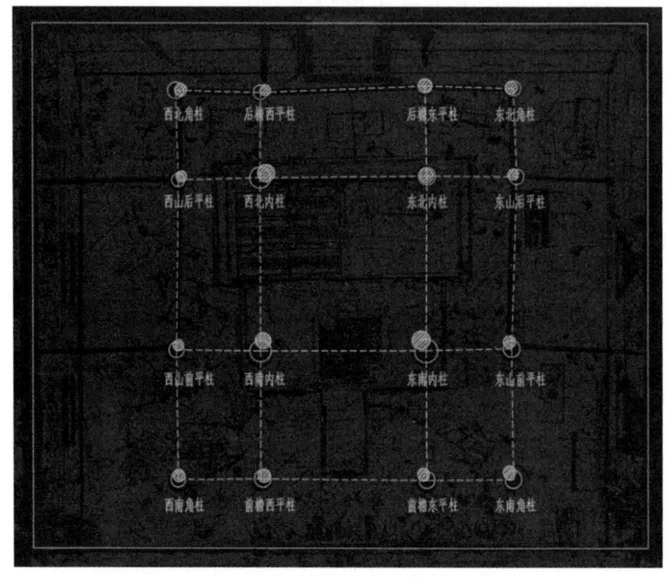

图 13-3　保国寺大殿柱头、柱脚偏心平面示意图

按照理想原始侧脚值，四间的四柱倾斜方位应为相对的45°方向。从倾斜的方位角来看，东南部四柱的倾斜量最为严重，倾斜方向北偏西，西北部四柱的倾斜量次之，倾斜方向东偏北，西南部四柱的倾斜量再次之，倾斜方向北偏东，北部四柱倾斜量最少，也最不具有趋向性规律。

（2）墙体倾斜现状。大殿墙体虽不具有承重作用，但墙体倾斜过大可能会导致一些潜在的安全隐患。因此，本次勘测对大殿墙体的倾斜程度也进行了必要的切片测量评估。

从大殿平面的墙体切片图来看（见图13-4），大殿西面墙体与北面墙体均存在逆时针扭转的态势，东面墙体有顺时针扭转趋势，但都在1°以内，而南面墙体扭转不明显。东面与南面墙体不平直，存在多个变形方向。

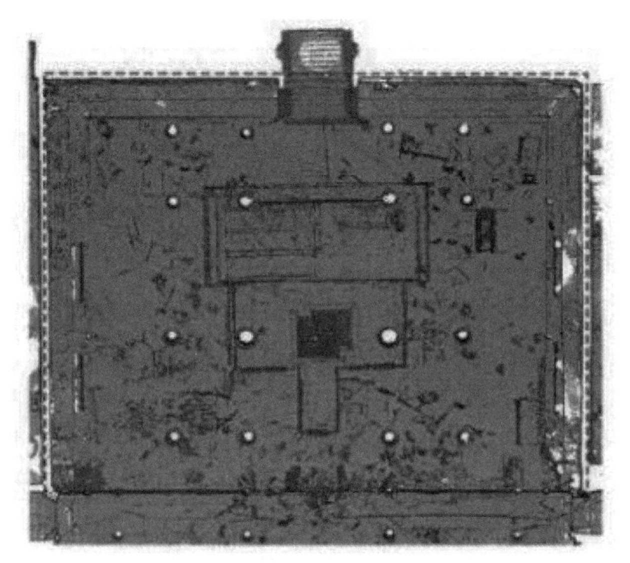

图 13-4　大殿墙体平面点云切片

另外，为了观察墙体在高度上的变形情况，需要对墙体剖面进行切片分析。为了提高准确度，对东西南北四个墙体靠外侧约四分之一处各取两个竖向切片进行分析，总计八个切片（见图13-5）。

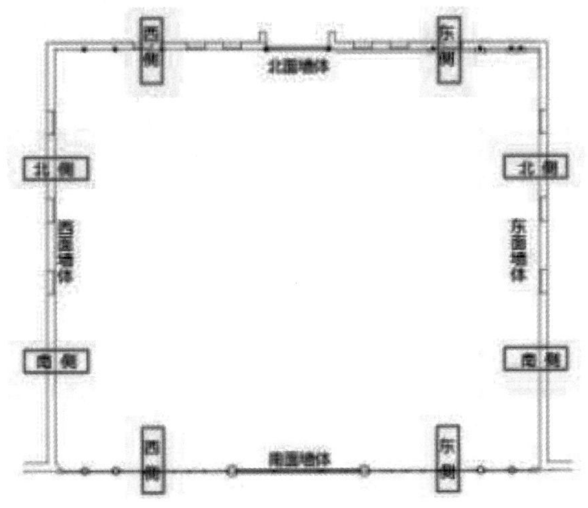

图 13-5 大殿墙体竖向点云切片

表13-3给出了不同位置墙体的倾斜结果。从倾斜率来看，大殿东西墙体分别向西侧、东侧倾斜（即向室内）倾斜，倾斜状况与木柱的趋势一致，而南北墙面整体都向北侧倾斜。其中，东侧墙体的倾斜程度最大，达到了4.92%；西侧其次，达到4.59%；北面墙体西侧部分倾斜程度最小。从变形状况来看，南墙面由于有大面积的门窗洞口，墙体不仅有倾斜，还有较为明显的变形，表现为门窗洞口上下部位错位明显。其余墙面均砖砌墙体，但倾斜率都已超过规范标准。

表13-3 保国寺大殿墙体倾斜情况

项 目	南 墙		北 墙		东 墙		西 墙	
位置	东侧	西侧	东侧	西侧	南侧	北侧	南侧	北侧
墙顶倾斜方向	朝北	朝北	朝北	朝北	朝西	朝西	朝东	朝东
墙体高度/mm	4900	4900	4900	4900	3400	3400	3400	3400
位移量/mm	14.5	11.8	19.3	8.8	16.7	16.4	15.6	5
倾斜率/%	3.02	2.40	3.94	1.79	4.92	4.82	4.59	1.47
特征	木板墙，有明显北倾趋势	木板墙，窗户上部木质墙板较窗下墙板北倾趋势更为明显	砌体墙，墙体北倾趋势较为明显	砌体墙，墙体较为平直	砌体墙，有明显朝室内倾斜的趋势	砌体墙，有明显朝内倾斜的趋势	砌体墙，有明显朝室内倾斜的趋势	砌体墙，墙体较为平直

（3）梁架整体变形量评估。对于大殿整体梁架的变形情况，通过在点云图上描线反应整体走势可以表达得更清楚。本次测绘获取梁架仰视点云图（见图13-6），可以看出梁架略有变形，但整体上没有明显的向某一方向倾倒或扭曲的趋势。

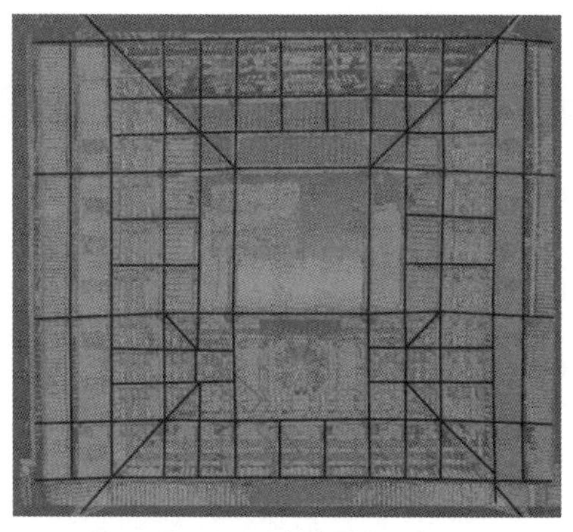

图 13-6　大殿梁架变形点云仰视图

因柱网的扭曲和整体北倾，各榀梁架跟随柱网扭曲（见表13-4），位于同一榀柱架间主要的梁栿之间也出现明显的错位，前内柱之间的额串走偏较为明显。后内柱纵架西梢间乳栿走偏最为严重，为3.27°。

通过将本次测绘数据与2016年浙江大学的测绘结果作对比可知，大殿梁架的变形情况虽然相对稳定，但是仍有缓慢发展的趋势。严重的倾斜和扭曲变形会导致结构体系传力机制发生紊乱，引发铺作、梁枋、椽架发生歪闪、错位扭曲、拔榫等局部变形和构件的应力破坏，进而导致结构整体的安全性降低，因此有必要对保国寺大殿的梁架结构变形进行适当的干预。

表13–4　大殿明栿、枋平面内偏移角度

构　件	倾斜角度/°	构　件	倾斜角度/°
心间东榀南进间三椽栿	0.41°	前檐纵架东梢间阑额	0.54°
心间东榀中进间三椽栿	0.56°	前檐纵架心间阑额	0.11°
心间东榀北进间乳栿	1.11°	前檐纵架西梢间阑额	1.30°
心间西榀南进间三椽栿	1.24°	前内柱纵架东梢间阑额	1.78°
心间西榀中进间三椽栿	0.95°	前内柱纵架心间阑额	0.02°
心间西榀北进间乳栿	0.83°	前内柱纵架西梢间阑额	0.02°
东山榀南进间阑额	0.39°	后内柱纵架东梢间乳栿	2.28°
东山榀中进间由额	1.46°	后内柱纵架心间阑额	0.34°
东山榀南进间由额	1.52°	后内柱纵架西梢间乳栿	3.27°
西山榀南进间阑额	0.54°	后檐纵架东梢间由额	0.95°
西山榀中进间由额	0.11°	后檐纵架心间由额	0.94°
西山榀南进间由额	1.30°	后檐纵架西梢间由额	0.94°

*2.*柱构件残损病害特征

（1）现场勘查结果。保国寺大殿核心部分的16根木柱为宋代所建，均为瓜棱柱（见图13-7）。其中，3号、4号、6号、9号、10号、15号等6根柱均在1975年修缮时期已进行过铁箍加固、药剂灌注、局部挖补、浅表镶补等修补措施。现可见4号、6号、9号、10号都出现因灌注环氧树脂等药剂加固后的构件明显扭曲、鼓胀变形情况，3号柱的残损情况相对较轻微，15号柱仍有明显的拼料离散的问题，且柱头与丁栿交接处有较长受压纵向裂缝，残损情况较为严重。

13号柱出现多处纵向裂缝，但现柱头未见明显拼料离散。15号柱根柱脚拼料离散较为明显，且材质由于风化而开始萎缩。16号柱脚受潮情况较为明显，仍有腐朽隐患，柱身有多处霉菌、虫蛀，残损情况较为严重。保国寺大殿柱构件存在虫蛀、离散、开裂、空洞、腐朽等典型的残损病害（见图13-8）。

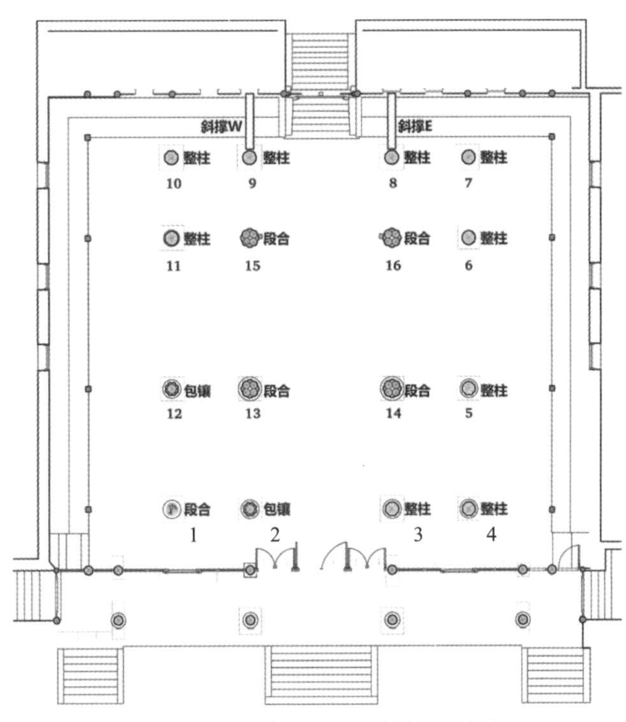

图 13-7　保国寺大殿柱分布特征及命名图

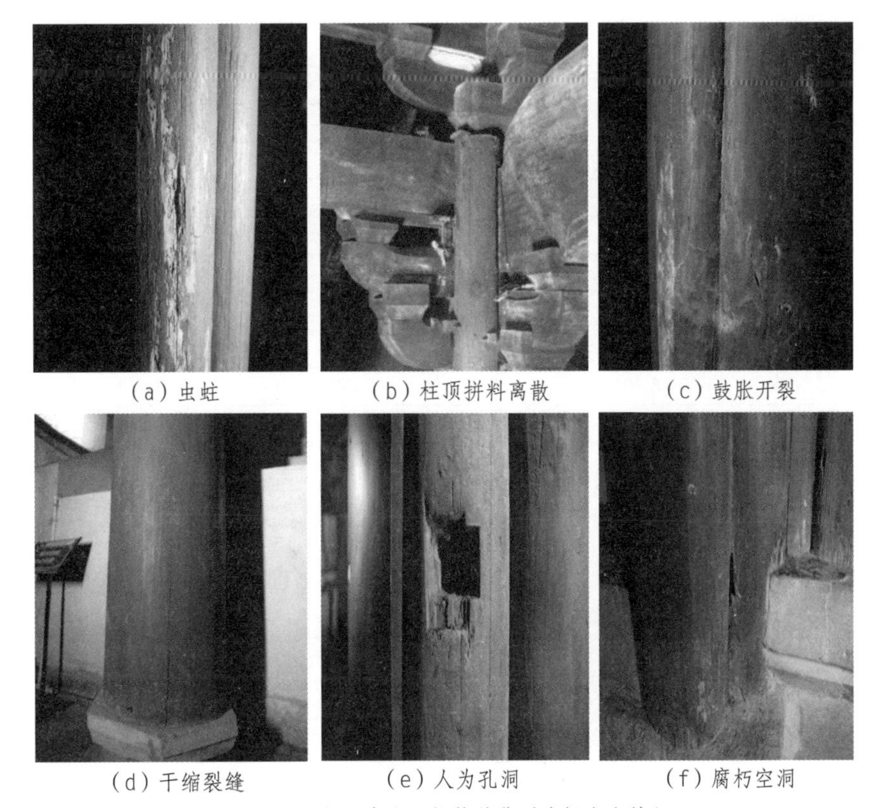
（a）虫蛀　（b）柱顶拼料离散　（c）鼓胀开裂

（d）干缩裂缝　（e）人为孔洞　（f）腐朽空洞

图 13-8　保国寺大殿柱构件典型残损病害特征

（2）含水率检测结果。为了分析湿度情况对大殿柱构件残损病害情况的影响，使用欣宝科技MD2G+ 木材水分测试仪保国寺大殿宋代木柱进行了表层含水率测试，木柱含水率检测选取距离柱础1 m及2 m两种高度，每个高度按圆周平均选取2个测试点，最后取平均值作为对应木柱高度的含水率代表值。

对16根大殿宋代木柱表层含水率进行测试，按照木柱不同构造特征，可将测试结果分为整木柱、八段包镶柱与四段合柱三类（见表13-5）。3~11号整木柱表层（0.8 cm内）含水率测试范围在15.25%~20%；八段包镶柱（2号及12号）表层（0.8 cm内）含水率测试范围为12.75%~17.75%；四段合柱（1、13、14、15、16号柱）表层（0.8 cm内）含水率测试范围为13.25%~22.25%。

表13–5　柱构件含水率检测结果

木柱编号	含水率平均值		特　征
	距离柱础1 m	距离柱础2 m	
1	14.00%	17.00%	段合
2	15.75%	12.75%	包镶
3	17.00%	16.25%	整柱
4	17.75%	20.00%	整柱
5	15.25%	17.25%	整柱
6	17.25%	17.50%	整柱
7	16.50%	15.50%	整柱
8	16.00%	15.75%	整柱
9	15.75%	15.50%	整柱
10	17.00%	15.25%	整柱
11	16.25%	15.25%	整柱
12	17.75%	15.75%	包镶
13	22.25%	19.25%	段合
14	16.75%	15.25%	段合
15	14.00%	13.50%	段合
16	13.25%	14.00%	段合
平均值	16.40%	15.98%	
CV	12.50%	11.90%	

整体大殿宋柱的表层（0.8 cm内）内含水率较高的部位大多集中在较低位置（距柱础1m），少数及个别集中在较高部位（距柱础2 m）。这是因为高度较低部分的木柱与柱础连接，距离地面较近，水分容易通过柱础传递到木柱上，所以木柱下面呈现（0.8 cm内）含水率较高的状态，但大殿木柱在两个高度上的表层含水率平均值差别不大，分别为16.4%和15.98%。

3.梁枋构件残损病害特征

（1）梁栿构件。梁枋构件由于距离地面较远，不直接受地面返潮影响，屋面漏雨的影响范围也基本止于草架部分，因此总体保存情况尚属良好（见图13-9）。据现场勘查所见，梁栿表层木质有不同程度的风化，总体情况尚属正常；只位于东西山面的两道平梁，朝外一侧干缩程度较重，木筋已全数露出。栿身多见一些长而浅的裂缝，据分布情况推测是梁架整体变形受压造成的扭折开裂，尚不严重。此外，梁栿入柱端作为应力集中点，容易受到挤压而发生破坏；现场即见到多处修补痕迹，主要用木块夹嵌、药剂粘涂，或者缠以玻璃纤维布。其中，规模较大的修补集中在西北角的两道乳状上，其受损程度可能较重，推测原因为白蚁侵蚀导致的糟朽残缺①。

图 13-9　梁栿构件现状

（2）额串构件。额串构件总体而言未见严重残损，但存在较多更换，其中杂有移用旧料的情况，如东次间内额本为心间前内柱间下额长料，1975年维修时两者皆需更换，于是用新料替换后者，又将后者截短，移至东次间继续使用。因此依现状所见，东次间内额东侧入柱处额身有收杀，西侧直肩入柱，且额身的七朱八白刻饰分布不对称，西侧最末一道白直抵柱身，这两点显然都是移用时额身自西侧截短所致。此外也存在部分现状欠佳的构件，主要集中在后檐，尤其东北角。后檐东次间下帽帽身两侧都坑洼不平，表面七朱八白刻饰已经完全磨损不见，推测为白蚁啃食所致（见图13-10）。

图 13-10　额串表面风化、虫蛀及修补痕迹

4.铺作构件残损病害特征

铺作构件的现状勘察包括外檐铺作以及内檐铺作两类，共计46朵（见图13-11）。其中，外檐铺作7种，共30朵，按照方位与类型分为前檐柱头铺作（3号、6号）、前檐补间铺作与东西两山前间补间铺作（2号、4号、5号、7号、9号、10号、29号、30号）、前檐转角铺作（1号、8号）、两山及后檐柱头铺作（11号、14号、18号、21号、25号、28号）、东山面补间铺作及后檐东面补间铺作（12号、13号、15号、17号、19号）、西山面补间铺作及后檐西面补间铺作（20号、22号、24号、26号、27号）、后檐转角铺作

① 张十庆.宁波保国寺大殿:勘测分析与基础研究［M］.南京：东南大学出版社,2012.

（16号、23号）；内檐铺作9种，共16朵，按照方位与类型划分为前内柱柱头（34号、37号）、后内柱柱头（40号、43号）、前照壁上补间（35号、36号）、后照壁上补间（41号、42号）、内柱身丁头栱、前三椽栿上顺栿栱（31号、32号）、乳栿及丁栿上襻间四重栱（33号、38号、39号、44号、45号、46号）。各蜀柱柱头铺作由于条件限制而未进行勘察。

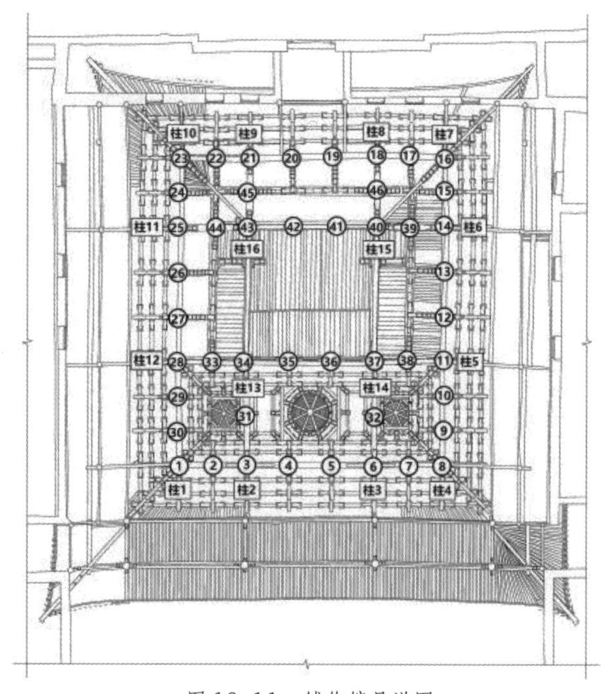

图 13-11　铺作编号详图

铺作保存状况不甚理想，存在较多残损病害（见图13-12）。外檐铺作中，转角铺作的残损最为严重，西南转角铺作由于结构受力状态的原因，出现的残损多为受压开裂；东南转角铺作则是所有铺作中虫蛀病害最为严重的；后檐转角铺作残损多为严重糟朽导致。从铺作构件层面来看，铺作散斗与昂上交互斗普遍存在斗耳残缺、径向裂缝与边棱残缺等残损情况；前檐铺作栌斗残损情况较为严重，1号、2号、4号、7号、8号铺作的栌斗均出现了严重的纵向劈裂，且大部分没有进行加固；东山部分铺作普遍出现了虫蛀情况，以8号转角铺作最为严重，其余8~16号铺作昂尖均有零星的大虫洞分布；后檐铺作令栱、瓜子栱与慢栱、昂构件的糟朽情况十分严重；西山部分铺作部分进行过剔补、铁箍加固等措施，现状相对较为好，但也存在部分栱构件的受压劈裂情况，铺作典型残损病害如图13-12所示。内檐铺作中，襻间四重栱均有严重歪闪的趋势，同时44号栌斗已严重压溃，46号栌斗已部分朽烂；内柱丁头栱多有顺纹通长劈裂的情况，并有部分脱榫情况明显；前檐三椽栿上骑栿铺作与内柱柱间铺作部分有霉菌侵袭，需重点关注。

（a）虫洞

图 13-12　保国寺大殿铺作构件典型残损病害特征

(b) 腐朽（霉变）

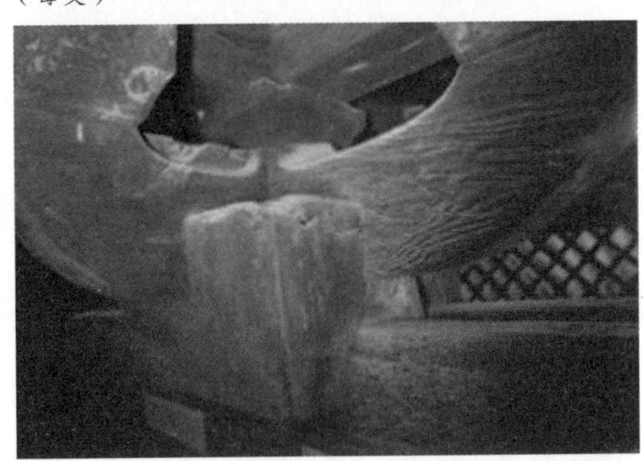

(c) 压溃

(d) 连接松动（斗与枋脱开）

(e) 开裂

续图 13-12　保国寺大殿铺作构件典型残损病害特征

（f）歪闪

（g）铁箍加固

续图 13-12　保国寺大殿铺作构件典型残损病害特征

综上所述，上述内容通过对保国寺大殿的精细测绘和现场勘察，对大殿的整体变形情况和构件残损病害特征进行了研究，可得出以下结论：

（1）大殿现状倾斜程度较为严重，柱梁构架存在明显的整体北倾、略微东倾和扭曲变形，柱网呈现以东北部为轴心的顺时针扭转趋势。超过半数木柱的柱头中心已经接近或达到柱脚截面的边缘，单根柱子的安全状态接近失稳的临界线。大殿墙体倾斜情况倾斜状况与木柱的趋势一致，南墙面由于有大面积的门窗洞口存在较为明显的变形。各榀梁架跟随柱网扭曲，主要梁栿错位、额串走偏情况较为明显。

（2）保国寺大殿柱构件的残损病害特征包括虫蛀、腐朽、注胶后的鼓胀开裂、干缩裂缝、柱顶拼料离散和人为挖孔等。柱构件的表层含水率在距离柱础不同高度位置上的平均值差别不大，含水率较高的部位相对出现在较低位置（距柱础1 m处）。其中，图13-11所示中的13号、15号、16号柱残损病害较为严重，亟需在后续的修缮与监测保护中进行重点处理。梁枋构件由于较少地受湿度变化影响，现状保持相对良好。

（3）现存保国寺大殿的铺作构件残损病害情况较为严重，主要残损类型有虫蛀、腐朽、压溃、连接松动、开裂、歪闪等情况。转角铺作由于结构受力状态存在多处受压开裂，同时虫蛀病害和槽朽残损也较为严重。从铺作构件层面来看，铺作散斗与昂上交互斗普遍存在斗耳残缺、径向裂缝与边棱残缺等残损情况；栌斗构件由于长期承载普遍存在严重开裂与压溃。东山铺作受生物侵蚀情况较为严重，以东南转角铺作最甚。内檐铺作歪闪较多，同时存在脱榫情况。

（4）为防止保国寺大殿构架的进一步变形发展，以及木构件的虫蛀腐朽和性能劣化，应从构造上改善通风防潮条件，保持环境干燥，对易受潮腐朽和遭虫蛀的构件用防腐防虫药剂进行处理。对于已压溃和严重开裂的构件，应采取原材料进行适当的修复或更换。对于有较大离缝和有明显松动的构件，采取适当的加固措施，加固所用材料的耐久性，不应低于原有结构材料的耐久性[①]。在修缮加固时应注意原结构的的形制构造做法，提高构件性能的同时达到修旧如故，最大限度地保障保国寺大殿的结构安全和历史价值。

---

① 阙泽利,姚孜银,李哲瑞,等.少林寺初祖庵大殿外檐斗拱现状勘查与残损分析［C］//宁波市保国寺古建筑博物馆.东方建筑遗产(2018—2019年卷). 北京：《中国学术期刊（光盘版）》电子杂志社有限公司，2020:112-116.

分子生物学技术在保国寺北宋大殿木构件来源地鉴别中的应用

滕启城（宁波市天一阁博物院）
徐学敏（宁波市天一阁博物院）
曾　楠（宁波市天一阁博物院）
阙泽利（南京林业大学）

一、前言

宁波保国寺不是以宗教寺庙闻名于世，而是以精湛绝伦的木构建筑令人叹为观止。保国寺于1961年被评为第一批全国重点文物保护单位，其古建筑群内存有大雄宝殿、天王殿、唐代经幢、观音殿、藏经楼、净土池等殿宇古迹。现存大殿建于北宋大中祥符六年（1013年），是长江以南地区保存最完整的木结构建筑之一。在潮湿多雨、周期性台风多发的江南滨海地区，木结构的殿宇建筑能完整保存上千年绝非易事[①]。有关保国寺大殿的神奇之处，在民间还流传着"虫不蛀，鸟不入，蜘蛛不结网、梁上无灰尘"的佳话。至于缘由，粗略概括为"大殿里存在一种奇特的木材"。对这种神奇木材的搜寻和探究，既可以深入对保国寺大殿材料的基础研究，也可为木构遗产建筑的保护和修缮提供科学依据。

二、保国寺桧木构件的发现

保国寺档案资料显示，在1975年文保部门对保国寺大殿大修后，曾委托华南农业大学对维修木构件进行鉴定时发现了黄桧木，但报告中未明确该构件的具体位置。该树种的学名为Chamaecyparis taiwanensis masamuneet suzki，是由较早研究扁柏的东京大学农学院正宗嚴敬教授命名的[②]，多生长在日本的南部区域。18—19世纪日本南部屋久岛中盛产扁柏，且有较大规模的砍伐记录。2009年中国林业科学研究院木材工业研究所对保国

---

① 郭黛姮，宁波市保国寺古建筑博物馆.东来第一山保国寺［M］.上海：上海科学技术出版社,2018.
② 正宗嚴敬.タイワンヒキについて[R].東京大学演習林報告,1949.

寺大殿开展了构件材质状况勘察[①]，第一次系统地勘察了木构件的残损情况，给后期古建筑研究和修缮提供了基础信息。经过对主要大木构架取样鉴定树种，确定两处上层下昂为柏科（Cupressaceae）扁柏属（Chamaecyparis）（见图14-1），又称桧木。

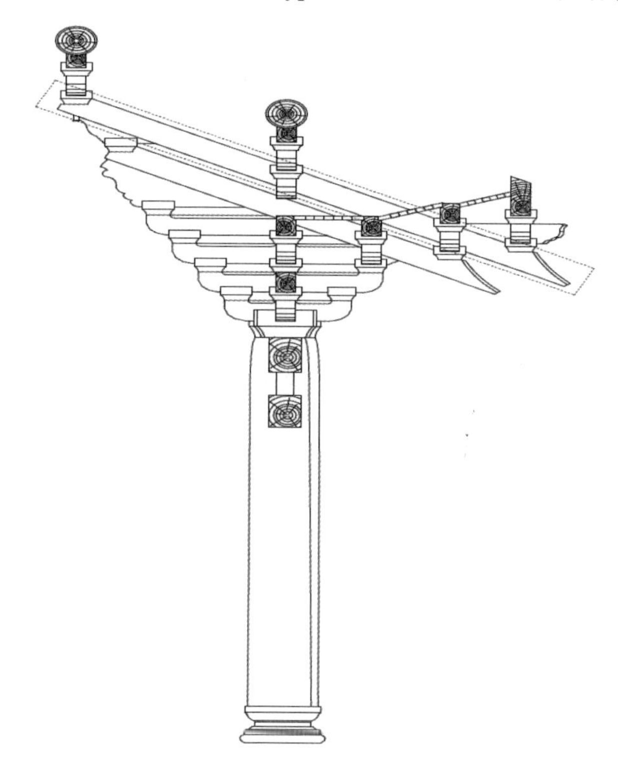

图 14-1　保国寺北宋大殿桧木构件位置（上层下昂）

扁柏属共有6个自然种，分布于日本、北美及我国台湾阿里山地区，而在我国大陆地区并不出产扁柏[②]。扁柏是日本种植面积较大的树种之一，约占森林面积的10%，自史前时代就有砍伐应用的记载，主要用于神社、寺庙和其他等级较高的大型建筑。扁柏中含有大量的精油，散发出具有一定刺激性的气味，具有天然的驱虫和抗白蚁的性能。

三、宋代木材资源的分析

两宋至元时期，明州（宁波旧称）是当时政府对外开放的主要合法港口，在当时对我国与日本和东南亚等地区的交流中起着极其重要的作用，也是“海上丝绸之路”的重要节点。两宋时期中外交流的历史资料记载了大量的贸易、文化、建筑等方面的交流情况，其中大宗商品包括丝绸、茶叶、钱币、木材等。

因战败于金政权，宋首都迁至临安（今杭州）后便开启了南宋时代，大量的人口流

① 由中国林业科学研究院编写而成的“宁波保国寺大殿木结构材质状况勘察报告”.

② 成俊卿,杨家驹,刘鹏.中国木材志［M］. 北京：中国林业出版社,1992.

入和经济社会的快速发展，使得浙东地区的木材资源变得更加严峻。经历了北宋和南宋两个时期的庄绰在《鸡肋篇》中记载，临安附近的山林没过几年就变得荒芜，而曾经大量出产木材的越州成了“有山无木”的地方[①]。南宋学者楼钥撰写的《攻愧集》卷21《乞罢温州船場》曾记载，高宗时期（1127—1162年）温州地区木材充裕，温州造船厂一年造船数量可达百艘，而到了孝宗时期（1162—1189年），由于山林的大树枯竭，每年仅生产10余艘，因此提出废除该造船厂的意见[②]。南宋时期的《四明它山水利备览》记载了当时明州的情况：“明州每一座山都在茂密的森林深处……但近年来，木材价格上涨，树木被无休止地砍伐，每座山都变得像孩子的头”（见图14-2）[③]。由此可见当时树木资源匮乏，而王宫和寺院的建造，使造船和棺材制作所必需的木材成了稀缺品，部分寺院不得不通过入宋僧从日本购买木材。

图 14-2 《四明它山水利备览》描绘的宋朝儿童发型

保国寺北宋大殿的四根拼合内柱堪称建筑一绝，是目前已知较早的拼合木柱案例，且与《营造法式》规定的“段合柱”最为接近（见图14-3、图14-4）。而根据有关学者研究推断，北宋保国寺大殿创建时约8 m高的内柱可能就是拼合柱结构，不同于刻瓣加工出的约4 m高的瓜棱形状檐柱，其截面是组合的。四个直径较小的原木通过燕尾榫连接成一个整体，在外围再包镶上四个瓜瓣，构成“四段合包镶”结构的瓜棱柱。而采用小截面的木材相嵌连接的方式制造拼合柱，极有可能是与当时浙东乃至整个江南地区木材资源枯竭，无法寻找到适合建造大殿所需高度和径级的原木有关。正是由于重要木柱构件的材料短缺，当时营造大殿的工匠们创造性地发明了段合做法，并被大殿建成90年后颁布出版的《营造法式》所吸收。

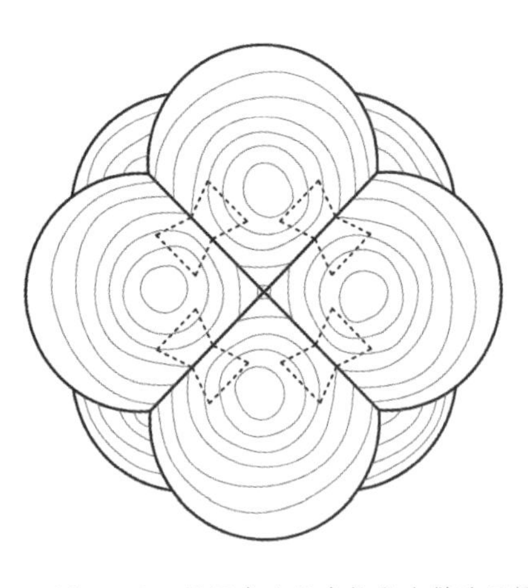

图 14-3 保国寺大殿内柱段合做法还原

① 萧鲁阳.鸡肋篇［M］. 北京：中华书局,1983.

② 楼钥.攻愧集［M］. 北京：中华书局,1985.

③ 魏岘.四明它山水利备览［M］. 北京：中华书局,1985.

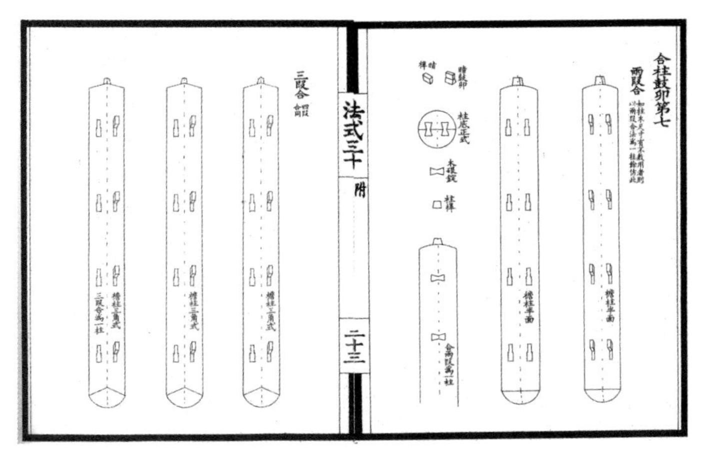

图 14-4　《营造法式》规定的段合做法

四、海外来材的可能性研判

10—12世纪的两宋时代，中日两国文化交流密切，贸易往来也达到一定规模。史料记载较早的入宋僧人有重源和荣西，他们曾多次前往中国，特别是在明州地区留下了较多的活动轨迹。这些僧人不仅学习中国的文化和建筑技术等，还将日本的木材运输到中国，为两国的文化交流与发展作出较大贡献。《攻愧集》卷110《育王山妙智禅师塔铭》中简要地记载了日本僧人重源运送日本周防国（今山口县）的良才至明州阿育王寺，帮助修建殿堂的情况。《中日交通史》载“……荣西归国后曾输送多数良材以助其工作。重源亦输送周防国之木料建立明州育王山舍利殿……”[①]。据《攻愧集》卷57《天童山千佛阁记》中记载，1189年，荣西随禅师虚庵怀敞来到明州天童山景德禅寺。天童山在南宋禅宗五山中位列第三。当时天童山内千佛阁毁于火灾，担任住持后的虚庵怀敞立志修复，而荣西为报答师恩，从日本运来良材帮助重建了天童千佛阁。“二年果致百围之木凡若干，挟大舶，泛鲸波而至焉，千夫咸集，浮江蔽河，辇致山中。”可见，当时运送径级较大木材的场景极为壮观，跨越荒海，浩浩荡荡。

此外，圆尔辨圆也是一位来华日僧的杰出代表。根据《日中文化交流史》中记载，1235年，圆尔入宋后先后访问了天童寺、净慈寺、灵隐寺等，参谒名僧，又登径山师从并继承无准师范的法统（见图14-5）[②③]。圆尔辨圆归国后听闻径山寺遭遇火灾后委托在日本博多的临安商人谢国明寄送千根木材，帮助修缮寺院。《天童寺志》《阿育王寺志》中记载了宋期日本佛教僧人多次到访明州的天童寺阿育王寺学习和交流，并捐赠木材修建寺院寰宇。保国寺内石碑刻《培本事实碑》记载了“……海道遂通，又兼吾资祖

① 木宫泰彦.中日交通史［M］.太原：山西人民出版社,2015.

② 木宫泰彦,胡锡年.日中文化交流史［M］.北京：商务印书馆,1980.

③ 沈忱.日本圣一国师圆尔研究[D].杭州：浙江工商大学,2017.

辉者佐理，乃敢浮海伐木购材……”①。这足见明州在早前就与日本有着密切的文化交流和海上贸易往来。保国寺在宋代并未列入五山十刹，不是著名寺院，寺院规格并不宏大，建造所需木料有限，因而在建造时，比较容易从当时兴盛的宋日贸易中获得桧木材料。明代李言恭编撰的《日本考》一书中曾记载“在养久山（今日本南部屋久岛）杉木和罗木（即桧木）是当地特有的产物之一”②，这表明历史上曾有桧木作为大宗商品流入中国（见图14-6）。

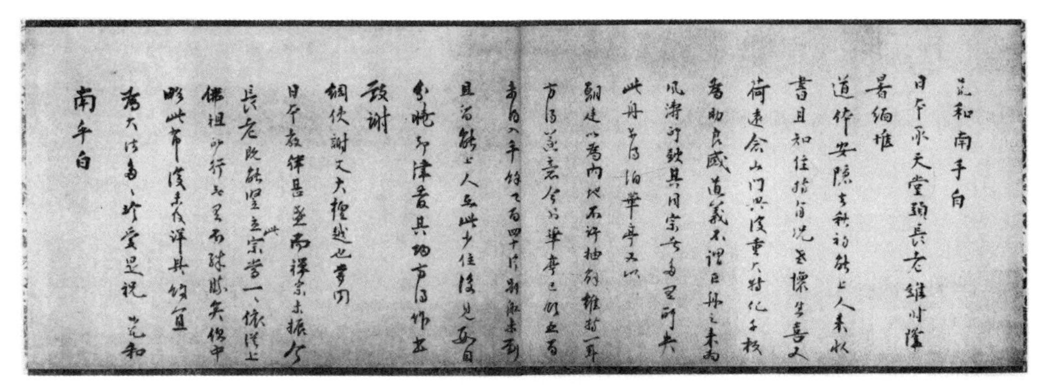

图 14-5　无准师范与圆尔辨圆的信函

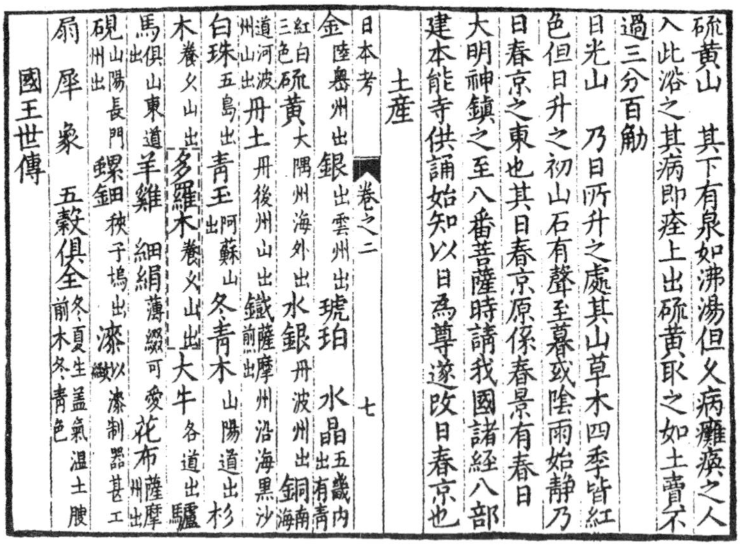

硫黄山　其下有泉如沸湯但久病癱瘓之人
入此浴之其病即瘥上出硫黄取之如土賣不
過三分百觔
日光山　乃日所升之處其山草木四季皆紅
色但日升之初山石有聲至暮或陰雨始静乃
日春京之東也其日春京原係春景有春日
大明神鎮之至八番菩薩時請我國諸經八部
建本能寺供誦始知以日為尊遂改日春京也

土產

日本考　卷之二　七

金 陸奥州出　銀 出雲州出　琥珀　水晶 五畿內出青
紅白三色硫黄 大隅州海外出　水銀 丹波州出　銅 南海
道河波州山出　丹土 丹後州山出　鐵 備前出 薩摩州沿海黑沙
白珠 五島出　青玉 阿蘇山出　冬青木 山陽道出　杉
木 養久山出　多羅木 養久山出　大牛 各道出　驢
馬 俱山東道出　羊　雞　細絹 薄綴可愛　花布 薩摩州出
硯 山陽長門州出　螺鈿 秩子塢出　漆 以漆制器甚工
扇　犀　象　五穀俱全 冬夏生蓋氣温土腴前木冬青色

國王世傳

图 14-6《日本考》卷 27《土産》

由于古代没有动力船舶，因此，跨越中日之间上千里的海路，从日本将木材等物品运输到中国的僧侣和水手们的使命感和勇气远远超出了现代人的想象。值得思考的是，在当时用什么样的船只，通过哪一条路线可以将建筑用的直径0.6 m以上、长度8 m左右

① 保国寺古建筑博物馆.保国寺新志［M］.北京：文物出版社,2013.

② 李言恭，郝杰.日本考［M］.北京：中华书局,1983.

的原木，从日本博多港口运抵明州？在宋日贸易中，从日本运输来的物品中需求量较大的是硫磺和木材，当时的木材主要是经过制材加工后的板材，可以整齐地存储在船舱中。而用于营建的大径级原木形状不固定，长度较长，重量较大，无法整齐地摆放在当时的木质船舱内，所以一次携带大量的原木不太现实。有学者提出猜想：在两艘并排行驶的船只之间夹带大型原木，但如遇海上风浪，相互之间便会发生碰撞，危险性较大；或是在船尾固定一定长度的绳子拖动原木……关于运送木材的猜测有很多，但至今未找到令人满意的学术证据，仍需进一步的史料考证和调查研究。

在日本长崎市平户县松浦博物馆收藏了一份有关中国古代船舶的珍贵资料《唐船之图》，其中清晰地描绘了宁波船的总长、船舷高、舻高、桅杆长度等主要尺寸（见图14-7）。船体结构由沿船外沿的分层矩形木材组成，不使用所谓的“龙骨梁”。船帆包括主帆（大篷）和副帆（头篷）都是用竹子与木条编成竹篾形状。帆上都装有很多横线，即帆的一段系着的很多拉绳，被成束地系在滑轮上，再通过绳索系在船上，没有拉绳的一边靠近边缘的部分则系在桅杆上，形成片帆形状。在航行中，通过松紧拉绳来增减调节风压来操纵船舶航行方向和船速[①]。

图 14-7　日本松浦博物馆藏《唐船之图》中的宁波船

至于运输木材的贸易路线，根据古代海上运输的交通工具和对中日之间海洋季风规律清晰、准确的认识，以及娴熟的应用情况，较大可能的最快速路线是从日本九州的博多港出发，经五岛列岛和韩国济州岛之间的海域，一路向西南方向，进入舟山群岛，最终到达明州港。

五、分子生物学技术鉴别木材原产地的应用

木材识别技术在木材进出口贸易、考古木材研究、珍贵木材鉴定等方面都发挥着关键作用。随着科学技术的不断进步，各种创新的木材识别方法不仅完成传统的木材材种鉴定，还可以实现对木材来源地的鉴别[②]。通过色谱、质谱、核磁共振等化学分析方法，

① 大庭修，朱家骏.明清的中国商船画卷：日本平户松浦史料博物馆藏《唐船之图》考证［J］. 海交史研究,2011（1）:94-140.

② 张洁,袁鹏飞,李君.木材识别与鉴定技术研究综述［J］. 湖北林业科技,2015,44(2):30-34.

可以便捷、高效地分析化学特征，目前该方法在中药物种鉴定和产地识别等方面取得了较好的效果。近年来，新兴的近红外光谱技术在木材识别中也具有较高的精度，可以鉴别木材地理来源和树种，建立基于地理信息特征的木材信息系统。前两种方法虽已被证实具有木材来源地鉴别的可行性，但对数量庞大的树种仍需进行大量的实践研究。

分子生物学技术的快速发展使得木材DNA提取方法不断突破，分子标记和DNA条形码技术开始应用于木材的树种鉴定和来源地识别领域①。葡萄酒的品质与储存葡萄酒的橡木桶产地具有一定的关联性，对橡木桶来源地的鉴定已经成功实现了葡萄酒的真伪和质量的鉴别②。对木材高质量DNA的提取，从而实现分子生物学技术应用于木材识别正逐步走向成熟。日本学者通过对分布在日本南端屋久岛和北端福岛县之间的扁柏自然分布区应用DNA标记方法，根据四类遗传元素的比例划分出了25个种群③。由此对保国寺北宋大殿中发现的桧木构件应用分子生物学技术提取和测试，并与划分的25个种群进行比对，可分析四类遗传元素的相似程度，进而判断出保国寺桧木构件较大可能的来源地。

综上所述，对文物建筑遗产开展科学系统地研究和保护，不断挖掘出深层次的历史信息，这都得益于现代技术的快速发展和应用。对保国寺北宋大殿中桧木外来材的来源地鉴别的研究，实现了传统文献资料研究和现代科技手段的有机结合。一方面，将生物学技术应用到文物保护研究领域，有效突破了文献研究中常见的资料残缺、记载片面、关联性弱等瓶颈，是对历史资料的有力补充；另一方面，从桧木构件来源地的分析中，可以进一步研究两宋时期东亚地区人员交流、贸易往来等的交通运输方式和路径。分子生物学技术在文物保护中的应用只是针对特定需求的一次实践，未来还需要加强需求分析和基础研究，重点关注前沿技术领域，不断尝试跨专业合作，为木构遗产建筑的科学保护和创新利用提供强有力技术支撑。

---

① 伏建国,刘金良,杨晓军,等.分子生物学技术应用于木材识别的研究进展［J］. 浙江农林大学学报,2013,30(3):438-443.

② DEGYILLOUX M F, PEMONGE M H, PETIT R J. DNA-based control of oak wood geographic origin in the context of the cooperage industry［J］. Ann For Sci, 2004, 61: 97-104.

③ 松本麻子.マイクロサテライトマーカーを利用したヒノキ天然林の遺伝的多様性の評価と遺伝構造［J］. 林木の育種,2012（245）:1-5.

肆

建筑遗产利用

古建筑中的空间叙事阐释
——以宁波保国寺古建筑博物馆为例

杨　思（北京数字圆明科技文化有限公司）

2022年7月22日，全国文物工作会议在北京召开，会议上提出了新时代文物工作的22字工作方针，即“保护第一、加强管理、挖掘价值、有效利用、让文物活起来”，进一步突出了文物工作的重要社会价值，为做好新形势下的文物保护工作指明了方向。我国历史文化遗产保护从“保下来”进入到“活起来”的新历史阶段。

古建筑作为不可移动文物的重要类别，是“人类一切造型创造中最庞大、最复杂，也最耐久的一类，所以它所代表的民族思想和艺术，更显著、更多面，也更重要”[①]。

基于古建筑的空间特质和其承载的丰富物质文化与非物质文化，“博物馆化”是对古建筑活化利用的有效路径之一。2022年，第26届国际博物馆协会大会通过的最新博物馆定义指出：“博物馆是为社会服务的非营利性常设机构，它研究、收藏、保护、阐释和展示物质与非物质遗产。向公众开放，具有可及性和包容性，促进多样性和可持续性。博物馆以符合道德且专业的方式进行运营和交流，并在社区的参与下，为教育、欣赏、深思和知识共享提供多种体验”[②]。结合古建筑博物馆的特点，在博物馆的语境下，其空间形态既是保护对象，也是活化对象；建筑本体既是展示活动空间，也是最重要的展品。空间上需要充分尊重古建筑历史格局和保护要求，又要满足和符合当代观众的活动体验需求；内容上要在有限的时间和空间中让观众更快看懂，又要通过连贯的叙事线索提供专属的在地性体验，以确保文化遗产的安全得到保障，价值得到突出阐释，从保护到更新活化进入良性循环。

古建筑在兼顾不可移动文物和博物馆的双重属性的过程中，对其“展览”是有效的链接纽带，但也存在诸多问题和难点。

① 梁思成.梁思成谈建筑[M].北京:当代世界出版社，2006:5.

② 来源于ICOMOS, 2003. The Nizhny Tagil Charter for the Industrial Heritage. International Council on Monuments and Sites. Available at: https://www.icomos.org/charters/ticcih2003.htm [Accessed 19 Feb. 2023].

一、难点与问题

1. 展品匮乏，导致展览内容单薄或偏离核心价值

在博物馆的职能中，对于展品的收藏、研究和展示是其重要职能。在博物馆的评级体系中，展品的数量也是重要标准，但一般基于古建筑建设的博物馆由于其特殊性质，往往存在产品匮乏的问题。在传统展览中，叙事通常围绕“展品”展开，通过对展品进行梳理、归类，重新“编辑”，来表达主题，完成叙事。观众通过鉴赏和观察展品，获得主要体验和信息。传统意义上的展品匮乏，让古建筑博物馆的展览现状陷入困境，要么无展可展，仅做原装展示，配以简单的说明牌；要么展出内容和古建筑本身脱节，简单地把古建筑当作“展厅”使用。

2. 忽略古建筑特色空间，导致古建筑的“展厅化”

与专门为满足博物馆功能，量身打造的空间不同，古建筑的空间构造服务于其历史上的特定功能。因此，在作为博物馆空间使用时，古建筑通常表现出一些“劣势”，如不规则异形空间、高度过高或过低、面积狭小、单体建筑分散等。然而，古建筑的特色空间对应其历史功能，是其丰富价值的承载者，应该被进行合理利用和充分阐释。但令人遗憾的是，目前大多展览要么对古建筑的特色空间视而不见，要么是通过通用的展陈设计手法对其进行“消弭”，粗暴的遮挡和打破，以满足功能性需求。

3. 被古建筑专业知识所限制，难以达成信息的有效传达

目前对于古建筑的阐释，大多从古建筑的构造、工艺角度进行阐释，而忽略了古建筑作为一个时代的产物，为“人”服务，浓缩一个时代社会的需求的客观事实，难以把古建筑与其存在的历史环境、人文环境、重要事件相勾连，造成信息的割裂、价值维度的单一。

二、活化利用路径与方法

古建筑作为不可移动文物，承载着丰富的历史信息，具有多重维度的价值。同时，作为博物馆和展览空间，又在空间规模和馆藏文物方面呈现出相对劣势。如何充分发挥优势，同时认知、破解所谓“劣势”，寻找一个新的视角和路径，完成“故事”的讲述，构建历史和当代的有效连接，是古建筑博物馆面临的普遍问题。在保障文物安全的前提下，空间叙事的策展思路和服务于内容的数字技术的应用，是解决该问题的有效路径。

1. 空间叙事

在古建筑中，空间不仅是客观存在的容器，更是信息的承载者、展示对象及体验对

象。在空间叙事下，古建筑博物馆需要以空间创造叙事，引导观众的行为和体验，搭建起叙事逻辑的基本架构：第一，空间结构与叙事结构相统一，即将空间的布局特色与叙事逻辑结构相统一，带来自然流畅的观展体验。第二，空间的展品化，即古建筑作为丰富历史信息的承载者，其历史建筑空间就是最大的展品，观众置身于鼓楼这件“展品”之中，获得的体验将超越传统的“观察”和“赏析”，构建人和展品的全新关系。第三，展品的空间化，即在古建筑中，展品不再是一个独立的“物”，而是和空间进行结合，形成一个独特的文化场域，甚至某些展品因为特定的空间才得以成立。通过空间叙事赋予古建筑“故事主动讲述者”以及“事件发生场所”的双重身份，这是融合不可移动文物与博物馆的有效路径。

2. 数字活化

针对古建筑安全第一、空间有限、内容专业、不可移动等特点和难点，数字化的展示手段具有积极意义。

（1）最小干预，有效保障文化遗产的安全。通过数字手段，对文化遗产进行数据采集和展示，既可以有效留存文物的历史信息，灵活地面向公众展示，同时又可以采用不接触的多媒体数字手段，最大限度地避免和文物本体的直接接触，有效保障文物安全。

（2）突破空间限制，以丰富内容赋能文化遗产。大量的文化遗产具有特定的历史功能，空间相对局促，但其承载的历史文化价值却极其丰富。在文化遗产本体内，让观众看懂文化遗产，解决有限空间和无限内容之间的矛盾，利用数字化手段提供了一条有效的解决方案。通过数字内容的介入，将观众的体验分为时间和空间两个维度，观众既可以在固定空间，通过延长时间体验获得增量的内容体验，也可以通过联动线下空间和线上空间，获得多维的体验内容。

（3）数字资源具有可迁移性，可以灵活运用于不同场景。由于文化遗产本身的唯一性，以及对文物本体安全的考虑，文物本体能够直面的公众数量十分有限，但文化遗产若通过数字化，可以将展示内容灵活运用于文化遗产本体（on site）、线下展馆（off line）、线上体验（on line），结合不同展览媒介、场所的特点，最大限度地对文化遗产的各个维度价值进行阐释和传播，惠及更加广泛的观众[①]。

（4）数字化具有跨文化交流的天然优势。利用数字化手段，可以将文化遗产“翻译”成全人类的共同语言，通过可以体验的视觉、听觉、触觉、嗅觉等形式加以呈现，最大程度地跨越文化背景的差异，促进国际间的文化交流、文明互鉴，促进全人类文化遗产的保护和传承。

① 贺艳,马英华.“数字遗产”理论与创新实践研究[J]. 中国文化遗产，2016，13（2）: 4-17.

三、案例分析

1. 项目概况

保国寺位于宁波西北的灵山山岙，始建于东汉，以其精湛绝伦的古建筑被评为第一批全国重点文物保护单位，也是宁波唯一的全国首批重点文物保护单位。寺内大殿，建于北宋大中祥符六年（1013年），是长江以南最古老、保存最完整的木构建筑之一。保国寺结构独特，气势恢宏，堪称中国建筑文化奇葩，是印证中国宋代建筑制度的范式标本，亦成为佐证当时中国建筑文化对外输出的典型史迹。同时，保国寺作为古建筑博物馆和4A景区，具有丰富的馆藏文物。其开阔的室外空间，优美的自然环境，为保国寺的创新利用提供了丰富的资源和良好的基本保障。

保国寺数字展示提升工程于 2019 年 10 月完成，先后获得了浙江省博物馆陈列展览十大精品奖和浙江省不可移动文物保护利用优秀案例。该工程体现了建筑遗产数字活化在文物建筑和博物馆两个领域的示范性意义。

2. 价值认识

保国寺作为宋代建筑的瑰宝，在营造技艺、建筑艺术等方面，代表了一个时代的杰出成就。而这些建筑语言所记录与折射的，正是宋代政治改革、知识下沉、科技发达、世俗文化兴盛等一系列变革与创举所筑造的一个独特而辉煌的时代。正如著名史学家费孝通所言：宋朝是一个富有创造力的时代。 而保国寺就是这样一个时代留在今天的入口。因此，展览确定围绕“保国寺里看宋代”这一大主题，通过空间叙事性策展，将古建筑的文化体验、空间体验、情感体验还原回宋代的历史时空，以“文化创意+科技创新”的理念，可深度阐释保国寺的文化内涵，构建保国寺历史价值与当代文化使命的联系。

3. 本体基本情况分析

在展览具体设计工作开展前，首先对保国寺现有建筑进行了勘察和安全评估，并据此制定展示策略。据调查，保国寺大殿目前文物本体状态良好，已有的科技保护监测项目，对大殿材质、沉降、变形、环境等要素实施高科技的动态监测，具备向公众开放的基本条件。

除宋代大殿外，其他建筑多为清康熙后重建或增建，保存完好，有完备安防、消防设施、强电已引入，且通过有关部门验收，具备进行陈列性创意展示的基本条件。

根据文物本体情况，制定展示方案，以文物安全为以第一准则。其中宋代大殿严格杜绝强电接入，以原真性展示为主；其余建筑为清代至民国新建，且已有强电接入，因此在保障文物安全的基础上，通过多样的展陈方式、数字化的多维体验，进一步提升观展体验（见表15-1）。

表15-1　保国寺古建筑群中轴线文物建筑展厅利用状况评估

名　称	时　代	整体状况	展示评估
天王殿	清代	保存完好，有完备安防、消防设施、强电已引入，且通过有关部门验收	在保障文物安全前提下，可进行综合展示
大殿	宋代	保存完好，严格限制强电引入	保护第一，原状陈列为主，以轻体量展板和模型辅助展示。
观音殿	清代	保存完好，有完备安防、消防设施、强电已引入，且通过有关部门验收	在保障文物安全前提下，可进行综合展示
藏经楼	中华民国	保存完好，有完备安防、消防设施、强电已引入	在保障文物安全前提下，可进行综合展示

4. 基于古建筑群特色格局的空间叙事与活化利用

保国寺古建筑群坐落在山地之上，单体建筑面积都较为狭小。寺院建筑具有非常明确的中轴布局，最重要的宋代大殿位于中轴线中段，因此，该项目根据文物本体现状，尊重古建筑原有空间格局，结合博物馆功能流线，制定了整体游线和空间利用方案（见图15-1）。

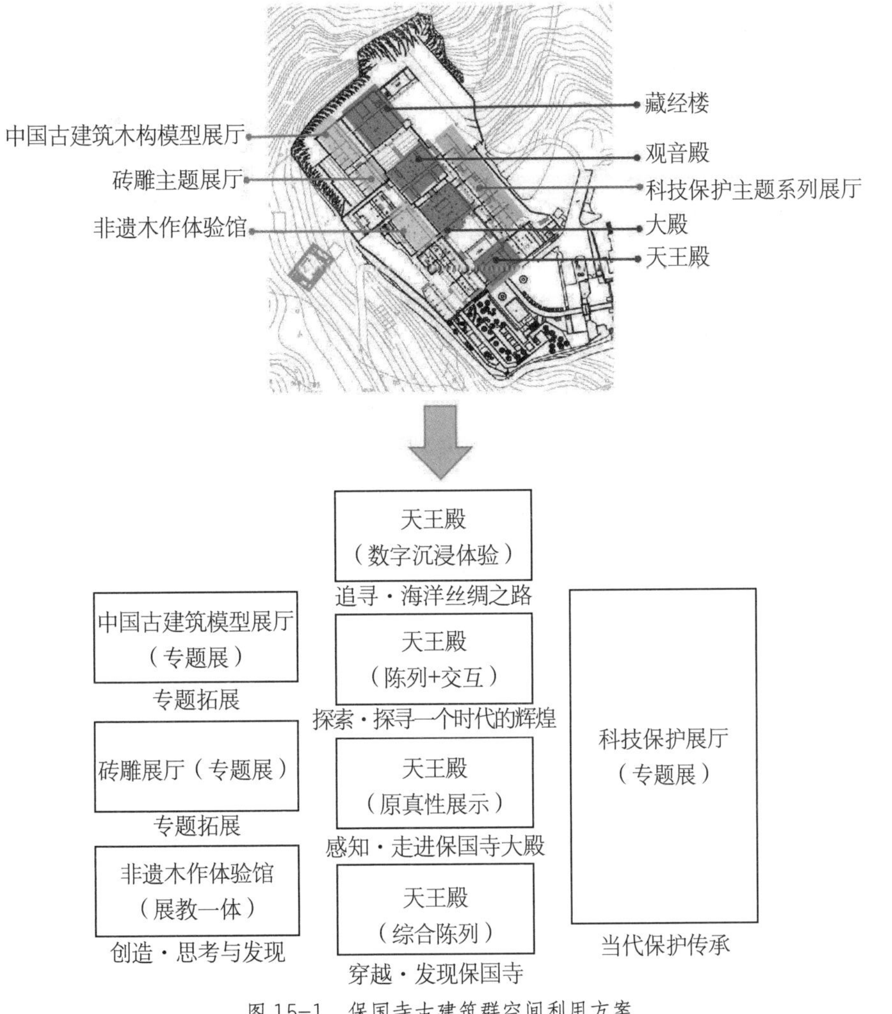

图 15-1　保国寺古建筑群空间利用方案

基于中轴线构建的渐进式主展线，通过大历史观下的叙事策展思路，跳出了就建筑讲建筑的窠臼，以“发现保国寺”—“走进宋代大殿”—“保国寺里看宋代”—“海丝之路”四个篇章构成叙事。主题循着古建筑群的深入，从“构造工艺—宋代的创造力和社会生活—世界范围内海丝背景下的交往、交流、交融”不断拓展广度，构建起完整、连续的叙事体验、空间体验，讲述保国寺建筑的文化历史价值，深度剖析物质文化遗产背后的社会动因，从中窥见一个时代的创造与辉煌。

东西两轴线的古建筑历史上为寺院僧侣生活空间，作为独立展厅，也围绕“建筑文化”的主题，设置了砖雕、古建模型、科技保护等丰富多样的展陈主题与内容，扩大展览的外延与丰富度 践行保国寺作为古建筑专题博物馆的文化职能。

在单体建筑的空间使用上，拆除后添加的空间展墙，将新建展墙与原建筑墙面、柱网分布相结合，采用轻薄的一体化材质，最大限度地还原古建筑原有空间特色，展示保国寺的建筑特色与价值。

5. 展厅具体逻辑和内容

（1）基本陈列主展线。天王殿“发现保国寺”展厅通过多媒体影像、AR虚拟现实互动、文化展板、沙盘模型等丰富形式，还原保国寺在历史上的山形水势与建筑格局，观众跟随着虚拟数字影像，乘舟而至，循山路而上，觅得古刹，来到宋代的保国寺山门。公众借此了解保国寺历史沿革、形制演变的同时，完成时空的转换，一场时光逆行的探索之旅即将开始（见图15-2）。

图 15-2　天王殿“发现保国寺”展厅内景

宋代大殿“走进北宋大殿”展厅以真实性原则，对宋代大殿进行原真性展示，配以必要的保护围栏和解释说明展牌，最大限度地保持大殿的建筑空间原貌，让观众置身于宋代大殿之中，直面感受古建筑震撼人心的雄浑精巧之美，获得独一无二的在地性体验（见图15-3）。

图 15-3　宋代大殿“走进北宋大殿”展厅内景

观音殿“保国寺里看宋代”展厅通过多样的展陈形式，将实物展品、数字交互、文化展板、原真性展示有机结合，向观众深度解读保国寺大殿拼合柱、铺作层、藻井、建筑格局等建筑文化所蕴含的工艺技巧，以及背后宋代社会、文化、经济层面的内在动因，让公众在感受、参与、学习、思考中理解“保国寺是一部活着的宋代历史”（见图15-4、图15-5）。

图 15-4　观音殿“保国寺里看宋代”展厅内景

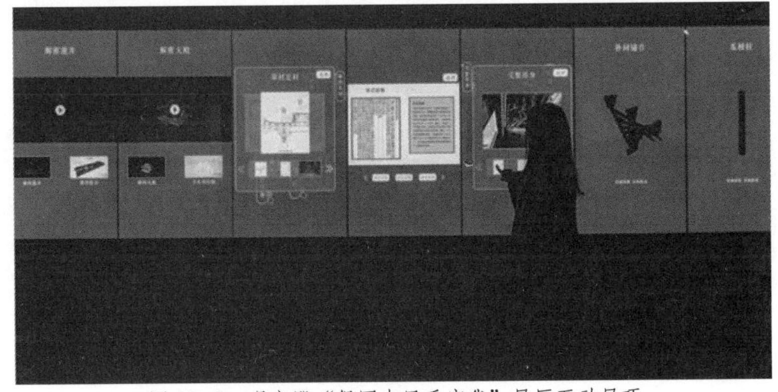

图 15-5　观音殿“保国寺里看宋代”展厅互动展项

藏经楼“海上古建之路”展厅通过多媒体全沉浸漫步剧场，揭示在海丝波澜壮阔的历史背景下，保国寺所代表的的宋代营造技艺远播东亚，对周边国家产生的深远影响。观众可以在史诗感的音乐背景下自由漫步、探索，伴随着空间中动静结合，实时变幻的画面与内容，重走海丝之路（见图15-6）。

图 15-6　藏经楼“海上古建之路”展厅内景

（2）固定陈列辅助展线。辅助展线的主题展厅由砖雕主题展厅、木构模型主题展厅、文物保护主题展厅、非遗木作体验馆等构成，通过丰富的展品、多样的互动手段，面向公众介绍中国古建筑的精彩内容，古建筑保护的最新科技手段与成就，并为青少年打造了可以动手参与木作、触摸木材、探索古建筑奥秘的互动场所（见图15-8）。

图 15-8　传统建筑文化青少年体验互动场所

6. 活化运营

在展览完成后，保国寺博物馆以亲民文化体验为抓手，提升公共文化服务水平。为充实观展体验、促进文物价值外延，在策展同时围绕展览主题，从“公众体验”“青少年研学”“文创产品”三个层面进行挖掘探索，打造了丰富亲民的文化体验产品体系。《保国寺古建之旅》获评中国博物馆青少年课程优秀教学设计、浙江省中小学综合实践基地精品课程一等奖、全省博物馆青少年教育课程十佳教学设计。北宋大殿模型立体拼图荣获2020年度宁波文化旅游商品创意设计大赛金奖。宁波市保国寺古建筑博物馆不仅是首批市级中小学生社会实践大课堂示范性资源基地，还是清华大学、同济大学、东南大学等诸多国内知名高校的教学研究基地，各类型研学课程满意度调查均达到100%。

对于古建筑的活化利用，需要以对古建筑本身的历史格局、历史信息、历史价值的准确认知为基础，以空间叙事的逻辑、数字化的多样手段，将空间的历史功能和当代功能，历史价值和当代价值加以链接，在有限的空间中拓展体验，丰富信息的传达形式，从而为古建筑在当代社会牟定社会角色，进一步促进在保护传承中的活化利用。

传统建筑文化专题博物馆展陈提升的实践经验

曾　楠（宁波市天一阁博物院）

宁波市保国寺古建筑博物馆是依托第一批全国重点文物保护单位——保国寺建立的地域传统文化类专题博物馆，以重建于北宋大中祥符六年（1013年）的大雄宝殿作为陈列展览的核心，深入诠释、广泛传播了中华民族悠久绚丽的传统建筑文化。保国寺古建筑群占地面积约20 000 m^2，由唐宋明清多个历史时期的单体文物建筑组合而成，馆舍总建筑面积约7 000 m^2，1978年起对公众开放，于2006年更名成立保国寺古建筑博物馆，辟有固定陈列和临特展厅十余个，开放面积约3 000 m^2。由于博物馆专题特色为不可移动文物，馆藏可移动文物数量仅千余件，馆藏类型主要为与保国寺相关的历史文献、碑刻，以及与传统建筑文化专题相关的砖瓦石刻、木构木器等。尽管规模不大、藏品不多，但保国寺古建筑博物馆近年来利用"海上丝绸之路"申遗等契机，在陈列展览工作块面动作不断，进行了有益的实践探索，接连斩获浙江省级专业奖项，成效进步明显，可资同类型专题博物馆参考。

一、保国寺陈列展览概况

保国寺对外开放恰逢中国改革开放实施之年1978年，当时宁波的诸多文物家底都收藏于此。作为本地最早开放的文博单位，人们在这里不仅第一次观看到《宁波文物藏品展》《宁波史迹陈列展》等地域历史专题展览，还得以欣赏来自故宫博物院、国家友谊博物馆、中国文物流通协调中心等国家级文博机构的精品文物展览。这一时期，由于对保国寺文物价值的认识还只是较为浅显地定位为我国南方地区幸存的一幢宋代早期建筑，基本陈列内容仅限于清嘉庆版《保国寺志》记载的寺院营建历史和传闻人物故事。直到2006年保国寺古建筑博物馆成立，推出以清华大学研究成果为基础的陈列，系统介绍保国寺大殿与我国经典建筑典籍《营造法式》的渊源关联，才构建起基于核心文物价值的陈展框架。

基于2013年保国寺大殿建成1000周年和2016年保国寺参与"海上丝绸之路·中国史迹"申报世界文化遗产项目的契机，保国寺通过两次重大陈改工程，陈展体系渐趋成熟完善，利用古建筑群三条轴线打造完成“一主五辅”的常设陈展体系。

主陈列为“四明伟构——保国寺基本陈列”，串联起中轴线的四座古建，序厅天王殿让观众可以穿梭时空初识保国寺的历史变迁，在艺术影像中化身古人乘舟楫、循山路、觅古刹；正厅大殿原状展示千年宋构，置身其中能直面感受历经岁月侵蚀留存至今的宋风宋式与匠心匠意；次厅观音殿探究大殿的文化基因，娓娓讲述一座殿与一本旷世奇书、一个巅峰时代的关联映射；尾厅藏经楼跨越碧波万顷，再现保国寺所代表的宋代建筑技艺通过海上丝绸之路远播东亚、影响海外的恢弘史实。

此外，保国寺在东西两轴厢房内辟有“邂逅华夏伟构——公元10—12世纪中国木构建筑遗产”“古法今观——宋《营造法式》的基因解码”“木之源·器·道——传统木作工具技艺”“崇德慕贤——保国寺藏清嘉庆人文画砖屏”以及木构建筑遗产预防性保护等五个固定陈列，从遗存、典籍、材料、工具、技法、保护等不同角度，辅助阐释传统地域建筑文化的发展历程、技艺特征及当代保护理念。

二、基本陈列改造实践

“四明伟构”陈列是保国寺古建筑博物馆基本陈列持续改造提升的第三版（见图16-1）。其背景是2016年我国实质性启动“海上丝绸之路·中国史迹”申遗工作，基于浙东沿海地区在宋元时期繁盛的对外经贸文化交流中所处的重要作用，以及古代东亚木构建筑文化相互借鉴融合渐成一体的史实。保国寺作为宋元当时、浙东当地且历史信息保存最为完整的建筑遗存而名列预备遗产点名录，根据申遗现场阐释遗产价值要求而实施的一次陈改提升。在第三版陈改借鉴之前，保国寺陈列存在主题立意局限、内容专业晦涩、空间游线曲折等问题，因此，第三版着重对选题立意、宣介身段理念、陈列形式进行了改造实践，焕然一新的基本陈列得到社会各界的好评，先后获评宁波市和浙江省不可移动文物保护利用优秀案例，还荣获第十五届浙江省博物馆陈列展览精品奖。

图16-1 “四明伟构——保国寺基本陈列”天王殿序厅

（一）立意层阶须高远，以小见大

保国寺前两版基本陈列更多地聚焦自身，凸显北宋大殿的悠久历史和重要价值，重点阐释保国寺与建筑典籍《营造法式》相互印证的关系，主旨是建立保国寺在中国建筑史上的标杆地位，立意稍显专业、独立。然而，保国寺北宋大殿“隐”的文化基因造成其古来声名并不显赫，《营造法式》在专业学术领域备受推崇而对非专业人员却不是耳熟能详的名篇巨著，陈列成效不尽如人意。第三次受“海上丝绸之路”现场展示的需求进行陈设改造，打破北宋大殿的单个聚光灯，将其置身于历史时空的舞台背景下进行审视，发现其所处的宋朝是我国历朝历代中较独特的一个，矛盾的强弱评价为世人所好奇关注，由此确立了“保国寺里看宋代”的陈列立意，从大殿构件做法解读宋朝各阶层迸发的人文思潮、科技理念、社会动因，透过一座殿还原一个真实的历史片段，证明宋朝无愧于华夏民族文化造极之世、科技巅峰时期的名号，制造伟大时代催生伟大作品的隐喻，无形中反衬出保国寺的价值地位。

（二）宣介身段应放低，平易近人

与常见的传统文化类型不同，保国寺古建筑博物馆陈展的传统建筑文化具有很强的专业属性，诸如斗拱、梁枋、椽檩的名词术语层出不穷。《营造法式》记载的“以材为祖”“砌上明造”“两肩卷杀”等做法晦涩难懂，即使一代建筑宗师梁思成初获《营造法式》时也惊叹为“天书”，更何况不具备相关知识储备的普通观众，因此，时有观众反馈“看不懂”保国寺的陈展。第三次陈改编写陈列大纲之前首先明确陈列受众对象的主体是普通民众，要放下遗产资源占有者的身段，改变说教者的口吻，以遗产管理者和文化传译者的身份向观众提供他感兴趣或期望获取的遗产信息，做到让普通观众“看得懂、记得住、有感悟”。因此，第三版大纲精简展板文字，减少展板数量，视觉上减轻观众的心理负担，展板保留内容多为大殿历史信息的叙事和现状构件技法的描述，仅对直接服务陈列立意的关键点作适度地译读解释，且多采用基本通识、生活类比等容易理解接受的提法，避免出现生僻术语，使观众获取平等友好的观展体验。

（三）形式手段戒繁复，因地制宜

古建筑用作陈列展厅的案例中，陈设平面布局往往要根据柱网分割划定，净空有梁架结构层的高度限制，突破这些空间局限的成功经验并不通用，保国寺在第三次陈改中尝试用“减法”进行解决，简化展厅的布局陈设，尽量维持建筑内部传统形制格局，不作过多地干预或改变，降低影响视线的围栏展柜高度，保持展厅视线的穿透度，大面积展版用整体构图方式，主色调选择提取自古建筑屋顶、木饰、墙面的灰、红、白，形成和谐统一的视觉氛围。反之，用“加法”弥补陈设简化的缺憾，将展板上舍弃的文字信息梳理，制作成数字展项供兴趣爱好者钻研探索，引入虚拟增强现实技术隐藏数字展示内容，引入多点同步触控技术整合数字体验项目，引入沉浸式影音展演强化引人入胜的视听享受，观展间歇随手捧一簇桧木刨花在手，清新的木香、轻盈的触感瞬间清醒了身心，可视、可听、可嗅、可触的多感复合体验震撼新奇，科技含量十足又无电子产品充斥之嫌。

三、临特展览策划探索

作为常设陈列的必要补充，保国寺古建筑博物馆紧扣特色建筑文化和地域民俗文化，每年均举办若干临特展览，创造陈展新鲜感吸引观众，活化利用馆藏文物资源，提升博物馆的知名度和影响力。近年来，保国寺自策推出《营造法式》木构制度、馆藏民俗风物用具等系列临展，输送精品人文画砖屏“走出去”远赴广州民间工艺博物馆，主动对接国内外同类型博物馆，引进广东潮汕和浙江东阳的木雕文物展，成功举办国外特展“哲匠之手——中日建筑交流2000年的技艺”（以下简称“哲匠之手”特展）等。其中，“哲匠之手”特展是保国寺古建筑博物馆成立十余年来首个国际性展览，办展初衷也是配合“海上丝绸之路”申遗，由海上建筑文化交流史作为引申，展现我国传统建筑文化和营造技艺传播海外并影响至深的史实，以期增强“海上丝绸之路”申遗的国内外认知和认同（见图16-2）。此展一经推出，反响热烈积极，合作办展的日本竹中大工道具馆盛誉此展是木工技艺的回乡“省亲”，为期两个月的展期共接待观众3万余人次，并引得北京、上海、广州等多所专业高校和知名企业慕名前来观展，荣获第十四届浙江省博物馆陈列展览项目国际合作精品奖。

图 16-2　“哲匠之手——中日建筑交流 2000 年的技艺”特展

基于“哲匠之手——中日建筑交流2000年的技艺”特展，笔者总结出以下两点临展经验。

（1）办展时机是临特展影响力的重要变量。据统计，2021年虽然受到新冠肺炎疫情影响，但全国博物馆仍举办了3.6万场展览，如何从海量展览中脱颖而出，办展时机是非常重要的变量。“哲匠之手”特展举办于2019年，这一年的5月在北京召开了亚洲文明对话大会，国家主席习近平在开幕式上指出“文明因交流而多彩，文明因互鉴而丰富”，提出加强文明交流互鉴的中国主张。同年9月，着墨呈现一衣带水的中日两国文化古今交流互鉴的“哲匠之手”特展在保国寺开展，这是对中国主张最及时的践行响应。此外，2019年又是中日两国确定的“中日青少年交流促进年”，“哲匠之手——中日建筑交流2000年的技艺”特展被中日外事部门认定为交流促进系列活动之一，由日本国驻上海总领事馆派遣领事人员出席开幕式并致辞。基于这些时机因素，“哲匠之手——中日建筑交流2000年的技艺”特展轻松地分享了已然形成的社会各界关注流量，最大限度地调动了利益相关各方的人脉、信息等优势资源，使展览立意、办展规格、影响范围都提升到策展之初未曾设想的高度。

诚然，临特展契合时事热点、贴近社会关切并非易事，更多情况下需要博物馆发现或创造临特展的契机热点。2021年是保国寺公布为第一批全国重点文物保护单位60周年。围绕这一契机，年初“营建菁华——第一批全国重点文物保护单位古建巡礼”拉开了周年纪念系列活动的序幕，年中“鸠工庀材——从保国寺看10—12世纪中国建筑技艺展”在宁波多家文化场馆持续巡展发酵，最后“古建重辉——保国寺文物保护利用甲子回眸展”压轴收尾，贯穿全年的系列临展成为周年纪念的重要一环。

（2）策展团队是临特展成功与否的决定因素。考虑到展览较强的专业特性，“哲匠之手——中日建筑交流2000年的技艺”特展采用了策展人机制，聘请东亚建筑文化史研究领域的外部专业人士担任策展人。专业人士深厚的学术功底保证了大纲编撰阶段专业知识层面的准确性，选取的展品极具代表性和说服力，在日本科研机构的工作经验使其出色地完成自始至终与日本竹中大工道具馆的外联对接。可见，外部策展人机制是人才紧缺的中小型博物馆策划高质量临特展览的捷径。然而，该捷径也存在隐忧。临特展览是文化与艺术的耦合，觅得专业理论和艺术素养兼备的策展人就是难题之一，如果策展人对主办单位意图的领会、核心文化的概括、艺术表达的理解等存在分歧，就是风险等。因此，折衷的做法是团体策展人机制，寻求专业理论、文字润校、艺术设计、活动策划、综合保障等内外部多工种人员协同完成策展全流程，通过实践尝试培育打造本馆相对固定的策展团队，逐步降低依赖外部策展人员的程度，直至团队完全的内部化。

随着我国公民知识素养的不断提高，以及文物文化遗产数字化资源的日益丰富，人们对陈列展览的产品需求产生了复杂化倾向，稀世的珍贵文物不再是衡量陈列展览质量的唯一标准，以立意、创意取胜的陈展也可以占据精品项目的一席之地。广大中小型博物馆应当并且必须抓住这一趋势，深挖遗产核心文物价值，找准特色陈展定位，迎合目标服务对象需求，借助外力、巧力，不断供给高质量的陈展服务。

参考文献

[1]郭黛姮，宁波市保国寺古建筑博物馆. 东来第一山保国寺［M］. 上海：上海科学技术出版社，2018.

[2]刘照华.浅谈古建类博物馆中的展览陈列形式［J］. 文物世界，2019(4):58−59.

[3]周霖. 江南地区古建筑博物馆的展陈实践与思考［J］. 中国民族博览，2021(6):187−189.

[4]范恩博,岳亚莉.数字时代背景下博物馆展陈交互方式的新思考［J］. 文物鉴定与鉴赏，2021(4):138−140.

遗址类博物馆青少年研学教育课程多维教学的探索与实践

——以“保国寺古建之旅”为例

张璐易（宁波市天一阁博物院）

青少年研学教育课程“保国寺古建之旅”是以千年古建保国寺为依托，针对“关于历史建筑小孩不感兴趣、看不懂”的难题，根据参与者的年龄特点与兴趣爱好“量体裁衣”，通过现场观察与模型展示、展开联想与思考分析、模型搭建和多元互动等多维教学手段，使学生深入对历史、社会和自我之间的内在联系的整体认识与体验，发展学生的创新精神、实践能力，培养保护人类文化遗存的价值观念。

一、博物馆多维教学的理论基础

作为“第二课堂”，通过博物馆开展研学教育是对学校教育的有益补充。博物馆多维教学融合情景式教学方式和探究发现教学模式，通过时空情境与剧情引入、角色扮演、设计制作、实验探究等形式，开展实施科学教育课程项目设计工作，有效激发学生对科学的认识和兴趣，提升学生在参与过程中对科学理解的有效性。下文以博物馆研学教育课程“保国寺古建之旅”为例，分享多维教学法在博物馆“第二课堂”中的实践经验。

在课程设计和实施阶段，课程策划人员发现，中国古建研究的相关知识存在专业性强、公众熟悉度不够等特点。课程人员在设计古建课程中应不断探索思考，在教学实践中通过实地参观教学、模型展示搭建、探究互动学习等多维教学形式，把“高冷”的东方古建文化知识转化为适应青少年认知与理解能力的“听、玩、带、思”等以多维教学手段展现的知识，将保国寺北宋大殿内的主要建筑结构通过视觉、触觉、听觉等多个感官传达给学生，切实让青少年在博物馆教学中加深对优秀传统文化的认识和理解，感受到古人的智慧和创造力，坚定文化自信和文化自觉，以此提升民族自豪感和国家自信。

二、多维教学法的典型方法

“保国寺古建之旅”研学课程分为“走进保国寺”“精妙绝伦的藻井”“奇特的柱

子”“千变万化的斗拱”“我是小小建筑师”五个课时。其中，“走进保国寺”融入情景式教学；“精妙绝伦的藻井”“奇特的柱子”“千变万化的斗拱”通过模型展示、讨论探究等方式深入了解古建知识；“我是小小建筑师”通过古建模型搭建使理论知识学以致用、在搭建中巩固古建知识。

（一）现场观察与模型展示

在“走进保国寺”教学中，学生走入保国寺千年大殿聆听大殿的历史故事，通过现场参观讲解，了解保国寺的概况、历史沿革、建筑特点等知识（见图17-1）；在“奇特的柱子”教学中，学生实地观察柱子发现“瓜棱柱”的奇特之处，如柱身呈瓣状、侧面像南瓜等。通过教师引导和学生主动探究发现，轻敲柱子的每一瓣能听到“一空一实”两种声音，空实相间，引起学生对产生这一现象的好奇。为了形象说明其中的原委，教师通过“瓜棱柱”教学模型向大家直观展示大殿柱子的内部结构。同样，教师展示小板凳、大殿模型等实物教具来辅助说明大殿柱子倾斜、称重等诸多奇特之处（见图17-2）。

通过本课时的学习，要让青少年学生掌握保国寺大殿的瓜棱柱学名为“四段合包镶瓜棱柱”，是我国现存“拼合柱”做法的较早实例，并认识到中华民族的祖先在一千多年前就已初具节约资源的理念，使用“小木材”充当“大木材”，科学地实现了“小材大用”。

图 17-1　学生在保国寺千年大殿内参观学习

图 17-2　教师在课堂上展示小板凳、大殿模型、拼合柱模型辅助教学

（二）展开联想与思考分析

在“精妙绝伦的藻井”教学中，教师首先让学生自主观察藻井，用丰富的语言词汇描述藻井的外观特点（见图17-3）。在学生惊叹于藻井华丽的同时，教师提出“藻井一般安放在古建筑哪个位置？”的问题，引导学生展开联想思考藻井的用处，随后解释指出藻井象征着天宇的崇高，一般放置在室内最尊贵的位置。最后再提出“从保国寺大殿藻井的空间布局上能得到什么启示？”的问题，从而一步步让学生体会到保国寺大殿建

造者的人文思想（见图17-4）。

通过本课时的学习，要让青少年学生在了解到藻井是古代建筑天花装饰的主要做法，一般安置在佛像正上方等较为尊贵的地方，而保国寺北宋大殿的藻井却放置在礼佛区域的上方，印证了“以人为本”的思想理念在一千多年前的宋代已经萌发的情况。

图 17-3　保国寺北宋大殿藻井

图 17-4　教师在大殿内引导学生逐步了解藻井的作用和意义

（三）模型搭建和多元互动

在“我是小小建筑师”教学环节中，可让学生穿戴工匠服，通过角色扮演化身一名小小建筑师，操作锯、刨、锤等木工工具制作小板凳、刨花灯等木工手作（见图17-5），或者进行大殿、斗拱模型搭建体验（见图17-6）。

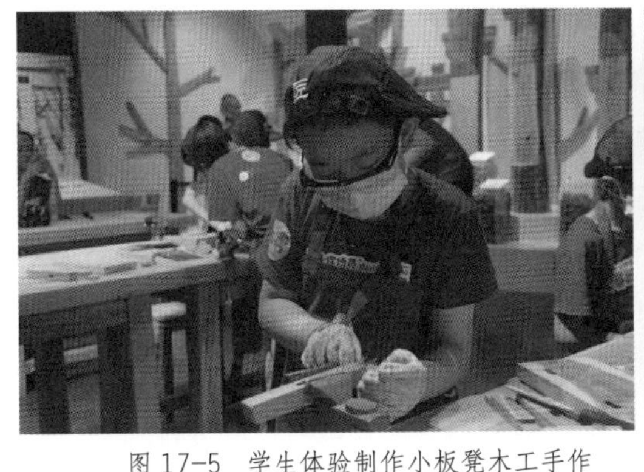

图 17-5　学生体验制作小板凳木工手作

图 17-6　学生体验搭建大殿模型

在“千变万化的斗拱”的教学中，借助游戏设计、彩绘体验等多维教学手段，能够使学生了解大殿中斗拱结构的组合规律、作用以及独特的连接方式。例如，“榫卯游戏”中的“画一画”教学环节，设置了多组一一对应的榫、卯造型，用画笔连接榫头和榫眼进行配对，体会榫卯连接专一性的特点；“拆一拆”教学环节使用经典的榫卯结构玩具孔明锁，让学生在最短的时间内拆解并复原孔明锁，从中体会榫卯连接的牢固性、巧妙性等特点。此外，还设置有“藻井彩绘”“瓦当拓印”等教学环节，让学生利用传统建筑构件进行彩绘拓印，感受传统建筑文化的色彩纹样等艺术之美。

三、多维教学课程特色

“保国寺古建之旅”研学课程呈现出多维教学以下三方面特色：

（1）把高冷的古建知识分解成六个“可”。针对学生的认知特点，该课程把艰涩的古建筑知识分解成“可看、可听、可搭、可想、可问、可带”的系列环节获得同学青睐。

（2）教学模型北宋大殿、斗拱等不仅能够在课堂上体验搭建古建筑的乐趣，还能将“文化”带回家。

（3）动静交替的课程项目设置。在传统讲授模式的基础上加入互动体验活动，让活动对象产生更直观感受，同时也是真正意义上博物馆“第二课堂”教育的有效利用。

四、课程存在问题与思考

“保国寺古建之旅”研学课程经历了“实践—反馈—修改—再实践”的多次循环，有一定收获。但随着我国教育体系的不断改革优化，对于中小学生综合实践类课程的重视度和品质要求也不断提升。因此，该课程面临着诸多的挑战，主要有以下两点因素：①人员流动性大，教师队伍不稳定，博物馆编制数量少、地理位置偏远等客观因素的限制造成课程教学队伍不稳定，教学人员经验的累积不足，不利于岗位综合能力的提高，影响教学的连贯性；②课程推广和实施缺乏长效合作机制，该课程自实施以来已与宁波市众多中小学有过合作，尽管如此仍然缺乏长效稳定的合作机制。该课程在开展过程中还存在前期沟通少、准备时间短、开课频率不均等问题。

博物馆是加强青少年素质教育的最好课堂，传播传统文化是博物馆的主要社会职能。在课程建设方面，教师需要不断增强教具的研发力度，增加高科技教学手段；不断加强课程编写、教师技能的培训力度，建立博物馆社教人员有效考核机制，激励工作人员提高专业技能；不断加强与区域内中小学的沟通与合作，同时尝试开展“一对一”或“一对多”定点的长期合作；要不断引进新的教学设备和优化教学环境，利用好各级教育部门给予的专项奖励补助，使之成为博物馆的精品课程。

参考文献

[1] 缪庆蓉. 多维教学方法在科学教育课程设计中的应用［C］// 科技场馆科学教育活动设计：第十一届馆校结合科学教育论坛论文集. 2019:177-182.

[2] 李颖翀. 馆校合作背景下小学综合实践课程开发：以故宫“陶瓷”主题课程为例［J］. 中国博物馆, 2018(4):99-105.

[3] 冯丽露，赵慧勤，张丽萍.馆校合作下的STEAM课程设计：以大同博物馆“青铜弩机”为例［J］. 中国博物馆, 2020(4):32-35.

江南地区古建筑博物馆的展陈实践与思考
——以保国寺古建筑博物馆基本陈列为例

周　霖（宁波市天一阁博物院）

中国的建筑文化源远流长。古建筑作为不可再生的文化资源，不仅承载了中华数千年的历史文明，凝聚了华夏民族的智慧结晶，也映射了不同历史时期的文化特色，讲述了所在城市的“前世今生”。21 世纪以来，我国的博物馆事业与古建筑保护与利用事业都进入了一个重要的发展时期，越来越多的古建筑保护单位开始依托古建筑主体修建专门的古建筑博物馆，并借助于博物馆功能开展对古建筑的相关保护工作，如北京故宫博物院、成都武侯祠博物馆、广州陈家祠民间艺术博物馆、北京先农坛古建筑博物馆等。然而，古建筑原本并不是为博物馆展厅而建，将古建筑打造成博物馆势必会有许多硬性条件上的制约，因此，如何规避可能会遇到的问题，使现代展陈手段能更好地应用在古建筑博物馆，总结现阶段已有展陈经验是十分重要的。

宁波市保国寺古建筑博物馆作为江南地区以古建筑为馆址的代表，其建筑主体于1961年被评为第一批全国重点文物保护单位，1976年成立保国寺文物保管所，2005年宁波市人民政府确立保国寺文物保管所提升为古建筑博物馆的发展定位，同年12月保国寺古建筑博物馆正式挂牌成立。自建馆以来，保国寺古建筑博物馆充分利用自身在传统木构建筑文化与营造技艺的影响，整合文化资源，挖掘文化内涵，将博物馆与古建筑完美融合，并利用博物馆保护古建筑的同时展示和宣传建筑文化以及建筑“背后”的故事。笔者将结合保国寺古建筑博物馆刚结束的基本陈列改造提升工程，以及临特展的相关经验，简单地谈一谈在古建筑内办展需要注意的问题。

一、展览主题与内容定位

对于依托古建筑修建的博物馆而言，古建筑本身就是博物馆独一无二的藏品，其承载的历史文化信息无论是对于博物馆的定位，还是向公众展示的内容，都有着重要的作用。早期的古建筑博物馆通常只会利用古建筑的空间价值，而对其文化内涵关注不够。但随着时代的发展，博物馆早已不仅是一个空间概念，而转变为承载着多功能的文化平台。越来越多使用古建筑的博物馆致力于阐释古建筑的文化价值，以丰富和促进博物馆自身的研究和发展。例如，故宫博物院的定位是以明清宫廷历史、宫殿建筑和古代艺术为主要内容的综合性博物馆；广东陈家祠因其建筑装饰集中体现了岭南地区民间装饰艺术的精华而定位为广东民间工艺博物馆；宁波天一阁博物馆的定位则是以天一阁为主体、以藏书文化为核心的专题性博物馆。这些古建筑中的博物馆，都是通过对文物建筑历史文化资源的重新建构，将历史文化资源与博物馆文化内涵相结合，进而实现文化价值的输出。当然，文化价值固然重要，但设计的初衷应该从公众的角度出发，不能过分地强调专业术语，要深入浅出、通俗易懂，要激起公众的情感共鸣，实现公众和文化遗产之间的“情感互动”。

保国寺古建筑博物馆是一座以保护、研究、展示、弘扬地域古代建筑的历史、文化和技艺为主要内容的专题类博物馆。以往，人们对于保国寺的了解仅仅是江南地区最古老的、保存最完整的木构建筑，没有一颗钉子的“无梁殿”和一本北宋官方的建筑规范工具书《营造法式》，专业难懂的名词解释让大众望而却步，平面化且单一枯燥的展陈形式大大地降低了公众的兴趣和积极性。面对上述问题，保国寺古建筑博物馆启动了陈列展示改造提升工程，重新规划并设计了主题鲜明、独具特性的保国寺陈列展示体系，以古建筑本体的价值认知为核心，以“保国寺里看宋代”为主题，并增加了“海丝”“建筑技艺”“建筑材料”等多重线索，在提升保国寺文化内涵的同时，积极引导公众树立传承保护传统古建筑的观念和对中国传统建筑的文化自信。

二、展陈路线与空间利用

古建筑类博物馆由于大多利用原有的古建筑本体作为展厅，故而受到很多制约因素，比较常见的问题有建筑利用率低，展陈空间不大；柱网结构和前后通透的设计影响了空间布局；建筑单体分散导致展览路线不畅等。以保国寺古建筑博物馆为例，由于其前身是寺庙，整体的建筑布局就是中轴线贯穿，东西轴线对称分布，这使得在对展陈内容的编排和在游线的设计上不得不考虑展厅分布的实际情况。此外，中轴线上的单体建筑面积比东、西轴线上的要大，但是最大的建筑面积也仅有300 m^2左右，且空间利用率有限，加上柱网和前后开门等因素，使得展厅内的空间设计更显棘手。

保国寺古建筑博物馆展陈规划巧妙地结合了古建筑群的实际情况来取长补短。保国寺古建筑博物馆首先对古建筑群内的建筑进行了科学的区域规划，考虑到中轴线是游客参观的主要线路，且北宋大殿就在中轴线上，故将中轴线规划成古建筑价值核心区，通过保国寺的历史变迁、保国寺大殿的原真性展示、保国寺里看宋代、“海丝史迹”保国寺，层层推进，将保国寺丰富的历史文化价值系统地、科学地、直观地传递给大众。西轴线上的三个展厅被规划成木构营造展示区，通过木作、砖作、工具展示了建筑营造过程中三个不可缺少的重要元素。东轴线上的三个展厅被规划成古建筑保护展示区，围绕古建筑的传统保护措施、古建筑科技监测预保护措施和木材研究实验室向公众公开展示科学技术在古建筑保护中的具体应用。通过对空间关系的梳理，各单体建筑既相互独立，又合为一体，三个展区推动展示内容向高度和纵深展开，使大众在移步观展的过程中能充分地接收到博物馆传递的文化信息。对于单体建筑内部柱网分布的影响以及空间利用率不高的问题，我们采取在立柱间设立展墙的方式来实现对展厅空间的分割以及对参观路线的规划，空间利用率不高所导致的展览内容有限等问题则通过数字化展示的形式来解决，其具有独特的展示效果及强大的交互功能，同时还能带给大众不一样的体验感受。

三、装饰材料与工艺选择

保国寺古建筑博物馆坐落在灵山山腰的平台之上，三面环山，一支水脉穿古建筑群而过，加之江南地区潮湿多雨的自然环境，在古建筑中改造展陈空间，一定要注意防潮、隔热、防火等细节问题。

在具体的施工过程中，施工人员确实也发现了关于装饰材料和装修工艺上的几点问题，后经过整改予以完善。第一，在搭建轻钢龙骨展墙时需要注意展墙不可直接接地，近地处应铺设砖石间隔地面，使地面潮气不能直接影响展墙。该做法类似于在柱子下设置柱础。此外，展墙选用的板材必须是满足国家防火规范要求的阻燃板，表面还需刷上防霉、防水的涂料。第二，考虑到梅雨季节，个别靠近山体或接近地下水源的展厅在返潮严重之时，地面以上1 m处都会受到潮气的侵蚀致使墙面发霉，故不建议做整墙的墙面设计。这是因为无论是宣绒布还是油画布，整张更换不仅不方便，成本还高。所以，采用白墙作为背景，当墙面出现霉斑时，在白墙表面喷射除霉剂，即便作用不明显，重新刷白的成本也并不算高。此外，悬挂展板必须在距离地面至少1 m以上，且展板的材料最好选择PVC材质，这是因为PS发泡板喷绘容易出现晕色，亚克力板容易发生形变。第三，减少封闭性保护展示，减少因潮湿对文物及设备带来的损害。电子类设备的放置应离地至少1 m以上，且要与建筑墙体保持一定空间，保证设备散热通风。第四，为保证文物建筑的安全，个别建筑内部不允许走强电，如保国寺北宋大殿内部没有任何照明设备和电子设备。而为了让大众在自然光条件差的情况下仍能了解大殿内的文化信息，关于保国寺大殿的解读制作在了数字导览APP上，大众可以通过APP来获取动画、图文等信息资料。第五，电气线路均采用铜芯绝缘线套金属管敷设。照明轨道与建筑梁板或楼板之间均做绝缘处理，以减少火灾隐患。考虑到自然光对古建筑内部的影响，灯具的选择与悬挂安装方式应因地制宜，有些展示区域需要突出重点，而有些区域则需要营造氛围。

四、扬长避短，优势互补

古建筑本身确实在很多方面制约着博物馆发挥功能，如何突破制约，切实履行博物馆的职能与功能，从而实现从古建筑向古建筑博物馆的成功转型，是每一位驻守在古建筑博物馆一线工作人员的责任与使命。

实际上，展陈只是博物馆传播文化信息的一种基本途径，如果受到古建筑自身条件的制约，可以通过新建展区来扩大展陈面积，也可以通过加强数字博物馆的建设来突破地域空间的限制。然而，古建筑转型成为博物馆的意义是为了建立起古建筑与文化之间的纽带。青少年们观看完料斗拱建后，感叹到"中国乐高"的魅力，见证了不同历史时期的杰材伟构之后，他们成为中华文化的代言人。这才是古建筑博物馆不断探寻保护的文化意义与传承的文化价值。

过去，文物保管所已经对古建筑的保护和开放做了卓有成效的努力；如今，博物馆赋予这些古建筑新的生命。文保人员通过更为科学的管理，减少了古建筑的安全隐患，使其保持健康稳定的状态。他们深挖文化内涵，加强科学研究，运用各种展陈手段积极引导大众关注并保护古建筑。他们通过开设与主题相得益彰的研学课程，来提升学生群体对文化遗产的认知。今后的古建筑博物馆会继续提升博物馆的专业化功能，发挥博物馆社会职能，真正实现从"古建筑"向"古建筑博物馆"的华丽变身。

参考文献

[1]邓宽宇，杨秋莎.谈古建筑保护单位向小型博物馆功能转型的认识［J］. 四川文物，2003（6）：89−94.

[2]倪明，李爱群，陆可人，等.博物馆古建筑保护与功能提升：以南京博物院老大殿改造为例［J］. 东南文化，2011（4）：85−89.

[3]刘照华.浅谈古建类博物馆中的展览陈列形式［J］. 文物世界，2019（4）：58−59.

[4]周霖.文旅融合背景下，如何让文化遗产"活"起来：以宁波市保国寺古建筑博物馆为例［J］. 中国民族博览，2020（4）：216−217.

[5]王欢.文保所向古建博物馆转型的一些探索：以西安钟鼓楼博物馆为例［C］.中国博物馆协会城市博物馆专业委员会第九届学术年会文集2017：178−186.

伍

文献档案研究

天封塔塔砖铭文研究三题

许　超（宁波市文化遗产管理研究院）
徐学敏（宁波市天一阁博物院）

天封塔位于宋元以来明州（庆元、宁波）城东南的大沙泥街。学界通常认为，天封塔始建于唐武后“天册万岁”至“万岁登封”年间（695—696年），故名天封。据文献记载，天封塔于南宋建炎年间毁于兵火，于绍兴年间重建。文物部门于20世纪80年代先后对地宫和塔基进行了考古发掘，获取了一批珍贵的佛教文物，揭示了塔基的修筑工艺与塔身倾斜成因。从出土文物的时代风格与各类纪年铭文来看，原天封塔塔基、地宫以及至少第一层塔身都是南宋绍兴十四年（1144年）始建的[①]。南宋嘉定年间，天封塔再毁。元泰定三年（1326年）至至顺元年（1330年），天封塔又完成了一次大修。此次大修后，天封塔虽然仍有多次重修，但规模上都无法与此次相较。清嘉庆三年（1798年），天封塔失火，七级木构俱毁，塔身日渐倾斜。1957年，工匠曾用混凝土对塔身进行加固，极大地破坏了原塔的风貌，也未能从根本上解决塔身倾斜问题。至20世纪80年代，塔身倾斜加剧，终于走向了落架维修的结局。如今的天封塔，就是这次落架大修后的产物。

虞逸仲在《天封塔今昔》一文中介绍，20世纪80年代天封塔落架维修时，发现了大量铭文塔砖。工作人员对铭文塔砖进行了编号，如“朱书3 450块、铭文4 600块”，共计8050块。铭文有墨书、朱书、模印等形式，内容有“女弟子马氏庆四娘喜舍壹佰片”“圣寿寺恭敬堂助塔砖壹仟片”“范佺并妻朱氏四七娘，买砖添助建天封宝塔”等。这批塔砖大部分又用在了塔身重修，如“老塔砖头实砌，新塔则塔壁内外二面，贴砌原来拆下来塔砖，充分发挥现代材料和具有较高历史文物价值的原塔砖材的各自优势，达到‘换骨不脱胎、外古而中坚’”[②]。

相较于落架维修时编号多达8 000余块的各类铭文砖，地宫、塔基发掘报告中刊布出的铭文砖数量却不足400块，并且仍有大量的铭文信息不为人知。尽管这批铭文砖大多

---

① 林士民. 浙江宁波天封塔地宫发掘报告［J］. 文物，1991, 42 (6):1-32. 丁友甫. 浙江宁波天封塔基址发掘报告［J］. 南方文物, 2011, 50(1): 79-83.

② 摘自虞逸仲：《天封塔今昔》，收录于中国人民政治协商会议宁波市委员会文史资料委员会编《宁波文史资料》（第8辑），浙江省宁波新华印刷厂，1990年，第165、168页。

又重新砌回新塔，但仍然可在保国寺古建筑博物馆和天封塔地宫发现两批剩余的塔砖①。2022年上半年，我们首先联合保国寺古建筑博物馆对存放在该馆的300余块塔砖进行了整理，此后又对天封塔地宫内的400余块塔砖进行了整理，共完成800余块塔砖的整理工作。这批塔砖虽然数量上仅占原编号塔砖的十分之一，但包含了丰富的铭文信息，生动地反映了宋元时期造塔、修塔的细节，是研究当时市民社会和民间信仰活动的第一手资料。下文拟从整理中发现的部分塔砖铭文入手，对天封塔的相关问题展开讨论。

一、塔砖铭文中的天封塔沿革与重修

TZ379残断，C面墨书（见图19-1）②：

……宝塔皇朝祥/……（僧）伽塔毁于建炎之/……重建于大元延佑二年/……（二）层至次年致和元年四月/……”

图19-1　TZ379C残断C面墨书影像图

该砖C面铭文虽然不完整，但显然系追溯天封塔历史及记述此次修塔经过的内容。

在宁波现存地方志书中，早期志书均将天封塔的沿革并入天封院中，如《宝庆四明志》卷十一《叙祠·寺院》“天封院”条：

鄞县南一里半。旧号天封塔院，汉乾佑五年建。皇朝大中祥符三年，改赐

① 另据笔者调查，宁波博物馆、天一阁砖库也收藏有少量的天封塔塔砖。

② 整理过程中，我们对塔砖的编号依TZ001、TZ002的顺序进行，在确定塔砖的一个平面后，就将该平面编号为A面，依顺时针方向，依次将侧面、平面、侧面编号为B、C、D面，并将上下两个端面编号为E、F面。

今额。寺有僧伽塔，建炎间毁于兵。绍兴十四年，太守莫将重建，盖僧德华募缘而成之也。嘉定十三年火，废为民居。

《延祐四明志》卷十六《释道考上·在城寺院》"天封院"条：

在西南隅。唐通天登封年间，建僧伽塔，高十有八丈，以镇郡城。汉乾佑五年，建天封塔院。宋大中祥符三年，改今额。建炎间毁。绍兴十四年，郡守莫将重建。嘉定十三年火，废为民居。皇朝至元二十三年，有司例复建，犹未完。

与TZ379 C面铭文对读，都见有"祥（符）""（僧）伽塔""毁于建炎"等事项，可推断砖铭与志文应该有着共同的来源。砖铭中最晚的纪年为"致和元年"（1328年），当为元泰定三年至至顺元年间大修题铭。历代方志中无论对天封塔还是天封讲寺，均不曾记载有重建于延祐二年（1315年）之事。砖铭中的"重建于大元延祐二年"，可补文献之阙。

天封塔经过地宫的与塔基的考古发掘，已经明确其为始建于南宋绍兴甲子年的宋塔。在此之前，是否还有唐塔，又是怎样的规制呢?

南宋绍兴年间天封塔建成后，天童寺僧正觉撰有塔记云：市郭之南，鄞江之上，有窣堵波，六面七层，高十八丈。建炎寇燔俱尽，愿言再新，未有其人[①]。

南宋《宝庆四明志》中只是提到"寺有僧伽塔，建炎间毁于兵"。

元《延祐四明志》明确指出："唐通天登封年间，建僧伽塔，高十有八丈，以镇郡城。"

综合来看，上述诸说都认为在绍兴年间重建前，确有一座毁于建炎兵火的天封塔。正觉描述该塔"六面七层，高十八丈"，延祐志则首倡该塔始建于"唐通天登封年间"。

宁波地区的唐塔，现存的有国宁寺西塔，而国宁寺东塔塔基也已经过考古发掘。国宁寺双塔建于唐咸通年间（860—874年），为唐代佛寺前设置双塔的实例。国宁寺塔为砖砌单筒体结构密檐塔，平面呈正方形，塔高五层，约12 m。

东吴镇小白岭镇蟒塔，始建于唐会昌元年（841年），其原始形制已不可考，民国九年（1920年）重建。虽然有民国九年重建前影像留存，但该塔也可能为宋代所重修。[②]

《唐大和上东征传》中记载："（天宝三载）州太守卢同宰及僧徒父老迎送，设供养，差人备粮送至白杜村寺；修理坏塔，劝诸乡人造一佛殿，至台州宁海县白泉寺宿。"[③]这里记录的是鉴真和尚在第三次东渡传法失败后，于744年由明州前往福州继续解缆渡海之事。在路过位于奉化的白杜村寺时，鉴真"修理坏塔，劝诸乡人造一佛殿"。白杜村寺的"坏塔"今已不存，也未见于其他文献载录。但从行文来看，"修理坏塔"应是短时间的行为，由此推测该塔体量不会很大。

唐通天登封年间（696—697年）距建炎年间（1127—1130年）已四百余年。通过对

---

① 《康熙鄞县志》卷六《形胜考二·塔·天封塔》。

② （日）常盘大定、（日）关野贞著，王铁均、孙娜译：《晚清民国时期中国名胜古迹图集》第4卷，中国画报出版社，2019年，第302、303页。

③ 〔日〕真人元开著，汪向荣校注：《唐大和上东征传》，中华书局，1979年，第58、59页。

宁波地区的唐代佛塔的考察，笔者以为毁于建炎兵火前的天封塔很难同时满足建于“唐通天登封年间”和“六面七层，高十八丈”这两个条件。“六面七层，高十八丈”所描述的应是绍兴年间重建后的阁楼式砖塔。

二、天封塔中的僧伽崇拜因素

天封塔的修建，与僧伽崇拜的传播关系密切。僧伽是中亚何国人，于661年左右来到中国，在临淮（今江苏省泗洪县境内）建普光王寺，被后世尊称为泗洲大圣。在北宋时期，僧伽已从一位高僧转变为神僧，他的化现神异之事都是为百姓消灾免祸，主要是治病、求雨、免除兵灾，拯民于难，故传之为观音化身。宋代以后，民间的僧伽崇拜更为盛行，泗州临淮在地理交通上的特点，使僧伽崇拜增加了保护航行交通安全的新内容①。

《宝庆四明志》中称“（天封院）寺有僧伽塔”，前文TZ379 C面墨书中也有“（僧）伽塔”的记载。在天封塔地宫中出土有头戴僧帽，身披袈裟，拢袖趺坐，全身描金的僧伽玉像（见图19-2）。以上所述皆与僧伽崇拜密切相关。

图 19-2　天封塔地宫出土的僧伽玉像

此外，TZ248 A面朱书铭文（见图19-3），也与之有关：

大佛顶心观世音菩萨大陀罗尼：（那谟喝啰怛那怛啰夜耶，那谟阿唎耶，婆路咭帝摄/伐啰耶，菩提萨埵跋耶，摩诃萨埵跋耶，摩诃迦嚧呢迦耶，怛侄他，阿钹陀阿钵陀，/跋唎跋帝，湮醯夷醯，跢侄他，萨婆陀罗尼曼荼啰耶，湮醯夷醯钵啰磨，输/驮菩跢耶，唵萨婆斫蒭伽耶，陀罗尼因地唎耶，怛侄他，婆嚧枳帝摄伐啰耶，/萨婆咄瑟咤乌诃耶，弥萨婆诃。一字顶轮王陀啰尼唵齿临。自在王治湿毒陀/啰尼唵部临。能救产难。尔时观世音菩萨说此陀罗尼已，十

① 徐苹芳.僧伽造像的发现和僧伽崇拜［C］//徐苹芳.中国历史考古论文集.上海：上海古籍出版社，2012.

方世界皆大震动，天雨宝花，/缤纷乱下，为供养。此陀罗尼名薄伽梵莲华手自在心王印。若有善男子、善女人得闻/此秘密神妙章句，一历耳根，身中所有百千万罪悉皆消灭。）常□佛□无愿不□，经说如此。/奉佛女弟子康氏（寿）三娘，法名元（真）……领男张世清……等/……发心同结善缘……保佑……/地名南渡母亲陈庆四娘……/……消灭，如汤沃雪……

图 19-3　TZ248 A 面朱书铭文影像图

TZ248 A面朱书铭文的内容，包括了自题为《大佛顶心观世音菩萨大陀罗尼》的经咒和女弟子康氏寿三娘的发愿文。《大佛顶心观世音菩萨大陀罗尼》经又名《佛顶心陀罗尼经》，为唐宋以来流行的疑伪经，其内容包括了陀罗尼经咒、疗病催产方、神验故事及咒语符印，是密教通俗化的表现[①]。在浙江省内，1960年丽水碧湖塔出土有南宋孝宗时期刻本《佛顶心陀罗尼经》，浙江省博物馆藏有元代偏晚时期的刻本《佛顶心大陀罗尼经》[②]。TZ248 A面铭文虽然脱落严重，但仍可与刻本对读。与刻本相比，砖铭在内容上做了大量删减，顺序上也做了调整，具体来说就是先写该经的核心陀罗尼经咒，然后写该经最后部分所附的唵部临、唵齿临及救产难符咒，最后再写观世音菩萨说法时的异象和功效。TZ248铭文中虽然未见纪年，但其赞助人康氏寿三娘又见于TZ135。TZ135砖铭中称康氏父母住“奉化州南渡”，由此可知该砖铭文书写年代应在元代。

传世刻本《佛顶心大陀罗尼经》下卷记述了这样一个故事：

又昔有官人，拟赴任怀州县令。为无钱作上官行理，遂于泗州普光寺内，借取常住家钱一百贯文，用费上官。其时寺主，便以接借，即差一小沙弥相逐至怀州取钱。其沙弥当即便与其官人一时乘船，得至一深潭夜宿。此官人忽生恶心，便不肯谋还寺家钱。令左右将一布袋盛这和尚，抛放水中。缘这和尚自

① 张总.《佛顶观世音菩萨大陀罗尼经》咒符密印探析［C］//西泠印社. 篆物铭形：图形印与非汉字系统印章国际学术研讨会论文集. 杭州：西泠出版社，2016.

② 陈平. 浙江省博物馆典藏大系：东土佛光综述［C］//浙江省博物馆. 浙江省博物馆典藏大系：东土佛光. 杭州：浙江古籍出版社，2008.

从七岁已来，随师出家，常持此佛顶心陀罗尼经，兼以供养不阙，自不曾离手，所在之处时行转念。既被此官人致杀，殊不损一毫毛，只觉自己身被个人扶在虚空中，如行暗室，直至怀州县中，专待此官人到。是时，此官人不逾一两日，得上怀州县令。三朝参见衙退了，乃忽见抛放水中者小和尚在厅中坐。不觉大惊，遂乃升厅同坐。乃问和尚曰："不审和尚有何法术？"此沙弥具说衣服内有佛顶心陀罗尼经三卷（加）备，功德不可具述。……

这一故事在TZ248 A面砖铭中并未抄录。故事中的泗州普光寺，正是僧伽信仰的起源地。怀州与泗州，也是该经中唯一无经典出据的现实地点。由此可见，该经的兴起与传播，与僧伽崇拜的发展颇有渊源。与刻本相比，砖铭体现了该经的另一种传播方式。

三、砖铭中相关人物与身份考

天封塔地宫、塔基的发掘中见有大量题名，塔砖铭文中也以人物题名为主。对于这些题名人物的身份和背景，以下试举数例略作考证。

天封塔的塔基砖铭中见有"花男刘百"①，此次整理中也见有阴刻铭文"花女俞佃五娘舍入/天封塔记""花女佃五娘舍"（见图19-4），还见有TZ142 A面朱书铭文"花女蒋圣奴舍"（见图19-5）。

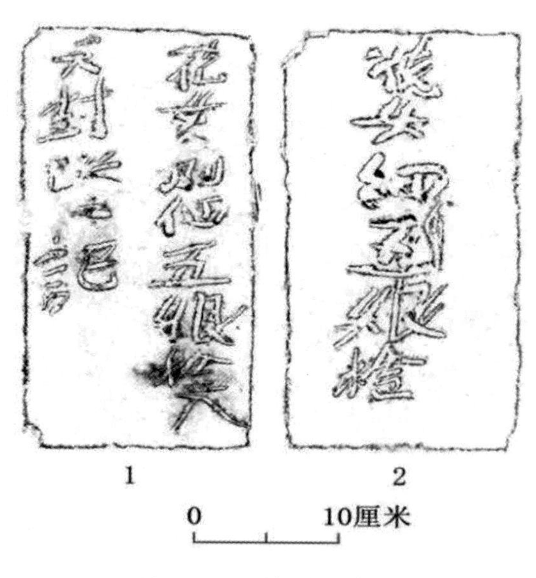

图 19-4　阴刻铭文影像图

南宋淳熙甲辰年（1184年）明州画家周季常绘制的《五百罗汉图》中的《婴儿供养（僧伽和尚）》图，有铭文："……花女高寿一娘行年一岁，三月初三日生，近因染患，于今年一月十三日□□施净财，彩画罗汉尊者圣帧一轴，恭入明州惠安院常住。功

① 丁友甫.浙江宁波天封塔基址发掘报告［J］.南方文物，2011,50(1):79-83.

德□□，度脱花女寿娘清魂，超生净界”[1]。据此可知，“花男”“花女”所指应为婴幼儿男女。

天封塔地宫石涵盖面中有铭文“乡贡进士王居隐与阖宅等备己财先造宝塔第一层”，塔基砖上也见有“乡贡进士王居隐造第一层”。铭文中的王居隐，《鄞县通志》甲编《文献志·人物类表第六·孝义》有载：

王居隐字如晦。以明易举于乡，性好施不吝。寒士来避难者，日为具食。文学项伋屡叩门乞济，门者厌之，不为之通。居隐闻伋謦欬，径出迎之。尝在旅中，伋来谒不值。即去，失银杯。从者以为伋也。居隐怡然曰：必无。置之不问，后乃从者没也。闻者益叹服。子明发，绍兴三十年进士，淳熙中以朝奉大夫知台州。

图 19-5　TZ142 A 面朱书铭文影像图

王明发，《嘉定赤城志》卷九《秩官门二·本朝郡守》有载：

淳熙十三年二月八日，以朝奉大夫知。四明人。七月二十四日，丁母忧。

《同志鄞县志》卷二十六《人物志》有：

王居隐，附子王明发，曾孙埜。考述甚详。

又，《开庆四明续志》卷七《楼店务地》：

第二等地……上则武康乡，自后团翁仲门前归东取南……并自市心桥南取新桥南王居隐赁屋……

王居隐在明州城内的第二等地中拥有用于租赁的房产，可见其家产相当丰厚。这应该也是其乐善好施，礼佛助塔的物质基础。

在整理中，部分塔砖上见有朱书铭文“范八（府）君朱氏夫/人六世孙锳添助”“范八居士六世孙/钰助建”（见图19-6）。这两种铭文未见纪年，但可推断，锳、钰为兄弟。考虑到大量的朱书铭文为元致和元年（1328年）题写，也可暂将这两种的朱书的题写年代定于此时。若以一世约30年计，由此上溯六世约180年，即1148年，也就是南宋绍兴年间，应该就是范八居士生活的年代。天封塔地宫发掘与落架维修时都发现了大量模印有“范佺并妻朱氏四七娘，买砖添助建天封宝塔”的铭文砖，范佺、朱氏夫妻，正合范八府君、朱氏夫人，可推测范八居士或许就是铭文中的范佺。幸运的是《四明范氏宣义宗谱》中录有范佺的信息，据《世系总图》，该支范氏始迁祖为范仲淹嫡兄，四世祖范仲齐。仲齐字希肃，任明州通判而卒于官，子纯忠、纯正遂居于四明。范佺为七世

---

① 奈良国立博物馆. 圣地宁波：日本佛教1 300年之源流[M]. 神户：大伸社株式会社出版，2009: 231.

祖，行八，赠工部尚书封少师，配朱氏封一品夫人。范佺以下，第十二世祖仅录“锜”一人，但从皆以金字旁取名来看，锜、镆、钰应为兄弟辈，镆、钰二人宗谱失载。[①]宗谱的记录为推定范八居士的身份提供了最直接的证据。

图 19-6　范氏朱书铭文砖影像图

《四明范氏宣义宗谱》中又附有《直佺公传》和《八府君佺与天封塔灵药丸记》。据载：

> 绍兴乙卯，人困于盗贼疮痏，其死于兵战者莫纪。君（范佺）推佛法大意，置堂于香山，设僧佛施供具，遇羽衣者授以丹丸，且曰：置于家则一家安，置于境则一境安。君曰：一家安不若一境安。遂潜送天封浮图佛顶向东北方，以镇四海之平宁。绍兴五年，铸三大钟于天宁、瑞岩、佛珑三寺，伸破冥拔幽之志。

元致和元年天封塔重建时，僧妙俦等又“铸造宝盒，藏贮此药，外以石匣牢固封护，安奉宝塔东北向，直三江水口。庶几上体范君至公无私之意，自兹以后，永镇四明，俾人民安平丰乐，无诸苦恼，神力所及，咸证大道”。可见范佺，不仅在修塔时捐助塔砖，还供奉灵药。范氏一族接续助塔，也不失为一桩美谈。

天封塔的塔砖铭文内涵丰富，包括大量的人物题名、佛教经卷、纪年记事、追荐故人、发愿祈福等内容。本文仅通过几例砖铭对相关问题进行了初步探讨，不妥之处还望专家指正。

---

① 摘自（民国）范贤祥纂修《四明范氏宣义宗谱》，天一阁博物馆藏，民国二十二年（1933）抄本。

小议文物保护单位记录档案的建档管理
——以全国重点文物保护单位保国寺为例

徐微明（宁波市天一阁博物院）

文物保护单位是我国不可移动文物中的精华，具有重要的历史、艺术、科研价值和举足轻重的科学地位。从20世纪60年代起，国家文物行政管理部门就开始要求全国重点文物保护单位建立档案，1991年国家文物局颁布《全国重点文物保护单位保护范围、标志说明、记录档案和保管机构工作规范（试行）》，2003年颁布《全国重点文物保护单位记录档案工作规范》提出了新的要求。现以全国重点文物保护单位保国寺为例，就文物保护单位记录档案建档管理工作展开探讨。

宁波保国寺大殿建于北宋大中祥符六年（1013年），已有1 010年的历史，是我国南方地区现存最古老、保存最完整的木结构建筑之一，是宋代《营造法式》的典型实例，被誉为“中国南方第一古建”，具有极高的科学价值与艺术价值。它不仅见证了中华文明的灿烂过去，更承载着优秀传统文化的精神价值，为古建专家、学者研究我国古建筑营造技艺提供了实物资料，是宁波历史文化名城代表性文化遗存，“海上丝绸之路·中国史迹”申报世界文化遗产的遗产点。1961年，保国寺作为古建筑被国务院公布为首批全国重点文物保护单位。

一、充分认识文物保护单位建档工作的重要性

开展文物记录档案工作是在保护文物的同时，利用记录、收录和电子数据库的形式建立相应的档案，用以延长和保留该文物在有限的物理生命以外的历史信息。文物记录档案即一般所说的“四有”档案，指全国重点文物保护单位必须有保护范围、有标志说明、有记录档案、有专门机构或者指定专人负责管理。

（1）建立文物保护单位记录档案是文物工作的基础和重要组成部分。我们不仅要重视原始资料的收集，还应该把对文物保护单位工作中原始记录、工作方案的积累、收集、整理、归档视为文物工作的重要组成部分。记录档案不仅可以为文物研究提供真实的素材和最详实的第一手资料，也可以为文物的保护提供必要的依据。

（2）建立文物保护单位记录档案是弥补文物损失的重要依据。我们知道，对文物的

有效保护是文物保护单位工作的头等大事，但是由于不可抗拒的外力影响，如常年的风吹、日晒、雨打等都有可能造成对文物的损坏，有些损坏还可能是毁灭性的。一旦出现这种毁灭性的重大损失，文物档案将是唯一能够准确反映文物保护单位全面情况的详细记录。它们不仅会在文物的修复方面成为重要的依据，而且还会对文物的学术研究产生不可估量的影响。

（3）建立文物保护单位记录档案是法律赋予的职责。《中华人民共和国文物保护法》明确规定："各级文物保护单位，分别由省、自治区、直辖市人民政府和市、县级人民政府划定必要的保护范围，作出标志说明、建立记录档案……"，我们知道文物工作如果只着眼于文物本身，而忽视与文物息息相关的档案资料的作用，那么文物工作可以说就失去了它的社会意义，因此建立文物保护单位记录档案，是一项保护文化遗产不可或缺的重要措施和法律职责。

二、规范执行文物保护单位建档工作

文物保护单位记录档案必须按照国家文物局2003年公布的《全国重点文物保护单位记录档案工作规范》建立和制作。

（1）记录档案的组成。文物保护单位记录档案其内容包括对文物保护单位本身的记录和有关文献史料，这些文献史料大致分为科学技术资料和行政管理文件两部分。文物保护单位记录档案分主卷、副卷、备考卷三大卷。主卷以记录保护管理工作和科学资料为主，主卷包括：文字卷、图纸卷、照片等十种案卷；副卷收载有关行政管理文件和工作情况，包括行政管理文件卷等四种案卷；备考卷收载与保国寺有关、可供参考的论著及资料，包括参考资料卷、论文卷等四种案卷。简而括之，就是以记录和收录两大形式组成。

（2）记录档案的立卷说明。主卷作为记录卷除以表格形式统计相关数据外，还要对文物保护单位作历史沿革、基本状况描述和价值评估等方面的详细文字著录。一般来说历史沿革、基本状况描述和价值评估这三类文章板块，从立档的科学性和严肃性的角度出发，它们互有侧重。就保国寺来讲，历史沿革主要描述建置沿革、修建沿革、使用沿革；基本状况描述内容包括总体状况描述和详细状况描述，即对保国寺的基本情况作概括性介绍和对有代表性的单体作详细介绍；价值评估是对保国寺的历史、艺术、科学价值的认定。只有这样划分认知，才能准确、翔实地记录和保留保国寺的历史文化信息。在案卷中，按照其属性可分为记录性案卷、收录性案卷和综合性案卷。在开展记录档案工作之前，要分清"记录"案卷和"收录"案卷，属于记录性质的案卷只有一个，就是"主卷·文字卷"，就是在充分掌握保国寺基本情况的前提下，通过文字记录的方式，完成案卷的制作；收录就是要将已有的原始记录资料，如图纸、照片、拓片、调查和维修保护记录等收集、归类完成案卷的制作。

（3）记录档案的保管。应建立严格的借阅和使用制度，并指定专人保管，在记录档案的保管过程中，许多图纸发黄，照片退色，尤其是复印的图纸和文字较难保存。随着计算机的应用和网络普及，文物保护单位档案也由纸张为介质的传统纸质档案正逐步向以磁盘、光盘等为介质的电子文件过渡，通过把所有文本文件录入计算机，其中史料和老图纸扫描后录入计算机，文字报告、图纸、照片全通过数字化处理录入计算机后刻录成光盘，以永久保存数据和史料。

三、按“分散制作、集中归档”原则建档

（1）分散制作，集中管理。保国寺记录档案，涵盖了保国寺所属管理机构保护、管理、维护、展览、研究等全部业务工作，要完成这样一套具有科学、系统、全面、翔实的完整档案，单靠几个人是难以胜任的，必须成立由业务和行政部室组成的“四有”工作小组，将档案中要记录的内容分配给对其中某个课题研究最深、某项工作最熟悉的人协助来做，最后将记录交给档案人员，由他们把全部资料集中起来，整理、制作、编目、归档，最后移交综合档案室管理。

（2）加强档案人员责任心。记录档案的制作，是一项科学性很强的研究工作，它不仅是一种手工劳动和电脑操作的过程，实际上它是深入挖掘文物文化内涵的一件非常有意义的工作。把原始记录、原始资料归档的过程实际上也是了解文物保护单位的历史价值、艺术价值、科研价值的过程，所以这就要求档案记录人员和档案保管人员具有一定的文物知识和业务水平，要有较强的工作责任心。

（3）做好建档后的补充和完善。记录档案只有在文物保管和使用过程中不断补充和完善，做到动态续补，才能更加丰富而准确地记录该文物保护单位的价值，补充和完善的内容主要包括:文物的使用记录、损坏记录、维修记录，使用文物著书、出版图册、写论文和文物介绍等已发表的文章，参观人数、活动记录等。

四、积极发挥文物保护单位记录档案的作用

（1）挖掘资源，做好宣传，扩大影响。利用文物保护单位丰富的文化资源，举办《四明伟构——保国寺古建筑博物馆基本陈列》《哲匠之手——中日建筑交流2000年的技艺特展》《木构重辉——保国寺传统营造技艺展》等。以重大纪念日、重要节庆活动、重大事件为契机，开展丰富多彩、富有特色的活动，组织中小学生走进保国寺，加强爱国主义教育基地建设；挖掘利用文物保护单位档案文化资源，制作电视专题片或系列电视档案文化节目，利用现代大众传媒，拓展文物档案文化的受众面；积极举办学术研讨会、报告会、座谈会等活动推动文化交流。

（2）利用资源，夯实基础，保护文物。在实践工作中我们体会到，记录档案中的

文物建筑实测图纸、现状细部照片、历史考证史料、每一次修缮和现状调查报告等，是一个文物保护单位的历史档案，也是开展文物保护的基本手段，同时在文物执法、规划编制、安全防范等方面发挥着主要依据和重要参考作用，做好文物保护单位记录档案工作，才能使文物的历史价值、科学价值和艺术价值得到保存和体现。

参考文献

[1]傅荣校. 档案管理现代化：档案管理中技术革命进程的动态审视［M］. 杭州：浙江大学出版社, 2002.

[2]李晓华. 对文物保护单位建立记录档案的思考［J］. 档案时空, 2008, 8：30−31.

《保国寺志》文献资料考证

符映红（宁波市天一阁博物院）

保国寺位于浙江宁波市江北区洪塘街道的灵山之麓，根据清光绪《浙江通志》、雍正《宁波府志》和《保国寺志》的记载，保国寺初创于唐朝，唐前称为“灵山寺”，始建于汉至唐，但“汉魏六朝历史远不可考”。唐武宗会昌灭佛，灵山寺废，唐广明年间（880—881年）重建，赐额“保国寺”。宋英宗治平元年（1064年）称“精进院”。后又更名“保国寺”。有关保国寺的历史，多出自以下一些资料：①清嘉庆十年（1805年）和中华民国十年（1921年）所修的两部《保国寺志》；②两方碑额，包括清雍正十年（1732年）的《培本事实》碑、清嘉庆十三年（1808年）太子少保体仁阁大学士、工部尚书费淳所撰的《灵山保国寺志序》碑；③《宁波府志》《慈溪县志》等。仔细翻看这些资料，笔者发现相互之间有出入，现就主要存在问题考证如下。

一、关于《保国寺志》的编修时间

关于《保国寺志》，修志应该共有三次，嘉庆版《灵山保国寺志序》（见图21-1、图21-2、图21-3）中，吏部尚书费淳作序云：“乾隆庚戌冬，从京师归骠骑山阴，谒祖墓毕，过灵山保国寺，晤主敏庵上人，上人精明端朴，其气象殆于叔平、显斋相似，因从而询陵古之变迁、刹宇之兴废，与夫高僧游士之古迹，上人一一陈述如流，予固意意其必能畅宗风而恢先绪也。既而出一编以示余，云此古寺志，得之古石佛中，文多残缺，恐……”。而民国版《灵山保国寺志序》（见图21-4、图21-5、图21-6）中，乾隆五十六年（1791年），邑人冯全修作序，亦有类似的说法，“乾隆庚戌冬，余从京师归诣骠骑山阴，谒祖墓毕，过保国寺，晤主僧敏庵上人，上人捧寺志合什而告余，曰：‘此得之古石佛中，字多蠹蚀，文字亦残缺。衲恐藏之箧中，而不付诸剞氏，以至并此散失，则后之住是山者，即欲溯本寻原而惘无所据。斯则衲一生之莫大憾事也。用是重加编辑，亟欲绣梓，恳居士慨赐一言以为简册光。’……”据此可见，在嘉庆版《保国寺志》之前，尚修有一部志书，且嘉庆《保国寺志》卷上“寺宇·佛殿”载，“自始建以来，至今乾隆己丑（乾隆三十四年，即1769年），凡七百五十十年有七年”，此当为他处所引者。嘉庆寺志中住持编修者为元兰斋十五世敏庵，十四世理斋寂于乾隆甲午年（1774年）后，敏庵方可为住持，故此段文字非嘉庆寺志编修者所撰。这就从另一侧面反映其前亦可能有寺志。

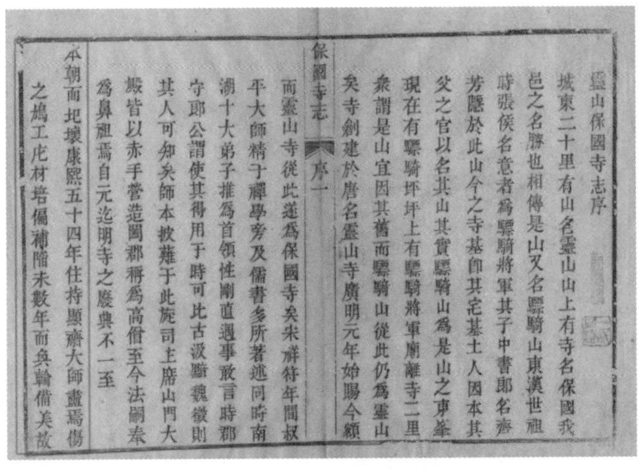
靈山保國寺志序

城東二十里有山名靈山山上有寺名保國我邑之名勝也相傳是山又名驃騎山東漢世祖時張侯名意者為驃騎將軍其子中書郎名齊芳隱於此山今之寺基即其宅基土人因本其父之官以名其山其實驃騎山為是山之東峯現在有驃騎坪坪上有驃騎將軍廟離寺二里彔謂是山宜因其舊而驃騎山從此仍為靈山矣寺創建於唐名靈山寺廣明元年始賜今額

保國寺志 序一

而靈山寺從此遂為保國寺矣宋祥符年間叔平大師精于禪學旁及儒書多所著述同時南湖十大弟子推為首領性剛直遇事敢言時郡守耶公謂使其得用于時可比古汲黯魏徵則其人可知矣師本披薙于此旋司上席山門大殿皆以赤手營造圖郡稱為高僧至今法嗣奉為鼻祖焉自元迄明寺之廢興不一至

本朝而圮壞康熙五十四年住持顯齋大師盡焉傷之鳩工庀材培偏補陷未數年而奐輪備美故

图 21-1　嘉庆版《灵山保国寺志序》影印图

寺重新此皆大有造于保國者也予夙聞茲山之名勝而復嘗慕叔平顯齋兩大師之所為乾隆庚戌冬從京師歸驃騎山陰謁祖墓畢過靈山保國寺晤主僧敏庵上人上人精明端朴其氣象殆與叔平顯齋相似因從而詢陵谷之變遷刹宇之興廢與夫高僧遊士之故跡上人一一陳述如流予固意其必能暢宗風而恢先緒也既而出一編以示予云此古寺誌得之古石佛中文多殘缺恐久而遂失之也重加編輯將

保國寺志 序二

付剞劂氏以垂不朽懇護法賜一言以重之嗟乎宇內名山古剎莫不有誌以為後人考古之藉吟詠之資靈山保國為我邑之名勝而向可誌其寂寂乎顧今世僧人多以此為不急之務而忽之而敏庵獨慨然有志於斯是果能恢叔平顯齋之緒而為茲山光也爰不辭而為之序惟志出古石佛中人多以為疑予謂河出圖洛出書古文尚書五十三篇出自孔壁廟書十卷出自汲冢闕閣之素書得之包山子孫之兵書得

图 21-2　嘉庆版《灵山保国寺志序》影印图

之圮上事固有怪怪奇奇而不得執常理以相疑者寺志云乎哉

昔

嘉慶十年歲次乙丑春月穀旦

賜進士出身

誥授榮祿大夫太子少保吏部尚書加三級黄淳撰

保國寺志 序三

图 21-3　嘉庆版《灵山保国寺志序》影印图

靈山保國寺志序
邑東二十里有靈山又名驃騎山山上有寺名保國創建於
唐名靈山寺相傳東漢世祖時張侯名意為驃騎將軍其子
中書郎名齊芳隱於此山今之寺基即其宅基土人尊其父
之以名其山而靈山從此為驃騎山矣其實驃騎山為是山
之西峯現在驃騎山坪有驃騎將軍廟離寺二里則是山仍
號以靈名也廣明元年賜保國額而靈山寺從此為保國寺
矣後改精進院今仍其舊宋祥符年間叔平大師精於禪學
旁及儒書尤善著述同時尚湖十六弟子推為首領性剛直

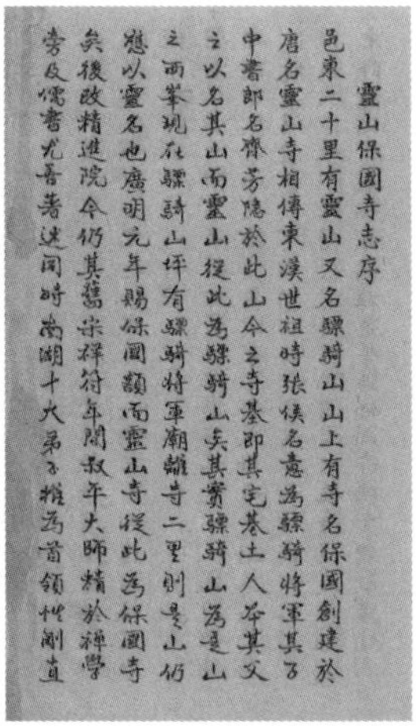

图 21-4 民国版《灵山保国寺序》影印图

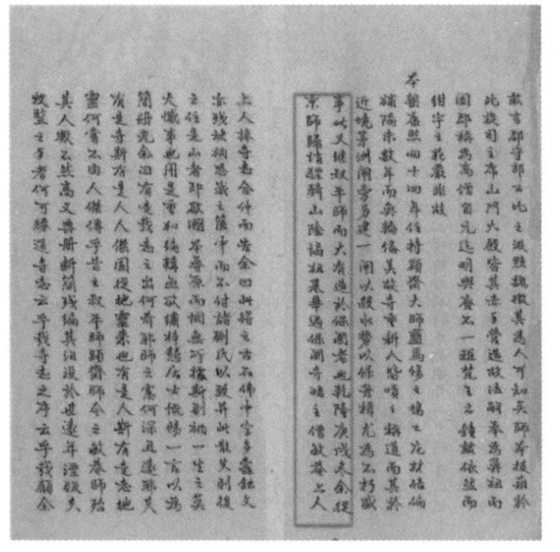

图 21-5 民国版《灵山保国寺序》影印图

於此而益信是山之靈為昭昭也非驃騎將軍之所得據為
已有也故曰應以靈名也山既靈而寺亦靈其足以保國而
福民也何疑惟於志出石中未敢信以為然既而思之河出
圖洛出書古文尚書五十三篇出自孔壁周書十卷出自汲
冢閬閣之素書得之包山子房之兵書得之圯上他如豐城
之掘埋寶劍黑闥之墳韞蒼玉事固有怪怪奇奇而疑之則
又有無庸疑者寺志其小焉者也況敏上人慮後之深心實
有其可嘉者乎爰撮舉山寺住僧之大槩而為之序如此
乾隆五十六年歲次辛亥正月上浣穀旦邑人馮全修撰

图 21-6 民国版《灵山保国寺序》影印图

清嘉庆刻本《保国寺志》起修时间应为清乾隆五十六年（1791年），版刻付梓于清嘉庆十年（1805年），前后时间间隔14年。该志分上下两册，内容包括形胜、寺宇、碑文、古迹、艺文及先觉。嘉庆版寺志费淳所作序，以及封面皆落款嘉庆十年，不过文中可见若干嘉庆十年以后的事件，如卷上“寺宇·叠锦台”载，嘉庆戊辰年（嘉庆十三年，1808年），僧敏庵同徒永斋重建。类似的还有钟楼、东客堂等。则可知刊刻之际，或在嘉庆十年之后，最有可能为嘉庆十七年（1812年）编印完成，因寺宇禅堂“嘉庆庚午年起至壬申年（1810—1812年）”，且序后由敏庵禅师行述（1748—1812年）和诸友挽诗。

而民国版《保国寺志》据《重纂保国寺志缘起》，从民国七年开始撰写，至民国十年完成。民国版《保国寺志》分四册，内容包括山寺全图、山水、建置、古迹、遗珍、先觉、法语、碑碣和艺文等。志书有正稿和副稿。现天一阁博物院（保国寺古建筑博物馆）藏的应是副稿，因为没有山寺全图，且冯全修的序没有印章，而本人收集的资料有印章（见图21-7）及慈东保国寺全图（见图21-8）。民国十九年太虚撰《重纂保国寺志序》中有“益以卷首之山寺全图及序文、凡例等，灿然毕备，其用心可谓勤已！民国十四年冬，余寓寺经月。放览其山林之美，辄为之流连不忍去。兹以追暑重来，住持出新志属为序之。……民国十九年七月，释太虚序于古灵山舍。”可知，正稿有山寺全图和慈东保国寺全图。

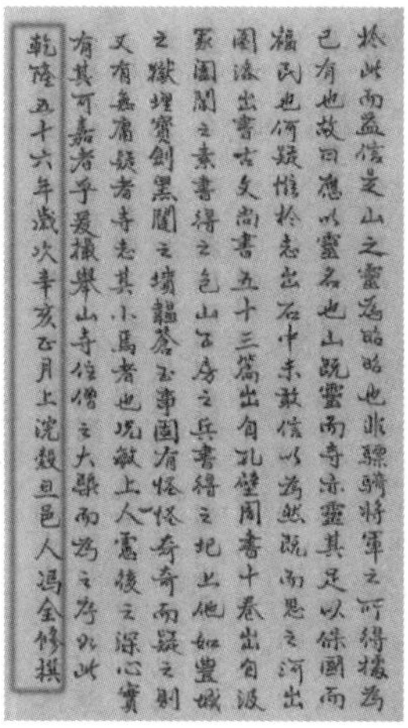

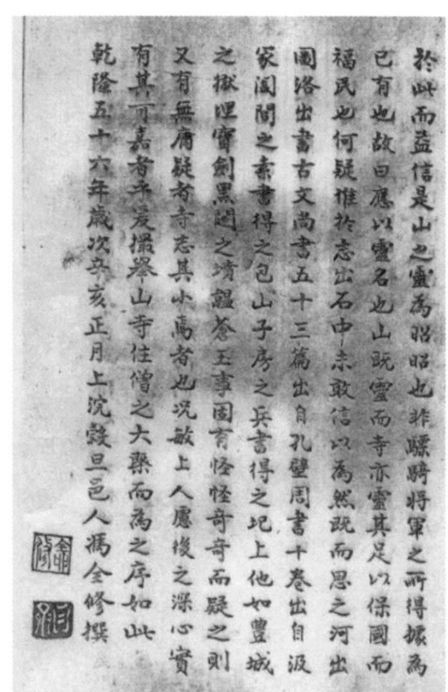

於此而益信是山之靈為昭昭也非驃騎將軍之所得據為
已有也故曰應以靈名也山既靈而寺亦靈其足以保國而
福民也何疑惟於志出石中未敢信以為然既而思之河出
圖洛出書古文尚書五十三篇出自孔壁周書十卷出自汲
冢閬閣之素書得之包山子房之兵書得之圯上他如豐城
之掘埋寶劍黑闥之墳韞蒼玉事固有怪怪奇奇而疑之則
又有無庸疑者寺志其小焉者也況敏上人慮後之深心實
有其可嘉者乎爰撮舉山寺住僧之大槩而為之序如此
乾隆五十六年歲次辛亥正月上浣穀旦邑人馮全修撰

图 21-7 民国版《灵山保国寺序》正稿影印图

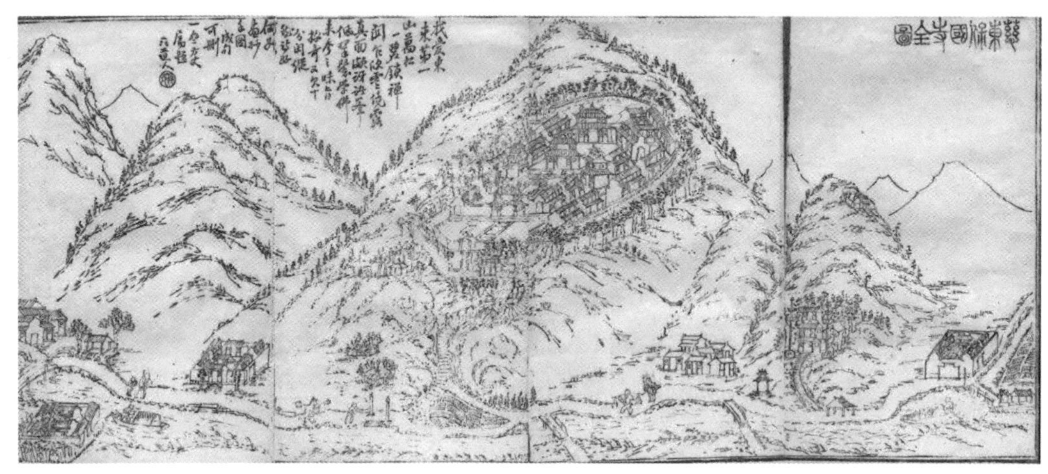

图 21-8　慈东保国寺全图

二、《灵山保国寺志序》的考疑

清嘉庆和民国版《保国寺志》都有《灵山保国寺志序》，作者分别为费淳和冯全修（乾隆六十年乙卯科进士，钦赐检讨），撰写时间分别为清嘉庆十年（1805年）和清乾隆五十六年（1791年），民国《保国寺志》另收有嘉庆十三年（1808年）费淳撰的《灵山保国寺志序》碑文，与大殿前月台的净土池墙壁上的《灵山保国寺志序》碑相同。由此可知，费淳和冯全修各做一序文。嘉庆版《保国寺志》由冯全修归集，可能是考虑费淳的影响力大于冯全修，而没有收录冯自己的序文，另外，收录费淳的序文，但嘉庆版志书中"乾隆庚戌冬从京师归骠骑山阴谒祖墓毕过灵山保国寺"与冯全修序文中一致，而与灵山保国寺志序碑"乾隆丙午冬奉慈命归骠骑山阴谒祖墓毕过灵山保国寺"不同，这就说明，嘉庆版与碑文文字其中一个有误，那哪个说法是准确的？这需要考证费淳其人。

费淳，字筠浦，浙江钱塘人（今杭州）。清乾隆癸未二十八年（1763年）进士，任刑部主事，升郎中，入直军机章京；乾隆年间出为常州知府，因父忧去职；乾隆四十六年（1781年）任山西按察使，乾隆四十七年（1782年）迁云南布政司，乾隆四十九年（1784年）以母老乞养回乡，乾隆五十二年（1787年）丁母忧，乾隆五十五年（1790年）原任补授云南布政司缺，乾隆五十九年（1794年）兼属云南巡抚，乾隆六十年（1795年）迁安徽巡抚但未到任，同年任江苏巡抚，嘉庆二年（1797年）迁福建巡抚，嘉庆四年（1799年）迁两江总督，嘉庆八年（1803年）兼授兵部尚书，嘉庆九年（1804年）改授吏部尚书，嘉庆十年（1805年）授协办大学士，嘉庆十二年（1807年）拜体仁阁大学士，嘉庆十四年（1809年）因失职受诏责降职，次年复工部尚书职，嘉庆十六年（1811年）卒，复大学士荣衔，谥文恪。

从费淳的履历可以看出，应是乾隆丙午（1786年）冬，即费淳的《灵山保国寺志序》于嘉庆十年（1805年）完成，嘉庆十三年（1808年）刻石。嘉庆志中的乾隆庚戌应是敏庵委托冯全修的时间，因乾隆五十五年费淳到云南上任，敏庵没有收到费淳的回复，故又委托冯全修作序，直至嘉庆十年准备编印时收到序文。由于委托编写的人和时间不同，而嘉庆志只收录了其中一篇，难免会出错。

另费淳和冯全修的序文，描述的事情差不多，但有一事时间相差十年，不知是同一事还是不同的事情？

即费淳序文“康熙五十四年，住持显斋大师蠹焉，伤之。鸠工庀材，培偏补陷，未数年而奂轮备美，故寺重新，此皆大有造于保国者也”，而冯全修为“康熙四十四年，住持显斋大师蠹焉，伤之。鸠工庀材，培偏补陷，未数年而奂轮备美，故寺重新，人皆啧啧称道。而其于近境茅洲闸旁，另建一闸，以杀水势，以保舟楫，尤为不朽盛事”。嘉庆版《保国寺志》先觉·显斋载“慈东有茅洲闸，独当水卫，潮流迅激，往来船多不保，众以为患。康熙五十四年乙未，师命徒景庵列词于县，县主樊公琳……”。结合两篇序文及《保国寺志》的记载，应指清康熙五十四年主持显斋修建茅洲闸，冯全修序文康熙四十四年记载时间出错。

三、《灵山保国寺志序》与培本事实碑的差异

清雍正十年（1732年）培本事实碑与嘉庆十三年（1808年）灵山保国寺志序碑，相差76年，嘉庆志没有收录，而民国志却有收录，同时记载的事情大相径庭，这是由于保国寺实行分房管理。从宋大中祥符年间德贤尊者时期即分成东、西房，明万历年间自东房分出南房，清乾隆四十七年（1782年）又分出新南房。到清末民国初，新老南房又合并。据嘉庆志先觉传记载，“唐以前俱不可考，唐以后可考者少，不可考者多，唯自明豫祖以迄于予，则世系历历可志焉”，又云“其分居别院者，一志始分之名号，而止其子孙不复载”，由此可知，由于敏庵写志时，培本事实碑属老南房，故没有收录，且对属西房的事迹除个别维修大殿一笔带过外，其他内容基本没有记载。民国版《保国寺志》不仅记载了碑文，对碑的存放位置亦有记载，《灵山保国寺志序碑》在净土池东侧，《培本事实碑》在净土池西侧。此位置一直延续至今。而民国寺记载的其他碑有的位置已变动，有的已缺失。从一个侧面可以看出，这两个碑在嘉庆志记载与民国志记载时存放位置不同，培本事实碑上有“其有条例典章，开列碑阴，使后者□有据”。两块碑镶嵌在净土池东西两侧墙内，应是新老南房合并后。

清雍正十年的培本事实碑记载“康熙甲子春王始以收繻弛榷，海道遂通，又兼吾资祖辉者佐理，乃敢浮海伐木购材。始葺山门，继修正后两殿，重增檐桷，石布月台，栏围碧沼，左个培陷，右翰峥嵘，凡诸法象，金碧崇辉。起衰救敝，其庶几乎。他若文武帝祠及建叠锦亭，以文记之，诗言：何有何亡，黾勉求之，即慈谓矣。至奠茅洲覆之

患，自是开河……”，《嘉庆志·先觉·显斋》有类似记载，“保国寺创建于唐，虽屡经前人修葺。而地嫌局促，大殿前左右又乏重檐，前康熙二十三年甲子，师开拓游巡，扩基八尺，两翼新设重檐……”。灵山保国寺序为“康熙五十四年，住持显斋大师矗焉，伤之。鸠工庀材，培偏补陷，未数年而奂轮备美，故寺重新”。结合两者的记载，应是指清康熙二十三年增建重檐，康熙间建文武祠及叠锦亭，五十四年修建茅洲闸。培本事实碑记载比较准确。因培本事实碑立碑时，显斋（1658—1737年）还在世，且显斋与培本事实碑立碑的唯庵（1698—1750年）同属一房（乾隆元年显斋与唯庵居法堂之侧）。唯庵是当时主寺者，据民国志记载：“1746年后谢院事，遊目林泉。”灵山保国寺志序只记载清康熙五十四年事件，是因为茅洲闸的修建对社会的影响力比较大，而培本事实碑两件事件都记载，对寺院建筑本身而言，清康熙二十三年增设重檐比较重要。

茅洲闸等的修建带给人们的便利，清代地理学家顾祖禹在他撰写的《读史方舆纪要》卷九十二中称“前江，县南十五里。源出余姚县太平山，流为姚江，入县境，至丈亭渡分为二：一由车厩渡历县南十五里之赭山渡，又东十余里，即鄞县之西渡也。一由丈亭北折而东，贯县城中，出东郭，抵县东南十五里之茅洲闸。又东南流七里，为化纸闸，而入定海县境。宋宝祐五年，制使吴潜于县东南五里夹田桥，引流导江，凡十余里，为沾溉之利。一名管山江，合流入鄞县界，亦谓之慈溪江。又有新堰，在县东南十二里，亦宋吴潜所建，堰下之田，不患斥卤，舟楫往来下江者胥利焉”。故两碑内容记载虽有出入，只是侧重点不同而已。具体的说是清康熙二十三年始葺山门，修天王殿，大殿增设重檐，康熙间建文武祠及叠锦亭，五十四年修建茅洲闸。

四、“东来第一山”山门位置考

清嘉庆《保国寺志·寺宇》记载“山门、大殿悉鼎新之”“天王殿，宋祥符六年德贤尊者建，国朝康熙甲子年，僧显斋重修。乾隆乙丑年僧体斋重修，乾隆三十年，殿基及殿前明堂僧常斋悉以石板铺之。乾隆六十年，僧敏庵偕徒永斋开广筑墈、重建殿宇、以石铺成、改造佛座、新装天王菩萨”，又“常斋在清乾隆四十五年，天王殿高低转弯处新构一亭，悬东来第一山。乾隆四十六年，山门、大殿悉被狂风吹坏，师次第修葺”“乾隆四十七年，僧雪堂与敏庵分居。将豫祖荒基重建。”民国版《保国寺志》山门膀“山门乍到一台头，得见前贤笔迹留。不独封章能盖代，摩崖五字亦千秋”“骠骑峰高天可攀，群峦

图 21-9　嘉庆版《保国寺志》保国寺山水图

绕膝子孙班。到门喜见直臣笔，特署东来第一山”。清宣统二年（1910年），天王殿与东客房同时毁于火。新南房宣统三年六月间被毁未建，天王殿宣统三年重建。可知，山门最早建于宋大中祥符六年（1013年），遗址为现天王殿。而清乾隆四十五年新构的亭子，则改称为山门（见图21-9、图21-10），于1941年被拆除。现存山门为1989年复建。

图 21-10　慈城普迪小学师生春游保国寺　朱繁荪 1928 年摄